● 新・工科系の数学 ●
TKM-7

工学基礎
フーリエ解析とその応用
[新訂版]

畑上 到

数理工学社

編者のことば

　21世紀に入り，工学分野がますます高度に発達しつつある．頭脳集約型の産業がわが国の将来を支える最も重要な力であることに疑問の余地はない．
　高度に発展した工学の基本技術として数学がますます重要になっていることは，大学工学部のカリキュラムにしめる数学および数学的色彩をもった科目が20年前と比べて格段に多数になっていることから容易に想像がつくことである．
　一方で，大学1，2年次で教授される数学が，過去40年の間に大きな変革を受けたとは言いがたい．もとより，数学そのものが変わるわけもなく，また重要な数学の基礎に変更があるわけもないが，時代の変化や実際面での数学に対するニーズに対して，あまりに鈍感であってよいわけではない．
　現在出版されている数学関連図書の多くは，数学を専門にする学生および研究者向けであるか，あるいは反対に数学が不得手な者を対象にした易しい数学解説書であることが多い．将来数学を専攻しない，しかし数学と多くのかかわりをもつであろう理工系学生に，将来使うための数学を教育し，あるいは将来どのような形で数学が重要になるかを体系的に説く，そのような数学書が必要なのではないだろうか．またそのような数学書は，数学基礎教育に携わる数学専門家にとっても，例題集としてまた生きた数学の像を得るために重要なのではないかと考えている．
　以上のような観点から全体を構成し，それぞれの専門家に執筆をお願いしたものが本ライブラリ「新・工科系の数学」である．本ライブラリではまず，大学工学部で学ぶ数学に十分な基礎をもたない者のための数学予備[第0巻]と特に高校数学と大学数学の間の乖離を埋めるために数学の考え方，数の概念，証明とは何かを説いた第1巻，工学系学生の基礎数学[第2,3巻](以上，書目群I)，工学基礎数学(書目群II，III)を配置した．これらが数学各分野を解説する縦糸である．

一方，電気，物質科学，情報，機械，システム，環境，マネジメントの諸分野を数学を用いて記述する，またはそれらの分野で特化した数学を解説する巻（書目群IV）を用意した．これは，数学としての体系というより，数学の体系を必要に応じて横断的に解説した横糸の構成となっている．両者を有機的に活用することにより，工科系における数学の重要性と全体像が明確にできれば，編者としてこれに優る喜びはない．ライブラリ全体として，編者の意図が成功したかどうか，読者の批判に待ちたい．

2002 年 8 月

編者　藤原毅夫
　　　薩摩順吉
　　　室田一雄

「新・工科系の数学」書目一覧

書目群 I		書目群 III	
0	工科系 大学数学への基礎	A–1	工学基礎 代数系とその応用
1	工科系 数学概説	A–2	工学基礎 離散数学とその応用
2	工科系 線形代数 [新訂版]	A–3	工学基礎 数値解析とその応用
3	工科系 微分積分	A–4	工学基礎 最適化とその応用
		A–5	工学基礎 確率過程とその応用
書目群 II		書目群 IV	
4	工学基礎 常微分方程式の解法	A–6	電気・電子系のための数学
5	工学基礎 ベクトル解析とその応用	A–7	物質科学のための数学
6	工学基礎 複素関数論とその応用	A–8	アナログ版・情報系のための数学
7	工学基礎 フーリエ解析とその応用 [新訂版]	A–9	デジタル版・情報系のための数学
		A–10	機械系のための数学
8	工学基礎 ラプラス変換と z 変換	A–11	システム系のための数学
9	工学基礎 偏微分方程式の解法	A–12	環境工学系のための数学
10	工学基礎 確率・統計	A–13	マネジメント・エンジニアリングのための数学

(A: Advanced)

新訂版まえがき

　本書の初版を発行して10年近くになり，その間に教科書としてご使用いただいた先生方やその他の読者の方々から多くのありがたいご感想，ご意見をいただいた．概ね，工学部学生向けの教科書としての及第点はいただいているものと思っているが，一方で数学的な厳密さについての記述を省いたことからくるご指摘等もいただいた．

　本書を新訂するにあたり，その点についてより詳細に記述し誤解が生じないように変更することも考えたが，総ページ数の制限もあり，大筋は変えずに演習問題をより適切なものに変更して理解しやすい教科書にする方向で手を入れた．また，初版の執筆計画段階では入っていた「2重フーリエ級数とその応用」について，付録としてではあるが新訂版では記述することにした．これは，昨今の数値シミュレーションによる現象の解析が進む中で，多次元の熱伝導方程式や波動方程式の初期値境界値問題の解の性質を理解することが重要であると思われるからである．またそれをもとに現実の問題へ応用していくためにも，2重フーリエ級数の考え方を学ぶことが不可欠であると考えられる．必要に応じて学習していただければ幸いである．

　最後に，新訂する上で数理工学社の田島伸彦氏，鈴木綾子氏には，いろいろとご相談に乗っていただいた．心より感謝申し上げる．

　　2014年8月

畑上　到

まえがき

　本書は，理工系の学部学生のためのフーリエ解析の入門的な教科書(自習書)である．フーリエ級数は，約200年前にフーリエが熱伝導に関する論文で導入してから，熱伝導や振動といった物理学における現象を詳しく解析する場合に，また機械工学，電気工学等の工学の分野において複雑な時系列や信号などを解析，処理する場合などにおいて，広く利用されてきた非常に有効な解析手段の一つであり，応用解析の分野での中心的な位置をしめている．したがって，大学の理工系の専門教育においてその考え方を学ぶことは非常に重要であり，私が所属してきた大学においても概ね大学2年生の専門科目(応用数学もしくは工業数学の科目)として開講されており，微分方程式等と同様にあらゆる学科で講義と演習が行われている．一方，フーリエ解析には工学の分野において広範囲な応用がなされていることもさることながら，理工系の学生諸君が身につけるべき基礎的な考え方の本質が存在していると考えられる．例えば物理学で振動現象を考えるとき，どのような波の成分が寄与しているかを考えることは日常的に行われていることであるが，その考えを発展させれば，あらゆる現象の変化をそれを構成する波の成分(因子)の重ね合わせで考えるという別の見方をすることによって，問題に内在する本質が見通しのよいものになると考えられるのである．特に微分方程式との関係は深く，フーリエがこの解析方法を導入したきっかけも自ずとうなづける．

　さて，このようにフーリエ解析を学ぶのと相前後して，通常ラプラス変換や偏微分方程式への応用が同じ講義の中で行われる．しかしながら半年の履修期間では，すべてを網羅するのが時間的に困難なため，各学科(分野)の要望にあわせて「フーリエ変換とラプラス変換」もしくは「フーリエ変換と偏微分方程式入門」という組み合わせで講義される場合が多いようである．本書では，そのいずれにも対応できるように，(あくまでフーリエ解析の関連を意識しながら)

偏微分方程式とラプラス変換の入門的な部分を書き加えた．したがって，それぞれ十分な内容を含めることはできなかったが，フーリエ解析を学習した後で無理なく学べるように注意したつもりである．ラプラス変換および偏微分方程式に関して不足している部分やより詳しい説明は，本書のシリーズ (新・工科系の数学) の「ラプラス変換と z 変換」等を参照して頂きたい．

　本書は，だいたい大学初年度で学ぶ微積分学を学んだ後の 2 年生以上を対象に書かれており，そのあたりの基礎的な知識は持っているものとしている．しかしながら，私の経験から，講義を行いながら学生に演習問題を出題すると，積分の計算や基礎的な公式に対する知識が欠如している学生が少なからずおり，フーリエ解析の本質的な理解の妨げになる場合がみられた．そこで第 1 章に (自習の場合の補助の意味も含めて) フーリエ解析で利用する微積分の基礎的な項目について紙面を割いた．また本書は演習書ではないので練習問題の数はさほど多くないが，解答についてはできるだけ詳しく記述してある．これは，学生へのアンケート調査によると，略解だけの場合にはなかなかその練習問題を最後まで解くことができない場合が多いようであるからである．本書ではあくまで内容の理解の助けとなるように，式の変形や計算の過程については無理な労力をかけないで効果を上げられるように工夫したつもりである．是非問題を解きながら読み進めていかれることをおすすめする．

　教科書としては，「フーリエ変換とラプラス変換」(第 2 章〜第 4 章，第 6 章) あるいは「フーリエ変換と偏微分方程式入門」(第 2 章〜第 5 章) という組み合わせで半年で履修できる分量にしぼって記述しているが，余裕があれば，近年の計算機を利用した分野への応用として第 7 章を加えて頂けると，工学系の学生にはさらに進んだ勉強の道しるべの一つになると考えている．また初心者には少し難しい場合があると考えて，「フーリエ級数の収束」，「スツルム・リュービル型固有値問題と直交多項式」および「線形システムと伝達関数」の各項目については，本文から分離して付録の中で記述した．それぞれのレベルと興味にあわせて本文と同時に学習して頂ければ幸いと考える．本書が読者にとって理解しやすい本であることを望んでいるが，そうでない場合には是非巻末の参考文献を参考に (それ以外にもよいものは数多くあるが)，自分に合った参考書を選んで頂きたいと思う．なお，本書の内容に対して忌憚ないご意見，ご批判をよせて頂ければ幸いである．

まえがき

　筆者は数学が好きである．というより，数学の専門家ではないので，数学を道具として種々の現象を記述し，そして電子計算機を併用して解析し，現象の中に潜む本質的な性質を明らかにしていくことが好きであると言うべきか．大学時代には，1981 年にノーベル化学賞を受賞された福井謙一先生の研究室で学ばせて頂き，その後主に計算機を利用しながら計算数理の分野で研究を行ってきた．しかし，数字の羅列としての計算結果をグラフィックスで処理して可視化することによって直感的な理解はできるようになってきてはいるものの，普遍的な真理を洞察し，研究者間の共通言語として情報交換する上では，数学はいかなる時代でも，いかなる分野でも廃れることはないと思う．「数学離れ」や「理科離れ」が叫ばれている今日，本書が少しでも理工系の学生諸君にとって，フーリエ解析の理解の助けとなり，あわよくば「ものごとの考え方」を身につける上で役立ってくれれば，と切に願ってペンを置きたい．

　本書の執筆の機会を与えてくださった，藤原毅夫先生，薩摩順吉先生，室田一雄先生にこの場を借りてお礼を申し上げたい．筆者の未熟な原稿を閲読して多くのご注意，ご助言をいただいた広島大学大学院工学研究科の税所康正先生に心より感謝の意を表したい．また，数理工学社の竹田直氏には，本書の出版にあたって筆者の遅筆のために大変なご迷惑をおかけしてしまった．ここに心よりお詫び申し上げ，氏の忍耐強い励ましに心より感謝申し上げる．

2004 年 6 月

畑上　到

目　　次

■第1章　準　　備　　1
1.1　三角関数の基本積分公式　　2
1.2　初等関数を含む三角関数の積分公式　　4
1.3　複素関数を含む積分公式　　7
1.4　広義積分について　　9
1章の問題　　14

■第2章　フーリエ級数　　15
2.1　フーリエ級数展開　　16
2.2　フーリエ余弦級数とフーリエ正弦級数　　26
2.3　一般的な周期関数のフーリエ級数　　29
2.4　複素形式のフーリエ級数　　34
2章の問題　　36

■第3章　フーリエ級数の性質　　39
3.1　パーセバルの等式　　40
3.2　一般区間における直交関数系　　46
3.3　項別積分　　48
3.4　項別微分　　52
3章の問題　　54

■第4章　フーリエ積分とフーリエ変換　　55
4.1　フーリエ積分とフーリエ変換　　56
4.2　フーリエ余弦変換，正弦変換　　62
4.3　フーリエ変換の性質　　65

4.4 デルタ関数のフーリエ変換 ･････････････････････････････････ 72
   4章の問題 ･･ 76

第5章　偏微分方程式への適用　79
   5.1 物理現象と偏微分方程式 ･････････････････････････････････ 80
   5.2 変数分離法 ･･ 86
   5.3 熱伝導方程式 ･･ 88
   5.4 波動方程式 ･･ 97
   5.5 ラプラスの方程式 ･･ 108
   5章の問題 ･･ 113

第6章　ラプラス変換　115
   6.1 ラプラス変換 ･･ 116
   6.2 ラプラス変換の性質 ･･････････････････････････････････････ 119
   6.3 常微分方程式の解法への応用 ･･････････････････････････････ 124
   6.4 積分方程式の解法への応用 ････････････････････････････････ 134
   6章の問題 ･･ 137

第7章　離散フーリエ変換と高速フーリエ変換　139
   7.1 離散フーリエ変換 ･･ 140
   7.2 高速フーリエ変換 ･･ 146
   7章の問題 ･･ 148

付　録　149
   A　フーリエ級数の収束 ･････････････････････････････････････ 149
   B　スツルム・リュービル型固有値問題と直交多項式 ･････････････ 154
   C　2次元熱伝導方程式の初期値境界値問題と2重フーリエ級数 ････ 157
   D　線形システムと伝達関数 ･････････････････････････････････ 161

演習問題の解答　165
   1章の問題の解答 ･･ 165
   2章の問題の解答 ･･ 168

3 章の問題の解答 …………………………………… 180
4 章の問題の解答 …………………………………… 186
5 章の問題の解答 …………………………………… 193
6 章の問題の解答 …………………………………… 202
7 章の問題の解答 …………………………………… 210
付録 B の問題の解答 ………………………………… 212
付録 D の問題の解答 ………………………………… 215

参考文献 217

索　引 219

コラム

フーリエ級数の誕生　25
フーリエ解析とゆらぎ　78
ポテンシャルと数理　85
級数って便利　87

1 準　　　　備

　本章では，フーリエ解析を学んでいくために必要となる基本的な微積分の内容についての復習をする．これらの多くの部分は，すでに高等学校や微分積分学の講義中で学んでいるものであるが，これが理解できていないと計算ができないばかりか，フーリエ解析そのものが理解できないので，自信のない読者は必ずこの章の内容を復習した上で先の章へ進むことが望まれる．この章の内容を充分習得している読者は読み飛ばして第 2 章へ進んでかまわない．

> **1 章で学ぶ概念・キーワード**
> - 三角関数の基本積分公式：周期 2π の関数，加法定理，クロネッカーのデルタ
> - 初等関数を含む三角関数の積分公式：整関数，指数関数，部分積分，偶関数，奇関数
> - 複素関数を含む積分公式：複素関数，オイラーの公式
> - 広義積分について：広義積分可能，無限積分

1.1 三角関数の基本積分公式

まず最初に，三角関数の積分公式について復習する．よく知られているように，基本的な三角関数である正弦関数(サイン)と余弦関数(コサイン)は周期が 2π の関数である．すなわち

$$\sin(x+2\pi) = \sin x, \quad \cos(x+2\pi) = \cos x \tag{1.1}$$

である．またそれぞれは微分公式

$$\frac{d\sin x}{dx} = (\sin x)' = \cos x, \quad \frac{d\cos x}{dx} = (\cos x)' = -\sin x \tag{1.2}$$

によって，n を 0 でない整数として

$$\begin{cases} \displaystyle\int_{-\pi}^{\pi} \sin nx\, dx = \left[-\frac{1}{n}\cos nx\right]_{-\pi}^{\pi} \\ \qquad\qquad\qquad = -\frac{1}{n}\{\cos n\pi - \cos(-n\pi)\} = 0 \\ \displaystyle\int_{-\pi}^{\pi} \cos nx\, dx = \left[\frac{1}{n}\sin nx\right]_{-\pi}^{\pi} \\ \qquad\qquad\qquad = \frac{1}{n}\{\sin n\pi - \sin(-n\pi)\} = 0 \end{cases} \tag{1.3}$$

となる．これらから，m, n を正の整数として以下の重要な公式が導かれる．

$$\begin{aligned} &\int_{-\pi}^{\pi} \sin mx \sin nx\, dx \\ &= \frac{1}{2}\int_{-\pi}^{\pi} \{\cos(m-n)x - \cos(m+n)x\}\, dx \\ &= \begin{cases} \dfrac{1}{2(m-n)}\Big[\sin(m-n)x\Big]_{-\pi}^{\pi} \\ \quad - \dfrac{1}{2(m+n)}\Big[\sin(m+n)x\Big]_{-\pi}^{\pi} = 0 & (m \neq n) \\ \dfrac{1}{2}\Big[x\Big]_{-\pi}^{\pi} - \dfrac{1}{2(m+n)}\Big[\sin(m+n)x\Big]_{-\pi}^{\pi} = \pi & (m = n) \end{cases} \\ &= \pi\delta_{mn} \end{aligned} \tag{1.4}$$

1.1 三角関数の基本積分公式

$$\int_{-\pi}^{\pi} \cos mx \cos nx\, dx$$
$$= \frac{1}{2}\int_{-\pi}^{\pi} \{\cos(m-n)x + \cos(m+n)x\}\, dx$$
$$= \begin{cases} \frac{1}{2(m-n)}\Big[\sin(m-n)x\Big]_{-\pi}^{\pi} \\ \qquad + \frac{1}{2(m+n)}\Big[\sin(m+n)x\Big]_{-\pi}^{\pi} = 0 & (m \neq n) \\ \frac{1}{2}\Big[x\Big]_{-\pi}^{\pi} + \frac{1}{2(m+n)}\Big[\sin(m+n)x\Big]_{-\pi}^{\pi} = \pi & (m=n) \end{cases}$$
$$= \pi \delta_{mn} \tag{1.5}$$

$$\int_{-\pi}^{\pi} \sin mx \cos nx\, dx$$
$$= \frac{1}{2}\int_{-\pi}^{\pi} \{\sin(m-n)x + \sin(m+n)x\}\, dx$$
$$= \begin{cases} \frac{1}{2(m-n)}\Big[-\cos(m-n)x\Big]_{-\pi}^{\pi} \\ \qquad + \frac{1}{2(m+n)}\Big[-\cos(m+n)x\Big]_{-\pi}^{\pi} = 0 & (m \neq n) \\ \frac{1}{2(m+n)}\Big[-\cos(m+n)x\Big]_{-\pi}^{\pi} = 0 & (m=n) \end{cases}$$
$$= 0 \tag{1.6}$$

ここで，δ_{mn} は，**クロネッカーのデルタ**
$$\delta_{mn} = \begin{cases} 1 & (m=n) \\ 0 & (m \neq n) \end{cases}$$
である．またこれらの積分は積分範囲を $[-\pi, \pi]$ としているが，これは a を任意の実定数とした $[a, a+2\pi]$ の範囲 (例えば $[0, 2\pi]$) でも同様に成立する．

- **チェック問題 1.1** $[a, a+2\pi]$ の範囲でも同様に成立することを確認せよ． □

1.2 初等関数を含む三角関数の積分公式

フーリエ級数の計算には，整関数や指数関数を含む場合の三角関数の積分が非常に頻繁に現れるので十分に計算できるようにする必要がある．n をある実定数とし，m を正の整数とした場合，部分積分を利用することにより

$$\int_{-\pi}^{\pi} x^n \sin mx \, dx = \int_{-\pi}^{\pi} x^n \left(-\frac{1}{m} \cos mx\right)' dx$$

$$= \left[x^n \left(-\frac{1}{m} \cos mx\right)\right]_{-\pi}^{\pi} - \int_{-\pi}^{\pi} nx^{n-1} \left(-\frac{1}{m} \cos mx\right) dx$$

$$= \frac{\cos m\pi}{m} \{-\pi^n + (-\pi)^n\} + \frac{n}{m} \int_{-\pi}^{\pi} x^{n-1} \cos mx \, dx$$

$$= \frac{(-1)^{m+1}}{m} \{\pi^n - (-\pi)^n\} + \frac{n}{m} \int_{-\pi}^{\pi} x^{n-1} \cos mx \, dx \tag{1.7}$$

$$\int_{-\pi}^{\pi} x^n \cos mx \, dx = \int_{-\pi}^{\pi} x^n \left(\frac{1}{m} \sin mx\right)' dx$$

$$= \left[x^n \left(\frac{1}{m} \sin mx\right)\right]_{-\pi}^{\pi} - \int_{-\pi}^{\pi} nx^{n-1} \left(\frac{1}{m} \sin mx\right) dx$$

$$= -\frac{n}{m} \int_{-\pi}^{\pi} x^{n-1} \sin mx \, dx \tag{1.8}$$

ここで，$\cos m\pi = (-1)^m$ という関係に注意しておこう．(1.7) 式および (1.8) 式により，正弦関数と余弦関数が入れ替わるが，x^n の次数が 1 ずつ減少するので，もし n が正の整数ならば，これを繰り返していくことにより，最終的に被積分関数が三角関数のみの積分となる．

一方，$f(x) = x^2$ とか $f(x) = \cos x$ のように $f(-x) = f(x)$ の性質があり，グラフが y 軸について対称となる関数を**偶関数**という．また，$f(x) = x$ とか $f(x) = \sin x$ のように $f(-x) = -f(x)$ の性質をもち，グラフが原点について対称となる関数を**奇関数**という．

● チェック問題 1.2 $f(x)$ が偶関数，$g(x)$ を奇関数とするとき，$f(x)g(x)$ は偶関数か奇関数か．

1.2 初等関数を含む三角関数の積分公式

偶関数や奇関数の積分に関しては，任意の $a > 0$ について

$$\begin{cases} \int_{-a}^{a} f(x)dx = 2\int_{0}^{a} f(x)dx & : f(x) \text{ が偶関数} \\ \int_{-a}^{a} f(x)dx = 0 & : f(x) \text{ が奇関数} \end{cases} \tag{1.9}$$

の関係が成り立つ．特に三角関数を含む積分の場合には，偶関数か奇関数かを判断することによって，その計算が簡単になることがある．

例題 1.1

$\displaystyle\int_{-\pi}^{\pi} x^2 \cos x\, dx$ を求めよ．

【解答】 $x^2 \cos x$ は偶関数であるので，

$$\begin{aligned}
\int_{-\pi}^{\pi} x^2 \cos x\, dx &= 2\int_{0}^{\pi} x^2 (\sin x)'\, dx \\
&= 2\left[x^2 \sin x\right]_{0}^{\pi} - 2\int_{0}^{\pi} 2x \sin x\, dx \\
&= -\int_{0}^{\pi} 4x(-\cos x)'\, dx \\
&= \left[4x \cos x\right]_{0}^{\pi} - \int_{0}^{\pi} 4\cos x\, dx \\
&= -4\pi - \left[4 \sin x\right]_{0}^{\pi} = -4\pi
\end{aligned} \tag{1.10}$$

●チェック問題 1.3　$\displaystyle\int_{-\pi}^{\pi} x^2 \sin x\, dx$ を求めよ．

次に指数関数を含む場合であるが，やはり部分積分を利用することにより以下のように得られる．m を正の整数とし，α を $m \neq \alpha$ とする定数とすると，

$$\int_{-\pi}^{\pi} e^{\alpha x} \sin mx\, dx = \int_{-\pi}^{\pi} e^{\alpha x} \left(-\frac{1}{m} \cos mx\right)' dx$$
$$= \left[e^{\alpha x}\left(-\frac{1}{m}\cos mx\right)\right]_{-\pi}^{\pi} - \int_{-\pi}^{\pi} \alpha e^{\alpha x}\left(-\frac{1}{m}\cos mx\right)dx$$
$$= \frac{(-1)^{m+1}}{m}\left(e^{\alpha\pi} - e^{-\alpha\pi}\right) + \frac{\alpha}{m}\int_{-\pi}^{\pi} e^{\alpha x}\cos mx\, dx \tag{1.11}$$

$$\int_{-\pi}^{\pi} e^{\alpha x}\cos mx\, dx = \int_{-\pi}^{\pi} e^{\alpha x}\left(\frac{1}{m}\sin mx\right)' dx$$
$$= \left[e^{\alpha x}\left(\frac{1}{m}\sin mx\right)\right]_{-\pi}^{\pi} - \int_{-\pi}^{\pi} \alpha e^{\alpha x}\left(\frac{1}{m}\sin mx\right)dx$$
$$= -\frac{\alpha}{m}\int_{-\pi}^{\pi} e^{\alpha x}\sin mx\, dx \tag{1.12}$$

ここで

$$A = \int_{-\pi}^{\pi} e^{\alpha x}\cos mx\, dx, \quad B = \int_{-\pi}^{\pi} e^{\alpha x}\sin mx\, dx$$

とすると，(1.11) 式，(1.12) 式は変数 A および B の連立方程式

$$\begin{cases} B = \dfrac{(-1)^{m+1}}{m}\left(e^{\alpha\pi} - e^{-\alpha\pi}\right) + \dfrac{\alpha}{m}A \\ A = -\dfrac{\alpha}{m}B \end{cases} \tag{1.13}$$

と書け，これから

$$A = \frac{\alpha(-1)^m}{m^2 + \alpha^2}\left(e^{\alpha\pi} - e^{-\alpha\pi}\right), \quad B = \frac{m(-1)^{m+1}}{m^2 + \alpha^2}\left(e^{\alpha\pi} - e^{-\alpha\pi}\right)$$

を得る．

1.3 複素関数を含む積分公式

複素フーリエ級数やフーリエ変換の計算においては，複素関数としての指数関数および三角関数の積分の計算を行うことになる．複素積分といっても，よく知られた**オイラーの公式**

$$e^{ix} = \cos x + i \sin x \quad (ただし i は虚数単位 \sqrt{-1}) \tag{1.14}$$

とそれから導出される三角関数と指数関数の関係式

$$\cos x = \frac{e^{ix} + e^{-ix}}{2}, \quad \sin x = \frac{e^{ix} - e^{-ix}}{2i} \tag{1.15}$$

を用いて積分の実部と虚部を分離して計算してもよいが，ほとんどは実積分の場合と同じように計算できる．例えば，

$$\int_{-\pi}^{\pi} e^{ix} dx = \left[\frac{e^{ix}}{i} \right]_{-\pi}^{\pi} = \frac{1}{i} \left(e^{\pi i} - e^{-\pi i} \right)$$
$$= \frac{1}{i} \{ (\cos \pi + i \sin \pi) - (\cos \pi - i \sin \pi) \} = 0 \tag{1.16}$$

および

$$\int_{-\pi}^{\pi} e^{ix} dx = \int_{-\pi}^{\pi} (\cos x + i \sin x) dx$$
$$= \int_{-\pi}^{\pi} \cos x dx + i \int_{-\pi}^{\pi} \sin x dx = \left[\sin x \right]_{-\pi}^{\pi} + i \left[-\cos x \right]_{-\pi}^{\pi}$$
$$= 0 + i0 = 0 \tag{1.17}$$

となる．

例題 1.2

$\int_{-\pi}^{\pi} e^{inx} \cos \alpha x dx$ を求めよ．ただし，n は正の整数，α は $n \neq \pm \alpha$ である実定数とする．

【解答】
$$\int_{-\pi}^{\pi} e^{inx} \cos \alpha x dx = \int_{-\pi}^{\pi} e^{inx} \frac{e^{i\alpha x} + e^{-i\alpha x}}{2} dx$$
$$= \frac{1}{2} \int_{-\pi}^{\pi} \left\{ e^{i(n+\alpha)x} + e^{i(n-\alpha)x} \right\} dx$$

$$= \frac{1}{2}\left\{\left[\frac{e^{i(n+\alpha)x}}{i(n+\alpha)}\right]_{-\pi}^{\pi} + \left[\frac{e^{i(n-\alpha)x}}{i(n-\alpha)}\right]_{-\pi}^{\pi}\right\}$$

$$= \frac{1}{2}\left\{\frac{e^{i\pi(n+\alpha)} - e^{-i\pi(n+\alpha)}}{i(n+\alpha)}\right\} + \frac{1}{2}\left\{\frac{e^{i\pi(n-\alpha)} - e^{-i\pi(n-\alpha)}}{i(n-\alpha)}\right\}$$

$$= \frac{(n-\alpha)\left\{e^{i\pi(n+\alpha)} - e^{-i\pi(n+\alpha)}\right\} + (n+\alpha)\left\{e^{i\pi(n-\alpha)} - e^{-i\pi(n-\alpha)}\right\}}{2i(n^2-\alpha^2)}$$

$$= \frac{(-1)^{n+1}\alpha\left(e^{i\alpha\pi} - e^{-i\alpha\pi}\right)}{i(n^2-\alpha^2)}$$

$$= \frac{2\alpha(-1)^{n+1}\sin\alpha\pi}{n^2-\alpha^2} \tag{1.18}$$

ただし，$e^{in\pi} = \cos n\pi + i\sin n\pi = (-1)^n$ 等を使った． ∎

● チェック問題 1.4　$\int_{-\pi}^{\pi} e^{inx}\cos\alpha x dx = \int_{-\pi}^{\pi}(\cos nx + i\sin nx)\cos\alpha x dx$ となることを利用して，三角関数の加法定理から積分計算を行い，上の例題の結果が得られることを確かめよ． □

● チェック問題 1.5　$\int_{-\pi}^{\pi} e^{inx}\sin\alpha x dx$ を求めよ．ただし，n は自然数，α は $n \neq \pm\alpha$ である実定数とする． □

複素関数としての指数関数 e^{ix} はオイラーの公式により周期 2π の関数であることは明らかであるので，三角関数の場合と同様に以下の積分公式が得られる．n, m を整数として

$$\int_{-\pi}^{\pi} e^{inx}\overline{e^{imx}}dx = \int_{-\pi}^{\pi} e^{inx}e^{-imx}dx = \int_{-\pi}^{\pi} e^{i(n-m)x}dx$$

$$= \begin{cases} \left[\dfrac{e^{i(n-m)x}}{i(n-m)}\right]_{-\pi}^{\pi} = 0 & (m \neq n) \\ \left[x\right]_{-\pi}^{\pi} = 2\pi & (m = n) \end{cases}$$

$$= 2\pi\delta_{mn} \tag{1.19}$$

である．ここで，$\overline{e^{imx}}$ は，e^{imx} の**複素共役**を表す．

1.4 広義積分について

フーリエ解析やラプラス変換では，連続関数について定義されている定積分だけでなく，不連続関数に拡張されたものや積分範囲が無限大になるようなものを考える場合がある．このような場合に利用される**広義積分**は以下のように定義される．すなわち，半開区間 $[a, b)$ で連続な関数 $f(x)$ に対して

$$\int_a^b f(x)dx = \lim_{\varepsilon \to +0} \int_a^{b-\varepsilon} f(x)dx \tag{1.20}$$

と定義して，右辺が有限の極限値をもつとき，$f(x)$ は半開区間 $[a, b)$ で**広義積分可能**という．同様に，

$$\int_a^b f(x)dx = \lim_{\varepsilon \to +0} \int_{a+\varepsilon}^b f(x)dx \tag{1.21}$$

に対しても右辺が有限の極限値をもつとき，$f(x)$ は半開区間 $(a, b]$ で広義積分可能という．また，$f(x)$ が閉区間 $[a, b]$ の内側の 1 点 $x = c$ で不連続であるときは，

$$\begin{aligned}\int_a^b f(x)dx &= \int_a^c f(x)dx + \int_c^b f(x)dx \\ &= \lim_{\varepsilon_1 \to +0} \int_a^{c-\varepsilon_1} f(x)dx + \lim_{\varepsilon_2 \to +0} \int_{c+\varepsilon_2}^b f(x)dx \end{aligned} \tag{1.22}$$

と定義すればよい．この場合も，右辺が有限の極限値をもつとき，$f(x)$ は閉区間 $[a, b]$ で広義積分可能という．代表的な例を示そう．

例題 1.3

図 1.1 で表される関数

$$f(x) = \begin{cases} x & (|x| \leq 1) \\ 0 & (|x| > 1) \end{cases}$$

の広義積分 $\int_{-2}^{2} f(x)dx$ を求めよ．

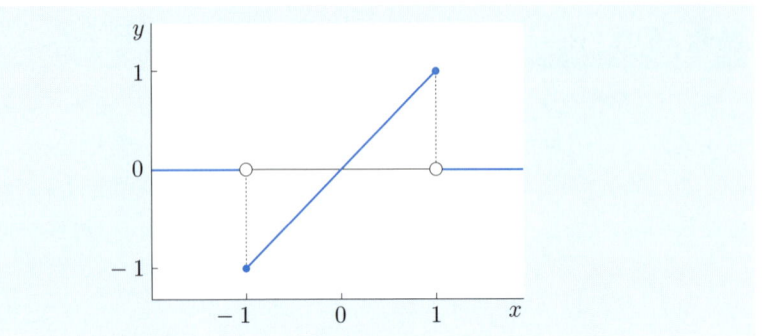

図 1.1 例題 1.3 の関数 $f(x)$ のグラフ

【解答】
$$\int_{-2}^{2} f(x)dx = \int_{-2}^{-1} 0dx + \int_{-1}^{1} xdx + \int_{1}^{2} 0dx$$
$$= \lim_{\varepsilon_1 \to +0} \int_{-2}^{-1-\varepsilon_1} 0dx + \int_{-1}^{1} xdx + \lim_{\varepsilon_2 \to +0} \int_{1+\varepsilon_2}^{2} 0dx$$
$$= 0 + \left[\frac{x^2}{2}\right]_{-1}^{1} + 0$$
$$= \frac{1}{2} - \frac{1}{2} = 0 \tag{1.23}$$

以上のように，たかだか有限個の点で不連続である場合でも，広義積分によって連続関数の場合と同様に積分の計算を行うことができる．これはフーリエ級数やフーリエ変換を計算するときに非常に重要である．

さて，次に積分区間が無限区間となる，**無限積分**について簡単に説明しよう．無限区間 $[a, \infty)$ 上で連続な関数 $f(x)$ に対して，

$$\int_{a}^{\infty} f(x)dx = \lim_{b \to \infty} \int_{a}^{b} f(x)dx \tag{1.24}$$

と定義し，右辺が有限の極限値をもつとき，$f(x)$ は無限区間 $[a, \infty)$ で**無限積分可能**であるという．同様に，無限区間 $(-\infty, b]$ 上で連続な関数 $f(x)$ に対しても

$$\int_{-\infty}^{b} f(x)dx = \lim_{a \to -\infty} \int_{a}^{b} f(x)dx \tag{1.25}$$

と定義し，右辺が有限の極限値をもつとき，$f(x)$ は無限区間 $(-\infty, b]$ で無限積分可能であるという．代表的な例をいくつか示そう．

例題 1.4

$\int_{0}^{\infty} e^{-sx}e^{ax}dx$ を求めよ．ただし，s および a は $s \neq a$ を満たす定数とする．

【解答】
$$\begin{aligned}
\int_{0}^{\infty} e^{-sx}e^{ax}dx &= \left[\frac{e^{(a-s)x}}{a-s}\right]_{0}^{\infty} \\
&= \lim_{x \to \infty} \frac{e^{(a-s)x}}{a-s} - \frac{1}{a-s} \\
&= \frac{1}{s-a}
\end{aligned} \tag{1.26}$$

ただし，上式の極限値が存在するためには，$a - s < 0$ である必要がある．このように，広義積分は条件によって発散する場合があるので注意が必要である．∎

例題 1.5

$\int_{0}^{\infty} e^{-sx}\sin \alpha x \, dx$ を求めよ．ただし，α は整数でない実定数，s は正の定数とする．

【解答】
$$\int_{0}^{\infty} e^{-sx}\sin \alpha x \, dx$$
$$= \int_{0}^{\infty} \left(-\frac{e^{-sx}}{s}\right)' \sin \alpha x \, dx$$
$$= \left[-\frac{e^{-sx}}{s}\sin \alpha x\right]_{0}^{\infty} + \frac{1}{s}\int_{0}^{\infty} e^{-sx}(\alpha \cos \alpha x) \, dx$$

$$= \frac{\alpha}{s} \int_0^\infty \left(-\frac{e^{-sx}}{s}\right)' \cos\alpha x\, dx$$

$$= \frac{\alpha}{s} \left\{ \left[-\frac{e^{-sx}}{s} \cos\alpha x\right]_0^\infty - \frac{1}{s}\int_0^\infty e^{-sx}(\alpha\sin\alpha x)\,dx \right\}$$

$$= \frac{\alpha}{s^2}\left(1 - \alpha \int_0^\infty e^{-sx}\sin\alpha x\,dx\right) \tag{1.27}$$

したがって,

$$\int_0^\infty e^{-sx}\sin\alpha x\,dx = \frac{\alpha}{s^2+\alpha^2}$$

となる．この場合も $s>0$ の場合でないと式中の極限値をもたないことに注意しよう．　■

● チェック問題 1.6　$\int_0^\infty x^n e^{-sx} dx$ を求めよ．ただし，n は自然数，s は正の定数とする．　□

最後に，フーリエ変換のところで利用する $-\infty < x < \infty$ の積分区間の無限積分について説明しよう．これは，

$$\int_{-\infty}^\infty f(x)dx = \lim_{\substack{b\to\infty \\ a\to -\infty}} \int_a^b f(x)dx \tag{1.28}$$

と定義される広義積分であるが，注意すべきところは，a, b を無関係に与えた上で別々に極限をとるのであって，

$$\int_{-\infty}^\infty f(x)dx = \lim_{a\to\infty} \int_{-a}^a f(x)dx$$

と考えてはならない，という点である[1]．次の例題で見てみよう．

---

[1] この式のようにして定義する積分を**コーシーの主値積分**と呼ぶ．
　　また有限の場合にも (1.22) 式に対して

$$\int_a^b f(x)dx = \lim_{\varepsilon\to +0}\left(\int_a^{c-\varepsilon} f(x)dx + \int_{c+\varepsilon}^b f(x)dx\right)$$

と定義され，コーシーの主値積分と呼ばれ，特に p.v. $\int_a^b f(x)dx$ 等と書かれる．

例題 1.6

$\int_{-\infty}^{\infty} xe^{-x^2} dx$ を求めよ．

【解答】
$$\int_{-\infty}^{\infty} xe^{-x^2} dx = \lim_{\substack{b \to \infty \\ a \to -\infty}} \int_a^b xe^{-x^2} dx$$
$$= \lim_{\substack{b \to \infty \\ a \to -\infty}} \left[-\frac{e^{-x^2}}{2} \right]_a^b$$
$$= \lim_{\substack{b \to \infty \\ a \to -\infty}} \left(-\frac{e^{-b^2}}{2} + \frac{e^{-a^2}}{2} \right) = 0 \quad (1.29) \blacksquare$$

上の例題では，xe^{-x^2} が奇関数であることを使ってもよいように見えるが，a と b は別々に考えるのである．このことは次の例題でわかる．

例題 1.7

$\int_{-\infty}^{\infty} x dx$ を求めよ．

【解答】
$$\int_{-\infty}^{\infty} x dx = \lim_{\substack{b \to \infty \\ a \to -\infty}} \int_a^b x dx$$
$$= \lim_{\substack{b \to \infty \\ a \to -\infty}} \left[\frac{x^2}{2} \right]_a^b$$
$$= \lim_{\substack{b \to \infty \\ a \to -\infty}} \left(\frac{b^2}{2} - \frac{a^2}{2} \right) \quad (1.30)$$

となるが，これは存在しない．したがって，この無限積分は存在しない． $\blacksquare$

例題 1.7 の場合も，x という関数は奇関数であるので，例題 1.6 と同様の結果が得られそうであるが，そうではないことに注意する必要がある．

チェック問題 1.7 $\int_{-\infty}^{\infty} \frac{1}{1+x^2} dx$ を求めよ． $\square$

1章の問題

☐ **1** n を正の整数とするとき，
$$\int_0^1 x^2 \sin 2n\pi x\, dx$$
の値を求めよ．

☐ **2** a を正の定数，b を定数とするとき，
$$\int_0^\infty e^{-ax} \cos bx\, dx$$
の値を求めよ．

☐ **3** $x>0$ とするとき，
$$f(x) = \int_0^\infty e^{-t} t^{x-1} dt$$
で定義される関数 $f(x)$ は[2]，
(1) $f(x) = (x-1)f(x-1) \quad (x>1)$
(2) $f(1) = 1$
を満たすことを示し，$f\left(\dfrac{1}{2}\right)$ の値を求めよ．

---
[2] この関数は，**ガンマ関数**と呼ばれ，$\Gamma(x)$ と書かれる．

2 フーリエ級数

　本章では，フーリエ級数展開の基礎的な求め方を学んでいく．フーリエ級数展開とは，一言で言うと，任意の周期関数を同じ周期をもつ三角関数の1次結合で表す方法である．このような考え方が物理学的に非常に理解しやすいのは，展開している関数が三角関数 (正弦波) であって，関数 (現象) の変化の様子をこれらの波の重ね合わせで理解できるということによる．ここでは，いろいろな周期関数のフーリエ級数の求め方を具体的な例題を通して学ぶ．さらにフーリエ級数の有限項までのグラフの概形を調べることによって，収束していく様子を直感的に理解することを目的とする．

> **2章で学ぶ概念・キーワード**
> - フーリエ級数展開：周期関数，波数，フーリエ級数，フーリエ係数
> - フーリエ余弦級数とフーリエ正弦級数：フーリエ余弦級数，フーリエ正弦級数，偶関数，奇関数
> - 一般的な周期関数のフーリエ級数：周期 $2l$ の関数
> - 複素形式のフーリエ級数：複素フーリエ級数，複素フーリエ係数

第 2 章 フーリエ級数

2.1 フーリエ級数展開

まず，はじめにフーリエ級数がどのようなものであるかを紹介しよう．基本的な区間として $-\pi \leq x < \pi$ ($[-\pi, \pi)$) をとり，図 2.1 に表されるような周期 2π の**周期関数** $f(x)$ を考える (周期 2π の関数であるとは，$f(x+2\pi) = f(x)$ を満たすものをいう)．

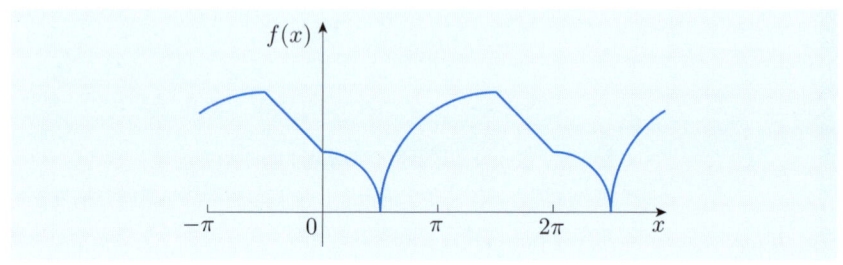

図 2.1 周期 2π の関数の例

また，区間 $[-\pi, \pi)$ 内で関数 $f(x)$ が不連続であっても，その不連続点が，**第 1 種の不連続点** (不連続点を x_d として，その右側および左側からの極限値 $\lim_{x \to x_d \pm 0} f(x)$ が存在し，有限な値をもつもの) であり，その個数が有限個であるとする．このことを関数 $f(x)$ は区間 $[-\pi, \pi)$ で**区分的に連続**であるといい，このとき，関数 $f(x)$ の $-\pi$ から π までの積分 $\int_{-\pi}^{\pi} f(x)dx$ が存在する (これを $f(x)$ は**積分可能**であるという)．また，$f(x)$ およびその導関数 $f'(x)$ が区分的に連続であるとき，$f(x)$ は**区分的になめらか**であるという．

以下，このような性質をもった関数 $f(x)$ を考え，これらが同じ周期 2π をもった無限個の関数の集まり $\{1, \cos x, \sin x, \cdots, \cos nx, \sin nx, \cdots\}$ の **1 次結合**で表すことができないかという問題を取り扱う．ここで n は 1 以上の整数であり，物理学で出てくる 2π の長さの区間の中に含まれるそれぞれの波 (三角関数) の "波長 (λ) の数" という意味の**波数** $k = \dfrac{2\pi}{\lambda}$ に対して，$\lambda = \dfrac{2\pi}{n}$ であるので，この場合には n は波数 k と同じになる[1]．図 2.2 に示すように，この n が

---

[1] **角振動数** $n = \dfrac{2\pi}{T}$ (T は周期) と考えてもよい．この場合 ν を周波数とすると $n = 2\pi\nu$ となり n は ν に比例する．

2.1 フーリエ級数展開

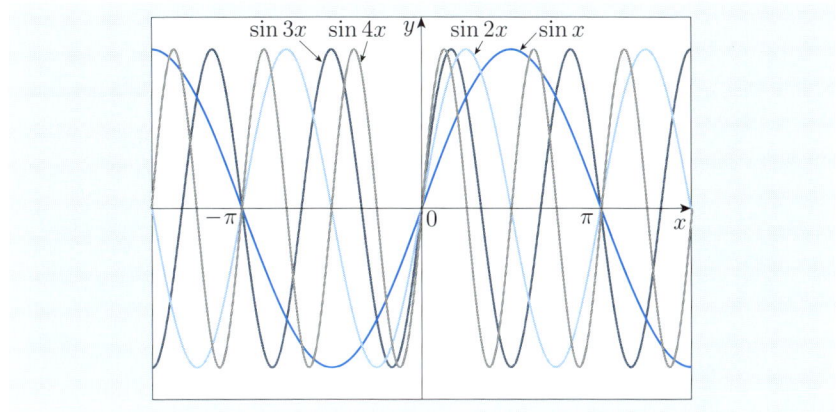

図 2.2 いくつかの n における正弦関数のグラフ

増加するに従って, 非常に激しく振動する性質をもつことがわかる.

さて, 無限個の関数を扱うために生ずる数学的に注意しなければならない厳密な問題 (例えば関数項級数の収束性等) はとりあえず考えないで, 関数 $f(x)$ が以下のように適当な定数係数 a_n と b_n $(n = 1, 2, \cdots)$ を用いて

$$f(x) = \frac{a_0}{2} + \sum_{n=1}^{\infty}(a_n \cos nx + b_n \sin nx) \tag{2.1}$$

と表せたとする.

ここで行いたいのは, 具体的に $f(x)$ が与えられた場合に, $\{a_0, a_1, a_2, \cdots, b_1, b_2, \cdots\}$ の値を求めることである. (2.1) 式は無限の項をもった級数であるので, それぞれの項を別々に積分して加えたものと全体を積分したものは一致するかどうかわからない. もしこれが等しいと仮定すると, (2.1) 式の両辺を $-\pi$ から π まで積分すると,

$$\int_{-\pi}^{\pi} f(x)dx$$
$$= \int_{-\pi}^{\pi} \frac{a_0}{2}dx + \sum_{n=1}^{\infty}\left\{a_n\left(\int_{-\pi}^{\pi}\cos nx dx\right) + b_n\left(\int_{-\pi}^{\pi}\sin nx dx\right)\right\} \tag{2.2}$$

となるので, 第 1 章 (1.3) 式の三角関数の積分公式

$$\begin{cases} \displaystyle\int_{-\pi}^{\pi} \sin nx\, dx = 0 \\ \displaystyle\int_{-\pi}^{\pi} \cos nx\, dx = 0 \end{cases} \tag{2.3}$$

により，(2.2) 式の右辺第 1 項についての積分だけが残り，

$$\int_{-\pi}^{\pi} f(x)dx = \pi a_0 \tag{2.4}$$

となるので，

$$a_0 = \frac{1}{\pi}\int_{-\pi}^{\pi} f(x)dx \tag{2.5}$$

となる．

次に，係数 a_n と b_n ($n=1,2,\cdots$) について考えよう．n,m を正の整数とすると，第 1 章 (1.4) 式〜(1.6) 式より，クロネッカーのデルタ

$$\delta_{mn} = \begin{cases} 1 & (m=n) \\ 0 & (m \neq n) \end{cases}$$

を用いると，

$$\begin{cases} \displaystyle\int_{-\pi}^{\pi} \sin nx \sin mx\, dx = \pi \delta_{mn} \\ \displaystyle\int_{-\pi}^{\pi} \cos nx \cos mx\, dx = \pi \delta_{mn} \\ \displaystyle\int_{-\pi}^{\pi} \sin nx \cos mx\, dx = 0 \end{cases}$$

であるから，(2.1) 式の右辺の n を m に変えた式

$$f(x) = \frac{a_0}{2} + \sum_{m=1}^{\infty} (a_m \cos mx + b_m \sin mx)$$

について，この式の両辺に $\cos nx$ もしくは $\sin nx$ をかけて $-\pi$ から π まで積分すると，

$$\begin{cases} \displaystyle\int_{-\pi}^{\pi} f(x)\cos nx\, dx = a_n \pi \\ \displaystyle\int_{-\pi}^{\pi} f(x)\sin nx\, dx = b_n \pi \end{cases} \quad (n=1,2,\cdots) \tag{2.6}$$

となる．すなわち

$$\begin{cases} a_n = \dfrac{1}{\pi} \displaystyle\int_{-\pi}^{\pi} f(x) \cos nx dx \\ b_n = \dfrac{1}{\pi} \displaystyle\int_{-\pi}^{\pi} f(x) \sin nx dx \end{cases} (n = 1, 2, \cdots) \tag{2.7}$$

が得られ，上式の右辺の積分が計算できれば形式的に $f(x)$ が $\{1, \cos x, \sin x,$ $\cdots, \cos nx, \sin nx, \cdots\}$ の1次結合で表されたことになる．区分的になめらかな周期 2π の関数 $f(x)$ について，(2.5) 式，(2.7) 式のようにして計算された a_n と b_n を $f(x)$ の**フーリエ係数**という．また，これらを使って $f(x)$ を形式的に表した

$$\dfrac{a_0}{2} + \sum_{n=1}^{\infty} (a_n \cos nx + b_n \sin nx) \tag{2.8}$$

を $f(x)$ の**フーリエ級数**または**フーリエ級数展開**(単に**フーリエ展開**と呼ぶこともある) という．

また，フーリエ係数を計算する場合において，$\cos nx$ が偶関数，$\sin nx$ が奇関数であることから，$f(x)$ が偶関数の場合，

$$a_n = \dfrac{2}{\pi} \int_0^{\pi} f(x) \cos nx dx, \quad b_n = 0$$

であり，$f(x)$ が奇関数の場合，

$$a_n = 0, \quad b_n = \dfrac{2}{\pi} \int_0^{\pi} f(x) \sin nx dx$$

である．

─ 例題 2.1 ─

図 2.3 で表される $|x|$ ($-\pi \leq x < \pi$) を周期 2π で拡張した関数 $f(x)$ のフーリエ級数を求めよ[2]．

【**解答**】 図 2.3 で表される関数は偶関数であるので，$b_n = 0$ である．(2.5) 式，(2.7) 式より，

---
[2] 以後特に断らない限り，周期関数については基本領域のみで定義し，それをその他の領域に拡張した関数を考えるものとする．

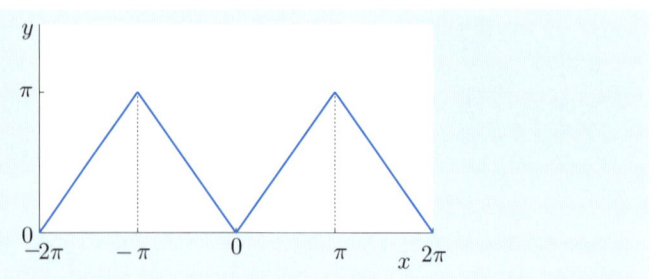

図 2.3 例題 2.1 の関数 $f(x)$ のグラフ

$$a_0 = \frac{2}{\pi}\int_0^\pi |x|dx = \frac{2}{\pi}\int_0^\pi xdx = \frac{2}{\pi}\left[\frac{x^2}{2}\right]_0^\pi = \pi \tag{2.9}$$

$$\begin{aligned}
a_n &= \frac{1}{\pi}\int_{-\pi}^\pi |x|\cos nx dx \\
&= \frac{2}{\pi}\int_0^\pi x\cos nx dx \\
&= \frac{2}{\pi}\int_0^\pi x\left(\frac{\sin nx}{n}\right)' dx \\
&= \frac{2}{\pi}\left(\left[\frac{x\sin nx}{n}\right]_0^\pi - \frac{1}{n}\int_0^\pi \sin nx dx\right) \\
&= \frac{2}{\pi}\left[\frac{\cos nx}{n^2}\right]_0^\pi \\
&= \frac{2}{\pi n^2}\left(-1 + \cos n\pi\right) = \frac{2}{\pi n^2}\left\{-1 + (-1)^n\right\} \\
&= \begin{cases} 0 & (n \text{ が偶数}) \\ -\dfrac{4}{\pi n^2} & (n \text{ が奇数}) \end{cases}
\end{aligned} \tag{2.10}$$

以上から，

$$\begin{aligned}
|x| &= \frac{\pi}{2} - \frac{4}{\pi}\sum_{m=1}^\infty \left\{\frac{\cos(2m-1)x}{(2m-1)^2}\right\} \\
&= \frac{\pi}{2} - \frac{4}{\pi}\left(\cos x + \frac{1}{3^2}\cos 3x + \frac{1}{5^2}\cos 5x + \cdots\right)
\end{aligned} \tag{2.11}$$

となる．

(2.11) 式において, 特に, $f(0) = 0$ より,

$$\frac{\pi^2}{8} = \frac{1}{1^2} + \frac{1}{3^2} + \frac{1}{5^2} + \cdots \tag{2.12}$$

となるが, このように無限級数の計算においてもフーリエ級数はしばしば利用される (章末問題を参照のこと).

さて, 例題 2.1 で計算された級数について, その収束の様子を調べるために, フーリエ級数の有限項までとった次のような周期 2π の関数

$$\begin{aligned}S_n(x) &= \frac{\pi}{2} - \frac{4}{\pi} \sum_{m=1}^{n} \left\{ \frac{\cos(2m-1)x}{(2m-1)^2} \right\} \\ &= \frac{\pi}{2} - \frac{4}{\pi} \left\{ \cos x + \frac{\cos 3x}{3^2} + \cdots + \frac{\cos(2n-1)x}{(2n-1)^2} \right\}\end{aligned} \tag{2.13}$$

を定義しよう. 特に $n = 0$ の場合を $S_0 = \dfrac{\pi}{2}$ として, $S_0(x)$, $S_1(x)$, $S_2(x)$, $S_3(x)$ のグラフの概形を調べるとそれぞれ図 2.4 のようになる. ここで, 比較のため, もとの関数 $f(x)$ のグラフの概形も描いてある. この図からわかるように, n が大きくなるに従って, $S_n(x)$ のグラフは $f(x)$ のグラフに近づいていくことがわかる.

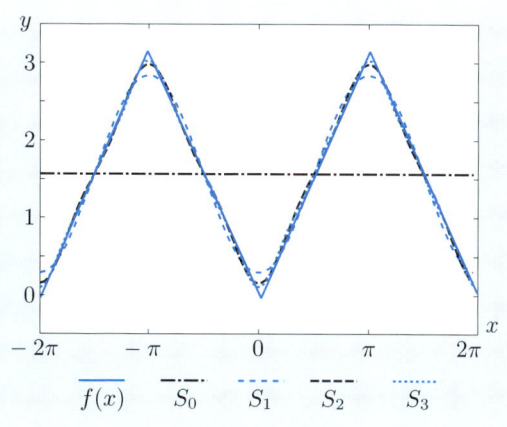

図 2.4 フーリエ級数 (2.11) 式の有限の項までとったときの級数の収束の様子

○**チェック問題 2.1** 区間 $-\pi \leq x < \pi$ で定義された周期 2π の関数

$$f(x) = \begin{cases} 0 & (-\pi \leq x < 0) \\ \sin x & (0 \leq x < \pi) \end{cases}$$

のフーリエ級数を求め，有限の第 n 項までとった $S_n(x)$ について，$n = 0$, $n = 2$, $n = 4$, $n = 6$, $n = 8$ の場合を図示せよ． □

さて，例題 2.1 の場合のように $f(x)$ が連続である場合には，n の増加によって級数の値が $f(x)$ に近づいていくことがわかる．一方，不連続な点が存在する場合どのようなことが起こるのであろうか？ 以下のような例題で具体的に見てみよう．

例題 2.2

図 2.5 で表される周期 2π の関数

$$f(x) = \begin{cases} 1 & (-\pi \leq x < 0) \\ 0 & (0 \leq x < \pi) \end{cases}$$

のフーリエ級数を求めよ．

【**解答**】 (2.5) 式，(2.7) 式より

$$a_0 = \frac{1}{\pi} \int_{-\pi}^{\pi} f(x) dx = \frac{1}{\pi} \left(\int_{-\pi}^{0} 1 dx + \int_{0}^{\pi} 0 dx \right) = 1 \tag{2.14}$$

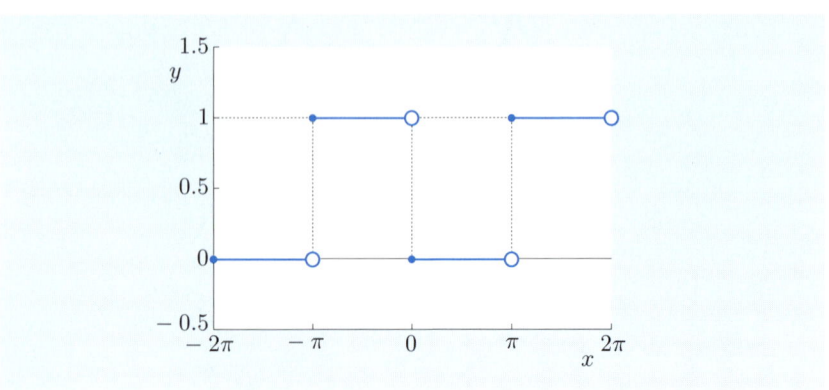

図 2.5　例題 2.2 の関数 $f(x)$ のグラフ

$$a_n = \frac{1}{\pi} \int_{-\pi}^{\pi} f(x) \cos nx dx$$
$$= \frac{1}{\pi} \left(\int_{-\pi}^{0} 1 \cos nx dx + \int_{0}^{\pi} 0 \cos nx dx \right)$$
$$= \frac{1}{\pi} \left[\frac{\sin nx}{n} \right]_{-\pi}^{0}$$
$$= 0 \tag{2.15}$$

$$b_n = \frac{1}{\pi} \int_{-\pi}^{\pi} f(x) \sin nx dx$$
$$= \frac{1}{\pi} \left(\int_{-\pi}^{0} 1 \sin nx dx + \int_{0}^{\pi} 0 \sin nx dx \right)$$
$$= \frac{1}{\pi} \left[\frac{-\cos nx}{n} \right]_{-\pi}^{0}$$
$$= \frac{-1 + \cos n\pi}{n\pi}$$
$$= \frac{(-1)^n - 1}{n\pi}$$
$$= \begin{cases} 0 & (n \text{ が偶数}) \\ -\dfrac{2}{n\pi} & (n \text{ が奇数}) \end{cases} \tag{2.16}$$

したがって,
$$f(x) = \frac{1}{2} - \frac{2}{\pi} \sum_{m=1}^{\infty} \left\{ \frac{\sin(2m-1)x}{2m-1} \right\}$$
$$= \frac{1}{2} - \frac{2}{\pi} \left(\sin x + \frac{1}{3} \sin 3x + \frac{1}{5} \sin 5x + \cdots \right) \tag{2.17} \blacksquare$$

この級数についても例題 2.1 の場合と同様に収束の様子を調べるために,
$$S_n(x) = \frac{1}{2} - \frac{2}{\pi} \sum_{m=1}^{n} \left\{ \frac{\sin(2m-1)x}{2m-1} \right\} \tag{2.18}$$

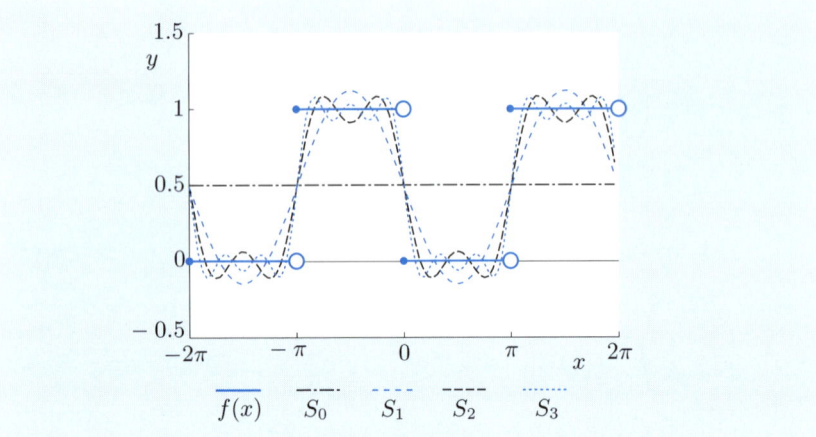

図 2.6 フーリエ級数 (2.17) 式の有限の項までとったときの級数の収束の様子

を定義し，それぞれの n の場合のグラフの概形を調べよう．図 2.6 にその様子を示す．この図から，不連続点である $x = n\pi$ の近傍では，局所的に極大や極小の振動が見られる．これは**ギブスの現象**と呼ばれるもので，不連続点の近傍では一般的に見られる現象である．一方，この不連続点 $x = n\pi$ では $\frac{1}{2}$ の値をもつことがわかる．詳細は付録 A で説明するが，一般に不連続点 $x = x_d$ において，フーリエ級数 ((2.1) 式の右辺の無限級数) がとる値はその点における右側極限値と左側極限値の平均した値

$$\frac{f(x_d + 0) + f(x_d - 0)}{2} = \frac{1}{2}\left\{\lim_{x \to x_d+0} f(x) + \lim_{x \to x_d-0} f(x)\right\} \quad (2.19)$$

をとることが示される．したがって厳密な意味で左辺の関数値と右辺が等しいわけではないので，その関係を，

$$f(x) \sim \frac{a_0}{2} + \sum_{n=1}^{\infty}(a_n \cos nx + b_n \sin nx) \tag{2.20}$$

と書くことにする．以上から，不連続点の記述も含めてフーリエ級数の収束性は次のようにまとめられる．

定理 2.1

もし周期 2π の関数 $f(x)$ が区分的になめらかであるなら，そのフーリエ級数

$$\frac{a_0}{2} + \sum_{n=1}^{\infty} (a_n \cos nx + b_n \sin nx)$$

は，連続な点ではその関数値に収束し，不連続点では，(2.19) 式で表されるその両側の極限値の平均の値に収束する．

●**チェック問題 2.2** 区間 $[-\pi, \pi)$ で定義された関数 $\sin \lambda x$ のフーリエ級数を求めよ．ただし，λ は整数ではないとする．　□

■ フーリエ級数の誕生

　フーリエ級数が理解しやすいのは波 (三角関数) の重ね合わせで表現されているからである，と書いた．しかしフーリエがフーリエ級数を導入したのは，熱の理論を数学的に研究していたときであった．「波と熱 (伝導)」というとあまり関係ないように見える (いや，熱波という言葉もあるので一概に関係ないとは言いきれないか？)．ところが実はフーリエが熱伝導方程式の初期値境界値問題 (第 5 章で出てくる) を解く手段として導入する前に，流体力学の「ベルヌーイの定理」で有名なベルヌーイがテイラーが導き出した振動の方程式に対して，両端を固定された弦の振動が三角関数の重ね合わせ (つまり基音と倍音の合成) で表されることを提言していた．フーリエは熱伝導方程式を解くために何とか初期条件 (温度分布) を三角関数で表現しようとしてベルヌーイの提言を取り入れたのである (それで，このようにして初期値境界値問題を解く上でフーリエ級数を用いた方法は，「ベルヌーイ・フーリエの方法」と呼ばれることもある)．

　このように，一見関係ないような着眼点から新しい展開が生まれると，それはどんな場合でも (不連続な関数に対しても) 表現できるのではないか，と推測するようになる．事実，フーリエはそれを主張したが，(まだ厳密さに欠けるところもあって) 当時のフランスの数学界では十分に認められなかったようである．その後，ディリクレによって収束性の証明がなされ，フーリエ級数の理論は確立されることになった．フーリエの与えた斬新な考え方は，当時の関数に対する概念に新風を吹き込んだと言えよう．

2.2 フーリエ余弦級数とフーリエ正弦級数

この節では，偶関数または奇関数をもう一度取り上げる．関数 $f(x)$ について，

$$\begin{cases} f(x) = g(x) + h(x) \\ g(x) = \dfrac{1}{2}\{f(x) + f(-x)\} \\ h(x) = \dfrac{1}{2}\{f(x) - f(-x)\} \end{cases} \tag{2.21}$$

と定義すれば，関数 $f(x)$ は，偶関数 $g(x)$ と奇関数 $h(x)$ で表すことができる．したがって，$f(x)$ が周期 2π の関数であるならば，そのフーリエ級数は，

$$g(x) = \frac{1}{2}a_0 + \sum_{n=1}^{\infty} a_n \cos nx$$

と，

$$h(x) = \sum_{n=1}^{\infty} b_n \sin nx$$

となることは簡単に理解できる．このことから，関数 $f(x)$ が区間 $[0, \pi]$ のみで定義されているとき，区間 $[-\pi, \pi]$ で偶関数となるように拡張してフーリエ級数を計算したものを**フーリエ余弦級数**

$$\begin{aligned} f(x) &\sim \frac{1}{2}a_0 + \sum_{n=1}^{\infty} a_n \cos nx \\ a_0 &= \frac{2}{\pi}\int_0^{\pi} f(x)dx, \quad a_n = \frac{2}{\pi}\int_0^{\pi} f(x)\cos nx\, dx \end{aligned} \tag{2.22}$$

という．また，奇関数となるように拡張してフーリエ級数を計算したものを**フーリエ正弦級数**

$$\begin{aligned} f(x) &\sim \sum_{n=1}^{\infty} b_n \sin nx \\ b_n &= \frac{2}{\pi}\int_0^{\pi} f(x)\sin nx\, dx \end{aligned} \tag{2.23}$$

2.2 フーリエ余弦級数とフーリエ正弦級数

という. なお, 周期 2π の関数 $f(x)$ が偶関数の場合には, 上述の区間の拡張とは関係なく (2.22) 式で表されるが, これもフーリエ余弦級数と呼ばれる. 奇関数の場合も同様に (2.23) 式で表され, これもフーリエ正弦級数と呼ぶ.

例題 2.3

区間 $[0, \pi]$ で定義された関数 $f(x) = e^x$ のフーリエ余弦級数とフーリエ正弦級数を求めよ.

【解答】 フーリエ余弦級数を求めるのであるから, 区間 $[-\pi, 0)$ で $f(x) = e^{-x}$ として拡張すると, $b_n = 0 \ (n = 1, 2, \cdots)$ であり,

$$\begin{aligned}
a_n &= \frac{2}{\pi} \int_0^\pi e^x \cos nx\, dx \\
&= \frac{2}{\pi} \int_0^\pi (e^x)' \cos nx\, dx \\
&= \frac{2}{\pi} \left(\left[e^x \cos nx \right]_0^\pi + n \int_0^\pi e^x \sin nx\, dx \right) \\
&= \frac{2}{\pi} \left(e^\pi \cos n\pi - 1 + n \left[e^x \sin nx \right]_0^\pi - n^2 \int_0^\pi e^x \cos nx\, dx \right) \\
&= \frac{2}{\pi} \left(e^\pi \cos n\pi - 1 \right) - n^2 a_n
\end{aligned}$$

より,

$$a_n = \frac{2\left\{ e^\pi (-1)^n - 1 \right\}}{\pi (1 + n^2)}$$

となるから,

$$f(x) \sim \frac{e^\pi - 1}{\pi} + \frac{2}{\pi} \sum_{n=1}^\infty \left\{ \frac{e^\pi (-1)^n - 1}{1 + n^2} \cos nx \right\}$$

である.

次にフーリエ正弦級数については, 区間 $[-\pi, 0)$ で $f(x) = -e^{-x}$ として拡張すると, $a_n = 0 \ (n = 0, 1, 2, \cdots)$ であり,

$$b_n = \frac{2}{\pi} \int_0^\pi e^x \sin nx\, dx$$

$$
\begin{aligned}
&= \frac{2}{\pi} \int_0^\pi (e^x)' \sin nx\, dx \\
&= \frac{2}{\pi} \left(\left[e^x \sin nx \right]_0^\pi - n \int_0^\pi e^x \cos nx\, dx \right) \\
&= \frac{2}{\pi} \left(-n \left[e^x \cos nx \right]_0^\pi - n^2 \int_0^\pi e^x \sin nx\, dx \right) \\
&= \frac{2}{\pi} \left(-n e^\pi \cos n\pi + n \right) - n^2 b_n
\end{aligned}
$$

より,

$$
b_n = \frac{2n \left\{ -e^\pi (-1)^n + 1 \right\}}{\pi (1 + n^2)}
$$

となるから,

$$
f(x) \sim \frac{2}{\pi} \sum_{n=1}^\infty \left[\frac{n \left\{ -e^\pi (-1)^n + 1 \right\}}{1 + n^2} \sin nx \right]
$$

となる. ∎

● **チェック問題 2.3** 区間 $[0,\ \pi]$ で定義された関数 $f(x) = 1$ のフーリエ正弦級数を求めよ. また, $f\left(\dfrac{\pi}{2}\right) = 1$ であることを用いて, $1 - \dfrac{1}{3} + \dfrac{1}{5} - \cdots$ の値を求めよ. □

2.3 一般的な周期関数のフーリエ級数

この節では，周期関数の周期が 2π ではない場合のフーリエ級数の求め方について考える．一般に，周期関数 $f(x)$ の周期が $2l$ であるとは，

$$f(x+2l) = f(x) \tag{2.24}$$

であることである．区間 $[-l,\ l)$ で定義された周期関数 $f(x)$ のフーリエ展開については，三角関数を周期 2π から周期 $2l$ に拡大 (縮小) した関数の集まり $\left\{1, \cos\dfrac{\pi x}{l}, \sin\dfrac{\pi x}{l}, \cdots, \cos\dfrac{n\pi x}{l}, \sin\dfrac{n\pi x}{l}, \cdots\right\}$ で展開することを考えればよい[3]．周期 2π の場合の第 1 章 (1.4) 式〜(1.6) 式をもとに，n, m を整数とすると，

$$\begin{cases} \displaystyle\int_{-l}^{l} \sin\frac{n\pi y}{l} \sin\frac{m\pi y}{l} dy = l\delta_{mn} \\ \displaystyle\int_{-l}^{l} \cos\frac{n\pi y}{l} \cos\frac{m\pi y}{l} dy = l\delta_{mn} \\ \displaystyle\int_{-l}^{l} \sin\frac{n\pi y}{l} \cos\frac{m\pi y}{l} dy = 0 \end{cases} \tag{2.25}$$

となる．ここで，(2.5) 式および (2.7) 式の $f(x)$ を $g(y)$ として

$$g(y) \sim \frac{a_0}{2} + \sum_{n=1}^{\infty}(a_n \cos ny + b_n \sin ny)$$

$$a_0 = \frac{1}{\pi}\int_{-\pi}^{\pi} g(y)dy$$

$$\int_{-\pi}^{\pi} g(y)\cos ny\, dy = a_n\pi, \quad \int_{-\pi}^{\pi} g(y)\sin ny\, dy = b_n\pi \quad (n=1,2,\cdots)$$

とあらためて定義すると，$a_0, a_n, b_n\ (n=1,2,\cdots)$ は周期 2π の関数 $g(y)$ のフーリエ係数である．ここで $x = \dfrac{ly}{\pi}$ と変数変換すれば，$g(y) = g\left(\dfrac{\pi x}{l}\right)$ となるが，これをあらためて $f(x)$ とすると，関数 $f(x)$ は区間 $[-l,\ l)$ で定義される周期 $2l$ の関数となる．したがって，置換積分を行うことにより，この関数の

---

[3] この場合の正弦波 $\sin\dfrac{n\pi x}{l}, \cos\dfrac{n\pi x}{l}$ の波数は $k = \dfrac{2\pi}{\lambda} = \dfrac{n\pi}{l}$ となる．

フーリエ級数展開とフーリエ係数は，

$$\begin{cases} f(x) \sim \dfrac{a_0}{2} + \sum_{n=1}^{\infty}\left(a_n \cos\dfrac{n\pi x}{l} + b_n \sin\dfrac{n\pi x}{l}\right) \\ a_0 = \dfrac{1}{l}\int_{-l}^{l} f(x)dx \\ a_n = \dfrac{1}{l}\int_{-l}^{l} f(x)\cos\dfrac{n\pi x}{l}dx, \ b_n = \dfrac{1}{l}\int_{-l}^{l} f(x)\sin\dfrac{n\pi x}{l}dx \end{cases}$$
$$(n=1,2,\cdots) \quad (2.26)$$

となる．

例題 2.4

図 2.7 で表される区間 $-l \leq x < l$ で定義された周期 $2l$ の関数

$$f(x) = \begin{cases} \dfrac{1}{\varepsilon} & \left(|x| \leq \dfrac{\varepsilon}{2}\right) \\ 0 & \left(-l \leq x < -\dfrac{\varepsilon}{2}, \ \dfrac{\varepsilon}{2} < x < l\right) \end{cases}$$

のフーリエ級数を求めよ．また，それの $\varepsilon \to 0$ とした極限はどうなるか．

【解答】 関数 $f(x)$ は偶関数であるので，

$\quad b_n = 0$

一方，

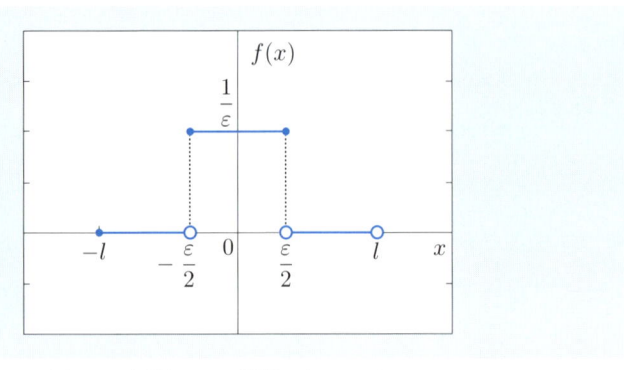

図 2.7　例題 2.4 の関数 $f(x)$ のグラフ

2.3 一般的な周期関数のフーリエ級数

$$a_0 = \frac{2}{l}\int_0^l f(x)dx = \frac{2}{l}\int_0^{\varepsilon/2}\frac{1}{\varepsilon}dx = \frac{1}{l} \tag{2.27}$$

$$a_n = \frac{2}{l}\int_0^l f(x)\cos\frac{n\pi x}{l}dx = \frac{2}{l}\int_0^{\varepsilon/2}\frac{1}{\varepsilon}\cos\frac{n\pi x}{l}dx$$

$$= \left[\frac{2}{n\varepsilon\pi}\sin\frac{n\pi x}{l}\right]_0^{\varepsilon/2} = \frac{2}{n\varepsilon\pi}\sin\frac{n\varepsilon\pi}{2l} \tag{2.28}$$

したがって,

$$f(x) \sim \frac{1}{2l} + \frac{2}{\varepsilon\pi}\left(\sin\frac{\varepsilon\pi}{2l}\cos\frac{\pi x}{l} + \frac{\sin\frac{\varepsilon\pi}{l}}{2}\cos\frac{2\pi x}{l}\right.$$

$$\left. + \frac{\sin\frac{3\varepsilon\pi}{2l}}{3}\cos\frac{3\pi x}{l} + \cdots\right)$$

$$\sim \frac{1}{2l} + \frac{2}{\varepsilon\pi}\sum_{n=1}^{\infty}\left(\frac{\sin\frac{n\varepsilon\pi}{2l}}{n}\cos\frac{n\pi x}{l}\right) \tag{2.29}$$

また (2.29) 式の右辺のフーリエ係数についてそれぞれの n を固定して $\varepsilon \to 0$ とした極限は,

$$\lim_{\varepsilon\to 0}\frac{\sin\frac{n\pi\varepsilon}{2l}}{\frac{n\pi\varepsilon}{2l}}\frac{1}{l} = \frac{1}{l}$$

を用いると,

$$\frac{1}{l}\left(\frac{1}{2} + \cos\frac{\pi x}{l} + \cos\frac{2\pi x}{l} + \cos\frac{3\pi x}{l} + \cdots\right) \tag{2.30}$$

となるが,これは当然のことながら $x = 0$ では発散する.この関数 $f(x)$ の $\varepsilon \to 0$ とした極限は (ディラックの) **デルタ関数** (の列) と呼ばれるもので,この関数については第 4 章で詳しく説明する. ∎

✓**チェック問題 2.4** 区間 $[-3, 3)$ で定義された周期 6 の関数

$$f(x) = \begin{cases} 0 & (-3 \leq x \leq 0) \\ 1 & (0 < x < 3) \end{cases}$$

のフーリエ級数を求めよ. □

32　　　　　　　　　　　　　第 2 章　フーリエ級数

さて，ここまでは，周期関数が定義される基本的な区間として原点に対して対称な区間を考えてきた．最後に，より一般的な区間 $[\alpha,\ \beta)$ で定義された周期 $\beta-\alpha$ の関数 $f(x)$ のフーリエ展開を考えよう．この場合も考え方は周期 $2l$ のときと同様に考えればよい．すなわち，三角関数の集まりについては，周期 $\beta-\alpha$ であるので，$2l=\beta-\alpha$ とした，

$$\left\{1, \cos\frac{\pi x}{l}, \sin\frac{\pi x}{l}, \cdots, \cos\frac{n\pi x}{l}, \sin\frac{n\pi x}{l}, \cdots\right\}$$

の 1 次結合で $f(x)$ を表すことを考える[4)]．やはり n, m を整数とすると，

$$\begin{cases} \displaystyle\int_\alpha^\beta \sin\frac{n\pi x}{l}\sin\frac{m\pi x}{l}dx = l\delta_{mn} \\ \displaystyle\int_\alpha^\beta \cos\frac{n\pi x}{l}\cos\frac{m\pi x}{l}dx = l\delta_{mn} \\ \displaystyle\int_\alpha^\beta \sin\frac{n\pi x}{l}\cos\frac{m\pi x}{l}dx = 0 \end{cases} \tag{2.31}$$

が成り立つ．ここでは，上式の第 1 式のみ証明しておこう．

$$\int_\alpha^\beta \sin\frac{n\pi x}{l}\sin\frac{m\pi x}{l}dx$$

$$= \frac{1}{2}\int_\alpha^\beta \left\{\cos\frac{(n-m)\pi x}{l} - \cos\frac{(n+m)\pi x}{l}\right\}dx$$

$$= \begin{cases} \dfrac{1}{2}\left\{(\beta-\alpha) - \left[\dfrac{l}{2n\pi}\sin\dfrac{2n\pi x}{l}\right]_\alpha^\beta\right\} & (m=n) \\ \dfrac{1}{2}\left\{\left[\dfrac{l}{(n-m)\pi}\sin\dfrac{(n-m)\pi x}{l}\right]_\alpha^\beta \right. \\ \left. - \left[\dfrac{l}{(n+m)\pi}\sin\dfrac{(n+m)\pi x}{l}\right]_\alpha^\beta\right\} & (m\neq n) \end{cases}$$

[4)] 区間が原点に対して対称である場合でなくともかまわない．このことは，第 3 章での直交関数系についての説明で明らかになる．

2.3 一般的な周期関数のフーリエ級数

$$= \begin{cases} \dfrac{\beta-\alpha}{2} - \dfrac{1}{2}\left\{\dfrac{l}{2n\pi}\left(\sin\dfrac{2n\pi\beta}{l} - \sin\dfrac{2n\pi\alpha}{l}\right)\right\} & (m=n) \\[2mm] \dfrac{1}{2}\left[\dfrac{l}{(n-m)\pi}\left\{\sin\dfrac{(n-m)\pi\beta}{l} - \sin\dfrac{(n-m)\pi\alpha}{l}\right\}\right] \\[2mm] \quad -\dfrac{1}{2}\left[\dfrac{l}{(n+m)\pi}\left\{\sin\dfrac{(n+m)\pi\beta}{l} - \sin\dfrac{(n+m)\pi\alpha}{l}\right\}\right] & (m \neq n) \end{cases}$$

$$= \begin{cases} l - \dfrac{l}{2n\pi}\cos\dfrac{2n\pi(\beta+\alpha)}{2l}\sin 2n\pi & (m=n) \\[2mm] \dfrac{l}{(n-m)\pi}\cos\dfrac{(n-m)\pi(\beta+\alpha)}{2l}\sin(n-m)\pi \\[2mm] \quad -\dfrac{l}{(n+m)\pi}\cos\dfrac{(n+m)\pi(\beta+\alpha)}{2l}\sin(n+m)\pi & (m \neq n) \end{cases}$$

$$= l\delta_{mn} \tag{2.32}$$

✓チェック問題 2.5 (2.31) 式の下の 2 つの式を証明せよ. □

(2.31) 式より, **一般区間のフーリエ級数展開は**

$$\begin{aligned} f(x) &\sim \dfrac{a_0}{2} + \sum_{n=1}^{\infty}\left(a_n\cos\dfrac{n\pi x}{l} + b_n\sin\dfrac{n\pi x}{l}\right) \\ a_n &= \dfrac{1}{l}\int_{\alpha}^{\beta} f(x)\cos\dfrac{n\pi x}{l} dx \\ b_n &= \dfrac{1}{l}\int_{\alpha}^{\beta} f(x)\sin\dfrac{n\pi x}{l} dx \end{aligned} \tag{2.33}$$

で与えられる. 特に, 区間が $[0, 2\pi)$ の場合には, $l = \pi$ であるから,

$$\begin{aligned} f(x) &\sim \dfrac{a_0}{2} + \sum_{n=1}^{\infty}(a_n\cos nx + b_n\sin nx) \\ a_n &= \dfrac{1}{\pi}\int_{0}^{2\pi} f(x)\cos nx\, dx \\ b_n &= \dfrac{1}{\pi}\int_{0}^{2\pi} f(x)\sin nx\, dx \end{aligned} \tag{2.34}$$

となる.

2.4 複素形式のフーリエ級数

この節では,複素形式のフーリエ級数を取り上げるが,これは第4章で学ぶフーリエ変換を理解する上での基本的な考え方であり重要である.オイラーの公式 (1.14) 式と (1.15) 式を用いて,

$$a_n \cos nx + b_n \sin nx = a_n \frac{e^{inx} + e^{-inx}}{2} + b_n \frac{e^{inx} - e^{-inx}}{2i}$$
$$= \frac{a_n - ib_n}{2} e^{inx} + \frac{a_n + ib_n}{2} e^{-inx} \quad (2.35)$$

であるから,あらためて

$$c_0 = \frac{a_0}{2}, \quad c_n = \frac{a_n - ib_n}{2}, \quad c_{-n} = \frac{a_n + ib_n}{2} \quad (n = 1, 2, \cdots)$$
$$(2.36)$$

とおけば,フーリエ級数 (2.20) 式は,複素数 c_n を係数とする級数

$$f(x) \sim \sum_{n=-\infty}^{\infty} c_n e^{inx} \tag{2.37}$$

のように,n について $-\infty$ から ∞ まで無限級数の形に表される.ただし,c_n は,

$$c_n = \frac{a_n - ib_n}{2}$$
$$= \frac{1}{2\pi} \int_{-\pi}^{\pi} \{f(x)(\cos nx - i \sin nx)\} dx$$
$$= \frac{1}{2\pi} \int_{-\pi}^{\pi} f(x) e^{-inx} dx \tag{2.38}$$

である.c_n と c_{-n} は互いに共役な複素数であるので,上式は n が負の整数のときにも成立する.(2.37) 式の右辺を関数 $f(x)$ の**複素フーリエ級数**,その係数 (2.38) 式を**複素フーリエ係数**という.

2.4 複素形式のフーリエ級数

例題 2.5

区間 $[-\pi, \pi)$ で定義された周期 2π の関数 $f(x) = x$ の複素フーリエ級数を求めよ.

【解答】
$$c_0 = \frac{1}{2\pi} \int_{-\pi}^{\pi} x\,dx = 0 \tag{2.39}$$

$$\begin{aligned}
c_n &= \frac{1}{2\pi} \int_{-\pi}^{\pi} x e^{-inx} dx \\
&= \frac{1}{2\pi} \int_{-\pi}^{\pi} \left\{ x \left(-\frac{e^{-inx}}{in} \right)' \right\} dx \\
&= \frac{1}{2\pi} \left(\left[-\frac{x e^{-inx}}{in} \right]_{-\pi}^{\pi} + \frac{1}{in} \int_{-\pi}^{\pi} e^{-inx} dx \right) \\
&= \frac{1}{2\pi} \left\{ -\frac{\pi \left(e^{-in\pi} + e^{in\pi} \right)}{in} + \left[-\frac{e^{-inx}}{(in)^2} \right]_{-\pi}^{\pi} \right\} \\
&= -\frac{\cos n\pi}{in} + \frac{1}{2\pi n^2} \left(e^{-in\pi} - e^{in\pi} \right) \\
&= \frac{(-1)^n i}{n} \tag{2.40}
\end{aligned}$$

よって,
$$x \sim \sum_{\substack{n=-\infty \\ (n \neq 0)}}^{\infty} \frac{(-1)^n i}{n} e^{inx} \tag{2.41}$$

同様にして, 区間 $[-l, l)$ で定義された周期 $2l$ の関数 $f(x)$ の複素フーリエ級数についても以下のように記述される.

$$f(x) \sim \sum_{n=-\infty}^{\infty} c_n e^{\frac{in\pi x}{l}}, \quad c_n = \frac{1}{2l} \int_{-l}^{l} f(x) e^{-\frac{in\pi x}{l}} dx \tag{2.42}$$

●**チェック問題 2.6** 周期 2π の場合の公式 (2.37), (2.38) 式から周期 $2l$ の場合の公式 (2.42) 式を導け.

2章の問題

1 図 2.8 で表される区間 $-\pi \leq x < \pi$ で定義された周期 2π の関数

$$f(x) = \begin{cases} 1 - \dfrac{|x|}{2} & (0 \leq |x| \leq 2) \\ 0 & (-\pi \leq x < -2,\ 2 < x < \pi) \end{cases}$$

のフーリエ級数を求め，この結果を用いて，

$$\sum_{n=1}^{\infty} \frac{\sin^2 n}{n^2} = \sin^2 1 + \frac{\sin^2 2}{4} + \frac{\sin^2 3}{9} + \cdots$$

の値を求めよ．

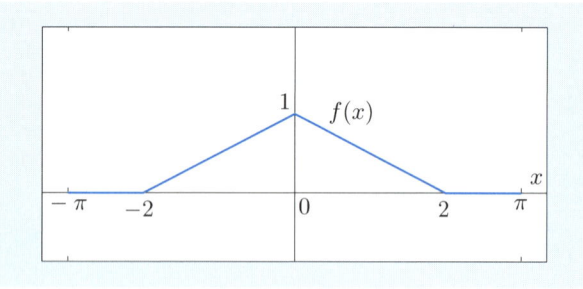

図 2.8 章末問題 1 の関数 $f(x)$ のグラフ

2 図 2.9 で表される区間 $-\pi \leq x < \pi$ で定義された周期 2π の関数

$$f(x) = \begin{cases} -x - \pi & (-\pi \leq x \leq -\pi/2) \\ x & (-\pi/2 < x \leq \pi/2) \\ -x + \pi & (\pi/2 < x < \pi) \end{cases}$$

のフーリエ級数を求め，この結果を用いて，

$$1 + \frac{1}{3^2} + \frac{1}{5^2} + \cdots$$

の値を求めよ[5]．

---

[5] この結果は，例題 2.1 の (2.12) 式と同じである．

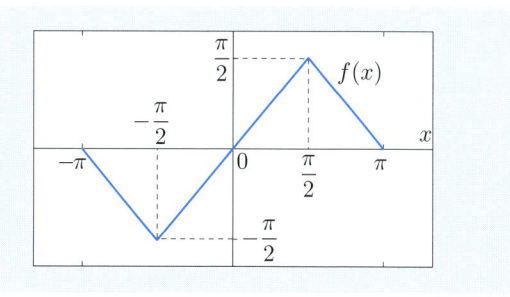

図 2.9　章末問題 2 の関数 $f(x)$ のグラフ

3 図 2.10 で表される区間 $-\pi \leq x < \pi$ で定義された周期 2π の関数
$$f(x) = \begin{cases} \cos lx & (-\pi \leq x \leq 0) \\ \cos mx & (0 < x < \pi) \end{cases}$$
のフーリエ級数を求めよ．ただし，l, m は正の整数であり，$l \neq m$ とする．

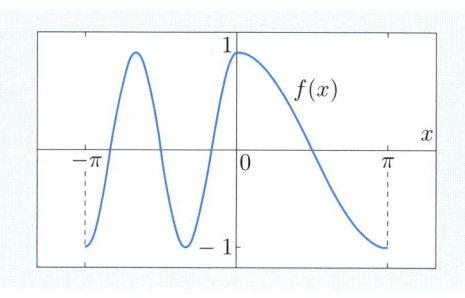

図 2.10　章末問題 3 で $l = 3$, $m = 1$ の場合の $f(x)$ のグラフ

4 区間 $[0, \pi]$ で定義された関数
$$f(x) = \cos x$$
のフーリエ余弦級数とフーリエ正弦級数を求めよ．

5 区間 $-1 \leq x < 1$ で定義された周期 2 の関数
$$f(x) = (1 - |x|) \sin \pi x$$
のフーリエ級数を求めよ．

□ **6** 以下の関数の複素フーリエ級数を求めよ．

(1) $f(x) = \dfrac{e^x + e^{-x}}{2} \quad (-\pi \leq x < \pi)$

(2) $f(x) = \dfrac{e^x + e^{-x}}{2} \quad (0 \leq x < 2\pi)$

(3) 上の結果から，
$$\sum_{n=1}^{\infty} \frac{1}{1+n^2} = \frac{1}{2} + \frac{1}{5} + \frac{1}{10} + \cdots$$
の値を求めよ．

(4) また，
$$\sum_{n=1}^{\infty} \frac{(-1)^{n+1}}{1+n^2} = \frac{1}{2} - \frac{1}{5} + \frac{1}{10} - \cdots$$
の値を求めよ．

3 フーリエ級数の性質

　本章では，前章で学んだフーリエ級数のもつ性質について説明する．フーリエ級数は，三角関数の集まりの1次結合で表されたものであるので，関数というものを無限次元空間に拡張されたベクトルであると考えると直感的に理解しやすい．また，線形代数学で学んだ有限ベクトル空間における内積やノルム(大きさ)といった概念を導入することによって，より一般的な直交関数系に拡張される．この直交関数系は，物理や工学の分野において，例えば量子力学や振動の問題等を解析する上で基礎的な考え方を与えるものである．また本章では，フーリエ級数を項別微分，項別積分して得られる級数の性質についても学ぶ．

3章で学ぶ概念・キーワード
- パーセバルの等式：平均2乗誤差，ベッセル (Bessel) の不等式，パーセバル (Parseval) の等式，ベクトル空間，内積，ノルム，直交関数系
- 一般区間における直交関数系：正規直交関数系，完全である，一般化フーリエ級数，シュミット (Schmidt) の直交化法，スツルム・リュービル型微分方程式
- 項別積分：項別積分
- 項別微分：項別微分

3.1 パーセバルの等式

本章では，第 2 章で定義されたフーリエ級数がどのような性質をもっているかを考察していこう．フーリエ級数 ((2.20) 式) を有限項までで近似した級数において，項の数 n が大きくなれば収束する方向に向かうことは第 2 章で視覚的に示したが，解析的にはどのような性質をもっているのであろうか．そこで有限項までとった級数 $S_n(x)$ と，もとの関数 $f(x)$ との関係を調べてみよう．区間 $[-\pi, \pi)$ で定義された区分的になめらかな周期 2π の関数 $f(x)$ を (2.13) 式で表されるような有限項までの和の一般形

$$S_n(x) = \frac{\alpha_0}{2} + \sum_{k=1}^{n} (\alpha_k \cos kx + \beta_k \sin kx)$$

で近似することを考えよう．関数 $f(x)$ と級数 $S_n(x)$ との差 $f(x) - S_n(x)$ の 2 乗を区間 $[-\pi, \pi)$ で平均したもの (**平均 2 乗誤差**)

$$\delta_n = \frac{1}{2\pi} \int_{-\pi}^{\pi} \{f(x) - S_n(x)\}^2 dx \tag{3.1}$$

を考えて，この δ_n が最小になるように係数の組 $\alpha_0, \alpha_1, \alpha_2, \cdots, \alpha_n, \beta_1, \beta_2, \cdots, \beta_n$ を求める．つまり，δ_n をこれら $2n+1$ 個の多変数関数 $\delta_n(\alpha_0, \alpha_1, \alpha_2, \cdots, \alpha_n, \beta_1, \beta_2, \cdots, \beta_n)$ と考え，この δ_n が最小になるような係数の組を求めるのである．この多変数関数の極値問題において，最小を与える条件は，

$$\frac{\partial \delta_n}{\partial \alpha_0} = \frac{\partial \delta_n}{\partial \alpha_k} = \frac{\partial \delta_n}{\partial \beta_k} = 0 \ \ (k=1, 2, \cdots, n) \tag{3.2}$$

となるが，(1.3) 式〜(1.6) 式に注意して δ_n を具体的に計算すると，

$$\begin{aligned}\delta_n &= \frac{1}{2\pi}\left[\int_{-\pi}^{\pi}\{f(x)\}^2 dx - 2\int_{-\pi}^{\pi} f(x)S_n(x)dx + \int_{-\pi}^{\pi}\{S_n(x)\}^2 dx\right] \\ &= \frac{1}{2\pi}\int_{-\pi}^{\pi}\{f(x)\}^2 dx - \frac{1}{2\pi}\alpha_0 \int_{-\pi}^{\pi} f(x)dx \\ &\quad - \frac{1}{\pi}\sum_{k=1}^{n}\left\{\alpha_k \int_{-\pi}^{\pi} f(x)\cos kx dx + \beta_k \int_{-\pi}^{\pi} f(x)\sin kx dx\right\} \\ &\quad + \frac{1}{8\pi}\int_{-\pi}^{\pi}\alpha_0^2 dx + \frac{1}{2\pi}\sum_{k=1}^{n}\left(\alpha_k^2 \int_{-\pi}^{\pi}\cos^2 kx dx + \beta_k^2 \int_{-\pi}^{\pi}\sin^2 kx dx\right)\end{aligned}$$

3.1 パーセバルの等式

$$= \frac{1}{2\pi}\int_{-\pi}^{\pi}\{f(x)\}^2 dx - \frac{1}{2\pi}\alpha_0\int_{-\pi}^{\pi}f(x)dx$$

$$-\frac{1}{\pi}\sum_{k=1}^{n}\left\{\alpha_k\int_{-\pi}^{\pi}f(x)\cos kx dx + \beta_k\int_{-\pi}^{\pi}f(x)\sin kx dx\right\}$$

$$+\frac{\alpha_0^2}{4}+\frac{1}{2}\sum_{k=1}^{n}\left(\alpha_k^2+\beta_k^2\right) \tag{3.3}$$

となる．条件 (3.2) 式より，

$$\frac{\partial \delta_n}{\partial \alpha_0}=0 \text{ より}, \quad \alpha_0 = \frac{1}{\pi}\int_{-\pi}^{\pi}f(x)dx$$
$$\frac{\partial \delta_n}{\partial \alpha_k}=0 \text{ より}, \quad \alpha_k = \frac{1}{\pi}\int_{-\pi}^{\pi}f(x)\cos kx dx \tag{3.4}$$
$$\frac{\partial \delta_n}{\partial \beta_k}=0 \text{ より}, \quad \beta_k = \frac{1}{\pi}\int_{-\pi}^{\pi}f(x)\sin kx dx$$

が得られるが，これは δ_n を最小にする係数の組 $\alpha_0, \alpha_1, \alpha_2, \cdots, \alpha_n, \beta_1, \beta_2, \cdots, \beta_n$ が，フーリエ展開を行ったときに得られるフーリエ係数の第 n 項までの係数そのものとなることを示している．したがって以降 α を a，β を b と書きかえることにする．また，このとき，

$$\delta_n = \frac{1}{2\pi}\int_{-\pi}^{\pi}\{f(x)\}^2 dx - \frac{a_0^2}{4} - \frac{1}{2}\sum_{k=1}^{n}\left(a_k^2+b_k^2\right) \tag{3.5}$$

となるが，(3.1) 式の δ_n の定義から考えて，$\delta_n \geq 0$ であることから，不等式

$$\frac{1}{\pi}\int_{-\pi}^{\pi}\{f(x)\}^2 dx \geq \frac{a_0^2}{2} + \sum_{k=1}^{n}\left(a_k^2+b_k^2\right) \tag{3.6}$$

が成り立つ．これを**ベッセル (Bessel) の不等式**と呼ぶ[1]．またフーリエ級数の収束性から，$n \to \infty$ の極限では，$\displaystyle\lim_{n\to\infty}\delta_n = 0$ となることが示されるので，(3.5) 式より，次の**パーセバル (Parseval) の等式**

---

[1] このベッセルの不等式により，関数 $f(x)$ が $\displaystyle\int_{-\pi}^{\pi}\{f(x)\}^2 dx < +\infty$ となる有限確定値をもつ (**2乗可積分**) であるならば，(3.6) 式の右辺は $n \to \infty$ のとき有限値に収束するので，$\displaystyle\lim_{n\to\infty}\alpha_n = 0$ および $\displaystyle\lim_{n\to\infty}\beta_n = 0$ である．これを**リーマン・ルベーグ (Riemann-Lebesgue) の定理**という．

$$\frac{1}{\pi}\int_{-\pi}^{\pi}\{f(x)\}^2 dx = \frac{a_0^2}{2} + \sum_{n=1}^{\infty}\left(a_n^2 + b_n^2\right) \tag{3.7}$$

が成り立つ．

● **チェック問題 3.1** 第 2 章の例題 2.1 の区間 $-\pi \leq x < \pi$ で定義された周期 2π の関数 $f(x) = |x|$ のフーリエ級数について，パーセバルの等式を利用することによって，

$$\sum_{n=1}^{\infty}\frac{1}{(2n-1)^4}$$

の値を求めよ． □

次に，このパーセバルの等式のもつ意味について考えてみよう．これについて考察する上では，以下のように線形代数学等で学んだ有限次元の**ベクトル空間**と比較して考えるとわかりやすい．そこでまず準備として，3 次元のベクトル空間を例に，基底，内積，ノルムなどの考え方を復習しておこう．

3 次元のベクトル空間は，3 個の**基底ベクトル**で表現される．簡単のため図 3.1 に示すデカルト座標系 (x, y, z の直交座標系) を例にとると，x 軸方向の単位ベクトルを $\boldsymbol{i} = {}^t[1,0,0]$，$y$ 軸方向の単位ベクトルを $\boldsymbol{j} = {}^t[0,1,0]$，$z$ 軸方向の単位ベクトルを $\boldsymbol{k} = {}^t[0,0,1]$ (これらをまとめて**基本ベクトル**という) とする

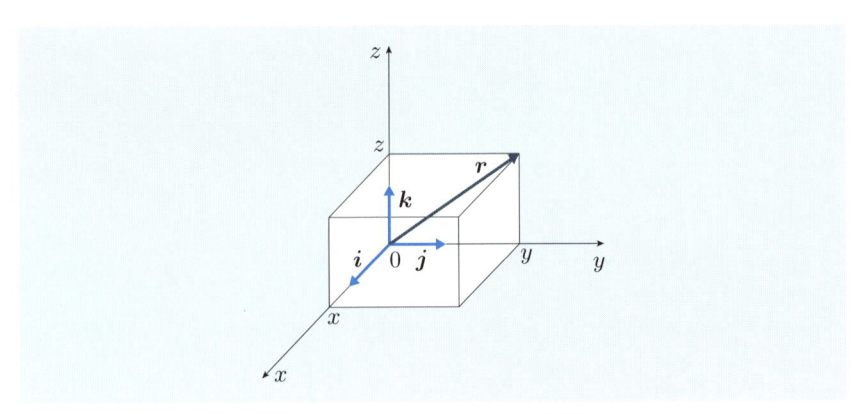

図 3.1　3 次元のベクトル空間

と，任意の位置ベクトル $\boldsymbol{r} = {}^t[x, y, z]$ は，

$$\boldsymbol{r} = x\boldsymbol{i} + y\boldsymbol{j} + z\boldsymbol{k} \tag{3.8}$$

と基本ベクトルの1次結合で表される．つまり，位置ベクトル $\boldsymbol{r}$ の成分 x, y, z は，それぞれの基本ベクトルに対する係数(重み)であることがわかる．次に，以下のように2つのベクトル $\boldsymbol{r}_1 = {}^t[x_1, y_1, z_1]$, $\boldsymbol{r}_2 = {}^t[x_2, y_2, z_2]$ から**内積**を

$$(\boldsymbol{r}_1, \boldsymbol{r}_2) \equiv \boldsymbol{r}_1 \cdot \boldsymbol{r}_2 \equiv {}^t\boldsymbol{r}_1 \boldsymbol{r}_2 = x_1 x_2 + y_1 y_2 + z_1 z_2 \tag{3.9}$$

で定義すれば，3つのベクトル $\boldsymbol{r}_1$, $\boldsymbol{r}_2$ および $\boldsymbol{r}_3$ と実定数 α に対して，以下の性質を満足することは明らかである[2]．

$$\left.\begin{array}{ll}
\text{(i)} & (\boldsymbol{r}_1, \boldsymbol{r}_1) \geq 0, \text{ 等号は，} \boldsymbol{r}_1 \equiv \boldsymbol{0} \text{ のとき} \\
\text{(ii)} & (\boldsymbol{r}_1, \boldsymbol{r}_2) = (\boldsymbol{r}_2, \boldsymbol{r}_1) \\
\text{(iii)} & (\boldsymbol{r}_1 + \boldsymbol{r}_3, \boldsymbol{r}_2) = (\boldsymbol{r}_1, \boldsymbol{r}_2) + (\boldsymbol{r}_3, \boldsymbol{r}_2) \\
\text{(iv)} & (\alpha \boldsymbol{r}_1, \boldsymbol{r}_2) = \alpha (\boldsymbol{r}_1, \boldsymbol{r}_2)
\end{array}\right\} \tag{3.10}$$

ここで，(i) の $\boldsymbol{0}$ は**零ベクトル**と呼ばれる．また特に，$(\boldsymbol{r}_1, \boldsymbol{r}_2) = 0$ であるとき，ベクトル $\boldsymbol{r}_1$ と $\boldsymbol{r}_2$ は**直交する**という．これを用いて，位置ベクトル $\boldsymbol{r}$ のそれぞれの成分は，

$$\begin{cases} x = (\boldsymbol{r}, \boldsymbol{i}) \\ y = (\boldsymbol{r}, \boldsymbol{j}) \\ z = (\boldsymbol{r}, \boldsymbol{k}) \end{cases} \tag{3.11}$$

と表される．さらに，ベクトル $\boldsymbol{r}$ の**ノルム**を，

$$\|\boldsymbol{r}\| = \sqrt{(\boldsymbol{r}, \boldsymbol{r})} = \sqrt{x^2 + y^2 + z^2} \tag{3.12}$$

と定義すると，$\|\boldsymbol{r}\|$ は以下の性質を満足する[3]．

$$\left.\begin{array}{ll}
\text{(i)} & \|\boldsymbol{r}\| \geq 0, \text{ 等号は，} \boldsymbol{r} = \boldsymbol{0} \text{ のとき} \\
\text{(ii)} & \|\boldsymbol{r}_1 + \boldsymbol{r}_2\| \leq \|\boldsymbol{r}_1\| + \|\boldsymbol{r}_2\| \\
\text{(iii)} & \|\alpha \boldsymbol{r}\| = |\alpha| \|\boldsymbol{r}\|
\end{array}\right\} \tag{3.13}$$

---

[2] これを**内積の公理**という．

[3] これを**ノルムの公理**という．

ここで，3つの基本ベクトル i, j および k は，これらの中からどの異なる2つのベクトルから計算される内積も0となり，すべての基本ベクトルのノルムが1であるので，この i, j および k は，3次元のベクトル空間において，**正規直交系**をなすという．

次に，以上の有限次元のベクトル空間での考え方をもとに，フーリエ級数の場合を考えてみよう．区間 $[-\pi, \pi)$ で定義された2つの周期 2π の関数 $f(x), g(x)$ について，それらの積を区間 $[-\pi, \pi)$ で積分したもの

$$(f, g) = \frac{1}{\pi} \int_{-\pi}^{\pi} f(x) g(x) dx \tag{3.14}$$

を関数 f と g の**内積**と定義すれば，これはベクトルの場合の (3.9) 式に対応するものであり，(3.10) 式の性質を満たすことは容易に示される．同様に，関数の内積の場合についても，$(f, g) = 0$ であるとき，関数 f と g は**直交する**という．また，ベクトルの場合の零ベクトル ($\mathbf{0}$) に対応する関数は，恒等的に0の値をもつ定数関数 $f(x) \equiv 0$ である．次に，関数 f の**ノルム**については，

$$\|f\| = \sqrt{(f, f)} = \sqrt{\frac{1}{\pi} \int_{-\pi}^{\pi} \{f(x)\}^2 dx} \tag{3.15}$$

と定義すれば，これも (3.13) 式の性質を満たすことは容易に示される．また，内積との間で，

$$(f, g) \leq \|f\| \|g\| \tag{3.16}$$

が成立し，これを，**シュワルツ (Schwarz) の不等式**という．

次に，フーリエ級数に展開するときに用いた関数の組

$$\{1, \cos x, \sin x, \cdots, \cos nx, \sin nx, \cdots\}$$

について考えよう．この関数の組の中から2つの異なる関数をどのように選んでも，その内積が0となるので，**関数系**

$$\{1, \cos x, \sin x, \cdots, \cos nx, \sin nx, \cdots\}$$

を**直交基底** (直交関数) としてとることができる[4]．一方，フーリエ係数は，

---

[4] このようにとった関数の組を**直交関数系**という．

$$\begin{cases} a_0 = \dfrac{1}{\pi}\displaystyle\int_{-\pi}^{\pi} f(x)dx = (f(x),1) \\ a_n = \dfrac{1}{\pi}\displaystyle\int_{-\pi}^{\pi} f(x)\cos nx dx = (f(x),\cos nx) \\ b_n = \dfrac{1}{\pi}\displaystyle\int_{-\pi}^{\pi} f(x)\sin nx dx = (f(x),\sin nx) \end{cases} \quad (n=1,2,\cdots) \tag{3.17}$$

と内積を用いて書けるので，これらは関数 $f(x)$ のそれぞれの基底関数に対する成分 (重み) を計算していることになるのである[5]．こうしてみると**パーセバルの等式は a_0 のところは若干係数が異なるが，$f(x)$ のノルムの 2 乗を計算している**ことなのである．以上のように，フーリエ級数は無限個の関数 (ベクトル) の組を用いて表すので，少しばかり難しいが，有限次元のベクトル空間と同じような構造であると思えば理解しやすいであろう．

また，複素フーリエ級数についても，同様にパーセバルの等式を導くことができる．まず，(2.37) 式の両辺の複素共役を考えると，

$$\overline{f(x)} = \sum_{m=-\infty}^{\infty} \overline{c_m} e^{-imx} \tag{3.18}$$

であるので，(2.37) 式と (3.18) 式の辺々をかけてそれぞれ $-\pi$ から π まで積分すると，

$$\begin{aligned} \int_{-\pi}^{\pi} f(x)\overline{f(x)}dx &= \int_{-\pi}^{\pi}\left\{\left(\sum_{n=-\infty}^{\infty} c_n e^{inx}\right)\left(\sum_{m=-\infty}^{\infty} \overline{c_m} e^{-imx}\right)\right\}dx \\ &= \sum_{n=-\infty}^{\infty}\sum_{m=-\infty}^{\infty} (2\pi c_n \overline{c_m})\delta_{mn} \\ &= 2\pi \sum_{n=-\infty}^{\infty} |c_n|^2 \end{aligned} \tag{3.19}$$

となる．したがって，

$$\dfrac{1}{2\pi}\int_{-\pi}^{\pi} |f(x)|^2 dx = \sum_{n=-\infty}^{\infty} |c_n|^2 \tag{3.20}$$

となる．

---

[5] (3.11) 式と (3.17) 式を比較してみよ．

3.2 一般区間における直交関数系

次に，前節での議論を一般の区間 $[a,b]$[6]で定義された $b-a$ を周期とする 2 乗可積分な関数の場合に拡張しよう．周期 $b-a$ の 2 乗可積分な任意の 2 つの関数 $f(x)$ と $g(x)$ の内積を，

$$(f,g) = \int_a^b f(x)g(x)dx \tag{3.21}$$

で定義すると，(3.10) 式の性質を満たす．同様に，ノルムを

$$\|f\| = \sqrt{(f,f)} = \sqrt{\int_a^b \{f(x)\}^2 dx} \tag{3.22}$$

で定義すると，同様に (3.13) 式の性質を満足することは容易に示される．

一般に，この集合に属する関数列 $\varphi_0(x), \varphi_1(x), \varphi_2(x), \cdots$ が存在して，これらのうちのどの異なる 2 つをとっても，それらから与えられる内積がすべて 0 となる（すなわち 2 つの関数は区間 $[a,b]$ 上で直交する）とき，この関数系 $\{\varphi_n\}$ は**直交関数系**をなすという．また特に，任意の 0 以上の整数 i,j について，$(\varphi_i, \varphi_j) = \delta_{ij}$（ただし，$\delta_{ij}$ はクロネッカーのデルタである）であるとき，関数系 $\{\varphi_n\}$ は**正規直交関数系**をなすという．さらに，区間 $[a,b]$ で定義された関数 $f(x)$ について，すべての n に対して，$(f, \varphi_n) = 0$ となるのが，$f(x) \equiv 0$ の場合だけのとき，この直交関数系は**完全である**という．このとき，この集合の任意の関数 $f(x)$ は，直交関数系 φ_n の 1 次結合

$$f(x) = \sum_{n=0}^{\infty} \lambda_n \varphi_n(x) \tag{3.23}$$

で表される．それぞれの係数（重み）λ_n は内積 (φ_n, f) で与えられ，ベッセルの不等式とパーセバルの等式が成立する[7]．すなわち，

---

[6] 区間 $[a,b]$ で考えてもよい．

[7] もし直交関数系が完全でなければ，この集合の関数のうち，直交関数系で展開できないものが存在することに注意．またこの級数を**一般化フーリエ級数**と呼び，係数 λ_n を**一般化フーリエ係数**と呼ぶこともある．

3.2 一般区間における直交関数系

> **定理 3.1**
>
> 区間 $[a,b]$ で定義された 2 乗可積分の関数の集合において，その直交関数系 $\{\varphi_n\}$ が完全であることと，この集合の任意の関数 $f(x)$ がパーセバルの等式
>
> $$\|f\|^2 = \sum_{n=1}^{\infty} \lambda_n^2 \tag{3.24}$$
>
> を満たすこととは同値である．

さて，ではどのようにすれば (正規) 直交関数系は構成できるのであろうか？有限のベクトル空間では，1 次独立なベクトルの組から**シュミット (Schmidt) の直交化法**によって正規直交系を生成することができた．関数系の場合も，区間 $[a,b)$ において 1 次独立な関数系 $\psi_n(x)$ が与えられたとき，ベクトルの場合と同様にして，シュミットの直交化法

$$\begin{aligned}\varphi_k(x) &= \frac{\hat{\psi}_k(x)}{\left\|\hat{\psi}_k(x)\right\|} \\ \hat{\psi}_k(x) &= \psi_k(x) - \sum_{i=1}^{k-1}(\psi_k,\varphi_i)\varphi_i\end{aligned} \quad (k=1,2,\cdots,n,\cdots) \tag{3.25}$$

を用いて，正規直交関数系 $\varphi_n(x)$ を構成することができる (具体的な求め方は章末問題 2 を参照されたい)．また，具体的な直交関数系として，**スツルム・リュービル (Sturm-Liouville) 型微分方程式**の境界値問題と呼ばれる固有値問題の解として与えられる固有関数が有名である．これについては，付録 B にまとめたので参照されたい．

3.3 項別積分

この節では，関数 $f(x)$ の定積分によって与えられた関数についてのフーリエ級数展開を考える．$f(x)$ を区間 $[-\pi, \pi)$ で定義された区分的に連続な周期 2π の関数とするとき，次の定積分

$$F(x) = \int_0^x f(t)dt \tag{3.26}$$

について考えよう．このとき，$f(x)$ について (2.20) 式の右辺で表されるフーリエ級数に対して以下のように項別に積分できる (これを**項別積分**という) とすると，

$$\int_0^x \left\{ \frac{a_0}{2} + \sum_{n=1}^\infty (a_n \cos nt + b_n \sin nt) \right\} dt$$
$$= \int_0^x \frac{a_0}{2} dt + \sum_{n=1}^\infty \left(a_n \int_0^x \cos nt\, dt \right) + \sum_{n=1}^\infty \left(b_n \int_0^x \sin nt\, dt \right)$$
$$= \frac{a_0}{2} x + \sum_{n=1}^\infty \left(\frac{a_n}{n} \sin nx \right) + \sum_{n=1}^\infty \left\{ \frac{b_n}{n} (1 - \cos nx) \right\} \tag{3.27}$$

が得られる．

> **定理 3.2**
>
> 区間 $[-\pi, \pi)$ で定義された周期 2π の関数 $f(x)$ が区分的に連続であるならば，関数 $f(x)$ のフーリエ係数を a_n, b_n とするとき，
>
> $$F(x) = \int_0^x f(t)dt$$
> $$\sim \frac{a_0}{2} x + \sum_{n=1}^\infty \left\{ \frac{b_n}{n} (1 - \cos nx) + \frac{a_n}{n} \sin nx \right\} \tag{3.28}$$
>
> が成立する．

さて，積分された関数 $F(x)$ が周期 2π の関数になる条件は，

$$F(x + 2\pi) - F(x) = \int_0^{x+2\pi} f(t)dt - \int_0^x f(t)dt$$
$$= \int_x^{x+2\pi} f(t)dt$$

$$\begin{aligned}
&= \int_x^{2\pi} f(t)dt + \int_{2\pi}^{2\pi+x} f(t)dt \\
&= \int_x^{2\pi} f(t)dt + \int_0^x f(t)dt \\
&= \int_0^{2\pi} f(t)dt \\
&= \int_{-\pi}^{\pi} f(t)dt = 0
\end{aligned} \tag{3.29}$$

であるが，この条件はいつでも満たされるとは限らない[8]．ただし，上式が満たされる場合には，関数 $F(x)$ が区分的になめらかな周期 2π の関数であるので，これのフーリエ展開は以下のように表される．

$$F(x) \sim \frac{A_0}{2} + \sum_{n=1}^{\infty} (A_n \cos nx + B_n \sin nx) \tag{3.30}$$

ただし，

$$\begin{aligned}
A_0 &= \frac{1}{\pi} \int_{-\pi}^{\pi} F(x)dx \\
A_n &= \frac{1}{\pi} \int_{-\pi}^{\pi} F(x) \cos nx dx \\
B_n &= \frac{1}{\pi} \int_{-\pi}^{\pi} F(x) \sin nx dx
\end{aligned} \quad (n=1,2,\cdots)$$

係数 A_n, B_n $(n=1,2,\cdots)$ については，

$$\begin{aligned}
A_n &= \frac{1}{\pi} \int_{-\pi}^{\pi} F(x) \cos nx dx \\
&= \frac{1}{\pi} \int_{-\pi}^{\pi} \left\{ F(x) \left(\frac{\sin nx}{n} \right)' \right\} dx \\
&= -\frac{1}{n\pi} \int_{-\pi}^{\pi} f(x) \sin nx dx \\
&= -\frac{b_n}{n}
\end{aligned} \tag{3.31}$$

$$B_n = \frac{1}{\pi} \int_{-\pi}^{\pi} F(x) \sin nx dx$$

---

[8] この条件が，フーリエ級数で $a_0 = 0$ であることに注意しよう．

$$= \frac{1}{\pi} \int_{-\pi}^{\pi} \left\{ F(x) \left(-\frac{\cos nx}{n} \right)' \right\} dx$$
$$= \frac{1}{n\pi} \int_{-\pi}^{\pi} f(x) \cos nx\, dx$$
$$= \frac{a_n}{n} \tag{3.32}$$

であるから，

$$F(x) = \frac{A_0}{2} + \sum_{n=1}^{\infty} \left(-\frac{b_n}{n} \cos nx + \frac{a_n}{n} \sin nx \right) \tag{3.33}$$

となる．ここで，$F(0) = 0$ であるので，

$$F(0) = \frac{A_0}{2} - \sum_{n=1}^{\infty} \frac{b_n}{n} = 0 \tag{3.34}$$

より，

$$F(x) = \sum_{n=1}^{\infty} \left\{ \frac{b_n}{n} (1 - \cos nx) + \frac{a_n}{n} \sin nx \right\} \tag{3.35}$$

となる[9]．すなわち，(3.28)式で $a_0 \neq 0$ の場合，$F(x)$ は周期 2π の関数にはならないが，あらためて，

$$G(x) = F(x) - \frac{a_0}{2} x \tag{3.36}$$

とすると，この関数 $G(x)$ は周期 2π となり，

$$G(x) \sim \sum_{n=1}^{\infty} \left\{ \frac{b_n}{n} (1 - \cos nx) + \frac{a_n}{n} \sin nx \right\} \tag{3.37}$$

となる．

もし積分される関数のフーリエ級数がわかっている場合には，**項別積分**を利用すると別の関数のフーリエ展開が比較的容易に得られることになる．以下の例題で見ていこう．

例題 3.1

区間 $[-\pi, \pi)$ で定義された関数 x のフーリエ級数を求め，これの項別積分から x^2 のフーリエ級数を求めよ．

---

[9] これは，$a_0 = 0$ であることから，(3.27)式より直ちに求められる．

3.3 項別積分

【解答】 関数 x は奇関数であるので，$a_n = 0$. 一方，

$$\begin{aligned}
b_n &= \frac{2}{\pi} \int_0^\pi x \sin nx \, dx \\
&= \frac{2}{\pi} \int_0^\pi \left\{ x \left(-\frac{\cos nx}{n} \right)' \right\} dx \\
&= \frac{2}{\pi} \left\{ \left[x \left(-\frac{\cos nx}{n} \right) \right]_0^\pi + \int_0^\pi \frac{\cos nx}{n} dx \right\} \\
&= \frac{2}{n\pi} \left\{ \pi(-1)^{n+1} + \left[\frac{\sin nx}{n} \right]_0^\pi \right\} \\
&= (-1)^{n+1} \frac{2}{n}
\end{aligned} \tag{3.38}$$

したがって，

$$x \sim \sum_{n=1}^\infty (-1)^{n+1} \frac{2}{n} \sin nx \tag{3.39}$$

また，項別積分の公式 (3.28) より，

$$x^2 = 2 \int_0^x t \, dt \sim \sum_{n=1}^\infty (-1)^{n+1} \frac{4}{n^2} (1 - \cos nx) \tag{3.40} \blacksquare$$

x^2 のフーリエ級数を得るには部分積分を 2 回繰り返さないといけないが，項別積分を使うと例題 3.1 の場合のように積分の計算が簡単になることがある．また，(3.40) 式で $\cos nx$ に関係ない項は，x^2 のフーリエ級数の初項 $\frac{1}{2}a_0$ に相当しており，これを比較すると，

$$\sum_{n=1}^\infty (-1)^{n+1} \frac{4}{n^2} = \frac{1}{2} \left(\frac{2}{\pi} \int_0^\pi x^2 dx \right) = \frac{\pi^2}{3} \tag{3.41}$$

となることに注意しよう．これから以下の無限級数が得られる．

$$1 - \frac{1}{2^2} + \frac{1}{3^2} - \cdots = \frac{\pi^2}{12} \tag{3.42}$$

◎チェック問題 3.2 第 2 章のチェック問題 2.2 で取り上げた，区間 $[-\pi, \pi)$ で定義された関数 $\sin \lambda x$ のフーリエ級数の結果を項別積分することにより，$\cos \lambda x$ のフーリエ級数を求めよ．ただし，λ は整数ではないとする．さらに $\cos \lambda x$ のフーリエ展開の定数項から，$\sum_{n=1}^\infty \frac{(-1)^n}{\lambda^2 - n^2}$ を求めよ． □

3.4 項別微分

最後に，関数 $f(x)$ の導関数のフーリエ級数展開について考えよう．とりあえず微分可能性についての議論は後回しにして，どのような場合に利用できるかを紹介しよう．区分的になめらかな周期 2π の関数 $f(x)$ について，(2.20) 式の右辺で表されるフーリエ級数が項別に微分できる (これを**項別微分**という) とすると，

$$f'(x) \sim \sum_{n=1}^{\infty} \{a_n (\cos nx)' + b_n (\sin nx)'\}$$
$$= \sum_{n=1}^{\infty} (-a_n n \sin nx + b_n n \cos nx) \tag{3.43}$$

と表される．この結果がどのような意味をもっているかを，次の例題で考察していこう．

例題 3.2

区間 $[-\pi, \pi)$ で定義された周期 2π の関数 $|x|$ のフーリエ級数の項別微分から得られる級数がどのような関数のフーリエ級数となるかを考えよ．

【解答】 第 2 章の例題 2.1 の結果 ((2.11) 式) から，

$$f(x) \sim \frac{\pi}{2} - \frac{4}{\pi}\left(\cos x + \frac{1}{3^2}\cos 3x + \frac{1}{5^2}\cos 5x + \cdots\right)$$

となるので，右辺を項別微分すれば，

$$\frac{4}{\pi}\left(\sin x + \frac{1}{3}\sin 3x + \frac{1}{5}\sin 5x + \cdots\right) \tag{3.44}$$

が得られる．これは $g(x) = \begin{cases} -1 & (-\pi \leq x < 0) \\ 1 & (0 \leq x < \pi) \end{cases}$ のフーリエ級数となることがわかるが，例題 3.2 の関数 $f(x)$ は $x = n\pi$ (n は整数) で微分可能ではない．すなわち，左辺の導関数 $f'(x)$ は不連続である．したがって，$f'(x)$ の不連続点を除いて右辺のフーリエ級数は $f'(x)$ に収束する． ∎

● **チェック問題 3.3** 例題 3.2 で $g(x)$ のフーリエ級数が (3.44) 式と同じ形になることを示せ． □

さてそれでは，$f'(x)$ の不連続点を除いて，$f(x)$ のフーリエ級数を項別微分

3.4 項別微分

したものは常に $f'(x)$ に収束するのだろうか？ 項別微分がいつでも適用できるとは限らないことを示す例を1つあげておこう．

例題 3.3

区間 $[-\pi, \pi)$ で定義された周期 2π の関数 $f(x) = x$ のフーリエ級数について，これを項別微分して得られる級数が収束するかどうかを考えよ．

【解答】 例題 3.1 の結果から，(3.39) 式，すなわち

$$x \sim 2\left(\sin x - \frac{1}{2}\sin 2x + \frac{1}{3}\sin 3x + \cdots\right)$$

の右辺を項別微分すれば，

$$2(\cos x - \cos 2x + \cos 3x + \cdots) \tag{3.45}$$

となる．左辺の関数は，$x = (2n+1)\pi$ (n は整数) では不連続なので微分可能ではないが，それ以外では微分可能であり，その導関数は 1 である．しかしながら，無限級数 (3.45) 式は収束しない (例えば導関数が連続である $x = 0$ においては，$2 \times (1 - 1 + 1 - 1 + \cdots)$ となる)． ■

このようなことが起こるのは，項別微分を形式的に行ったときに，それぞれの項に na_n もしくは nb_n のように n がかかることになるために，収束条件が厳しくなるからである．したがって，もとの関数のフーリエ級数が収束し，その導関数が連続である場合においても，もとの関数のフーリエ級数の項別微分によってその導関数のフーリエ級数が単純に得られるというわけではなく，項別微分して得られた級数が収束しない場合があるということに注意する必要がある．しかし，条件を厳しくすると以下の定理が成り立つ．

定理 3.3

区間 $[-\pi, \pi)$ で定義された**連続**な周期 2π の関数 $f(x)$ の導関数 $f'(x)$ が区分的になめらかならば，

$$f'(x) \sim \sum_{n=1}^{\infty}(-a_n n \sin nx + b_n n \cos nx) \tag{3.46}$$

で，$f'(x)$ の不連続点を除いて右辺のフーリエ級数は $f'(x)$ に収束する．

✓チェック問題 3.4 区間 $[0, \pi]$ で定義された連続関数 $f(x)$ の導関数 $f'(x)$ が区分的になめらかであるとする．このとき，$f(x)$ のフーリエ余弦級数を項別微分して得られたものは，$f'(x)$ のフーリエ正弦級数に等しいことを示せ． □

3章の問題

☐ **1** 区間 $-\pi \leq x < \pi$ で定義された周期 2π の関数 $f(x) = x\cos x$ のフーリエ級数を求め，その結果にパーセバルの等式 (3.7) を利用して，

$$\sum_{n=2}^{\infty} \frac{n^2}{(n^2-1)^2}$$

の値を求めよ．

☐ **2** 区間 $-1 \leq x \leq 1$ で定義された次の 1 次独立な無限個の関数列 $\{1, x, x^2, \cdots\}$ から，(3.25) 式のシュミットの直交化を用いて，正規直交系の最初の 3 項までを求めよ．

☐ **3** 区間 $[-\pi, \pi)$ で定義された周期 2π の関数 $f(x) = \sinh x$ のフーリエ級数を求め，それを項別積分して，$f(x) = \cosh x$ のフーリエ級数を求めよ．

☐ **4** 区間 $[-\pi, \pi)$ で定義された周期 2π の関数 $f(x) = \cosh x$ のフーリエ級数を求め，それを項別微分して，$f(x) = \sinh x$ のフーリエ級数を求めよ．さらに，前問の結果と比較することにより，

$$\sum_{n=1}^{\infty} \frac{(-1)^n}{n^2+1}$$

の値を求めよ．

4 フーリエ積分とフーリエ変換

　周期関数の性質を解析する上で，フーリエ級数展開の方法は非常に有力である．しかし，現実に取り扱われるのは周期関数ばかりではない．本章では，無限領域で定義された周期をもたない関数を三角関数や指数関数で展開するフーリエ変換の方法について学ぶ．フーリエ変換では，変換された関数の波数 (周波数) は連続的となり，展開された形は積分で表現される．フーリエ変換は，無限領域で定義された関数が取り扱えるため，第 5 章で学ぶ無限領域で定義された偏微分方程式を除く場合にも適用可能となり，応用範囲が広がる．

> **4 章で学ぶ概念・キーワード**
> - フーリエ積分とフーリエ変換：フーリエ積分公式，フーリエ変換，フーリエ逆変換
> - フーリエ余弦変換，正弦変換：フーリエ余弦積分，フーリエ余弦変換，フーリエ正弦積分，フーリエ正弦変換
> - フーリエ変換の性質：線形則，微分則，積分則，たたみ込み (合成積)，プランシュレル (Plancherel) の等式
> - デルタ関数のフーリエ変換：デルタ (δ) 関数

4.1 フーリエ積分とフーリエ変換

前章までは，有限の区間 (例えば区間 2π) で定義された関数に，その区間間隔分の周期性を与えて定義域の外に拡張することによって，周期関数系によるフーリエ級数展開を考えてきた．これによって，任意の周期関数が，与えられた区間において区分的になめらかであれば，同じ周期をもつ三角関数の 1 次結合で表されることが明らかになった．しかしながら，一般には，対象とする関数が周期関数であるとは限らない．したがって本章では，これまで周期関数に対して考察してきたことを，全区間 $(-\infty, \infty)$ で定義された周期をもたない関数の場合に拡張する．ここで，問題とする関数 $f(x)$ は (全区間で) **絶対可積分**，すなわち

$$\int_{-\infty}^{\infty} |f(x)|\, dx < \infty \tag{4.1}$$

を満たし[1]，かつ区分的に連続であると仮定する．

まず，第 2 章で取り扱った一般周期 (周期 $2l$) の関数の複素フーリエ展開をもとに $l \to \infty$ の極限を考えよう．区間 $[-l, l)$ で定義された周期 $2l$ の関数 $f(x)$ の複素フーリエ展開は，(2.42) 式から，

$$f(x) \sim \sum_{n=-\infty}^{\infty} c_n e^{\frac{in\pi x}{l}}, \quad c_n = \frac{1}{2l}\int_{-l}^{l} f(x)e^{-\frac{in\pi x}{l}}dx$$

となるので，第 1 式 ($f(x)$ の式) に第 2 式 (フーリエ係数 c_n の式) をそのまま代入して整理すると，

$$f(x) \sim \sum_{n=-\infty}^{\infty} \left\{ \frac{1}{2l}\int_{-l}^{l} f(t)e^{-\frac{in\pi t}{l}}dt \right\} e^{\frac{in\pi x}{l}} \tag{4.2}$$

となる．ここで，$\tau_n = \dfrac{n\pi}{l}$, $\Delta\tau = \tau_{n+1} - \tau_n = \dfrac{\pi}{l}$ とおけば，

$$f(x) \sim \sum_{n=-\infty}^{\infty} \left[\left\{ \frac{1}{2\pi}\int_{-l}^{l} f(t)e^{-i\tau_n t}dt \right\} e^{i\tau_n x} \right] \Delta\tau \tag{4.3}$$

---

[1] このような関数の集合を $L_1(-\infty, \infty)$ と表す．

4.1 フーリエ積分とフーリエ変換

となる.ここで, l が有限の場合には τ_n は間隔 $\Delta\tau$ のとびとびの値をとっていたが, $l \to \infty$ (すなわち $\Delta\tau \to 0$) の極限を考えると,これは連続的にすべての実数値をとるようになる.この場合, τ についての順番付けは意味がなくなり,**リーマン積分**の定義

$$\lim_{\Delta\tau \to 0} \sum_{n=-\infty}^{\infty} F(\tau_n)\Delta\tau = \int_{-\infty}^{\infty} F(\tau)d\tau \tag{4.4}$$

により,

$$f(x) \sim \frac{1}{2\pi} \int_{-\infty}^{\infty} d\tau \int_{-\infty}^{\infty} f(t)e^{-i\tau(t-x)}dt \tag{4.5}$$

と表される.これを (複素) **フーリエ積分公式**といい,また (4.5) 式の右辺は**フーリエ複素積分**と呼ばれる.一方,この中の τ についての積分が,2つの広義積分 $\int_{-\infty}^{0} d\tau$ と $\int_{0}^{\infty} d\tau$ とに分けられ,ともに収束するものとすると,以下のように表される.

$$\begin{aligned}
& \frac{1}{2\pi} \int_{-\infty}^{\infty} d\tau \int_{-\infty}^{\infty} f(t)e^{-i\tau(t-x)}dt \\
&= \frac{1}{2\pi} \int_{-\infty}^{0} d\tau \int_{-\infty}^{\infty} f(t)e^{-i\tau(t-x)}dt + \frac{1}{2\pi} \int_{0}^{\infty} d\tau \int_{-\infty}^{\infty} f(t)e^{-i\tau(t-x)}dt \\
&= \frac{1}{2\pi} \int_{0}^{\infty} d\tau \left\{ \int_{-\infty}^{\infty} f(t)e^{i\tau(t-x)}dt + \int_{-\infty}^{\infty} f(t)e^{-i\tau(t-x)}dt \right\} \\
&= \frac{1}{\pi} \int_{0}^{\infty} d\tau \int_{-\infty}^{\infty} \{f(t)\cos\tau(t-x)\} dt \tag{4.6}
\end{aligned}$$

ここで加法定理を用いて $\cos\tau x$ の項と $\sin\tau x$ の項に分けると,

$$f(x) \sim \int_{0}^{\infty} \{A(\tau)\cos\tau x + B(\tau)\sin\tau x\} d\tau \tag{4.7}$$

$$A(\tau) = \frac{1}{\pi} \int_{-\infty}^{\infty} f(t)\cos\tau t\, dt, \quad B(\tau) = \frac{1}{\pi} \int_{-\infty}^{\infty} f(t)\sin\tau t\, dt \tag{4.8}$$

となるので,実数の場合のフーリエ積分とフーリエ級数の関係がよくわかる.つまり,整数 n のかわりに連続的な変数 τ を導入して, n についての総和 $\sum$ を τ についての積分 $\int$ と置き換えて考えればよい.

一方，(4.5) 式において

$$F(\tau) = \frac{1}{\sqrt{2\pi}} \int_{-\infty}^{\infty} f(t)e^{-i\tau t}dt$$

とおくと，(4.5) 式の右辺は，

$$\frac{1}{\sqrt{2\pi}} \int_{-\infty}^{\infty} F(\tau)e^{i\tau x}d\tau$$

と書ける．このとき，$F(\tau)$ を $\mathcal{F}[f(x)](\tau)$ とも表し，

$$F(\tau) \equiv \mathcal{F}[f(x)](\tau) = \frac{1}{\sqrt{2\pi}} \int_{-\infty}^{\infty} f(t)e^{-i\tau t}dt \tag{4.9}$$

と書いて，これを関数 $f(x)$ の**フーリエ変換**と呼ぶ[2]．すなわち，フーリエ変換を求めることは，フーリエ級数の場合のフーリエ係数を求めることと同じである．このように考えると，複素フーリエ積分公式 ((4.5) 式) は，

$$f(x) = \frac{1}{\sqrt{2\pi}} \int_{-\infty}^{\infty} F(\tau)e^{i\tau x}d\tau \tag{4.10}$$

と表される．これはそれぞれの波数(周波数)をもった波の重み(フーリエ変換 $F(\tau)$) を変換して，もとの波形(関数)を再構成したことを意味する．ここで不連続点の場合も考えて，$f(x)$ を本来は

$$\frac{f(x-0) + f(x+0)}{2}$$

と書くべきであるが，簡単のためこのように書くことにする．一方，上式を，フーリエ変換 $F(\tau)$ からの (4.10) 式の右辺で表される変換としてみることによって，

$$f(x) = \mathcal{F}^{-1}[\mathcal{F}(\tau)]$$

と書き，これを**フーリエ逆変換**と呼ぶ．$f(x)$ のフーリエ変換とフーリエ逆変換との間には，

---

[2] 英語では Fourier transformation という．またこのような変換を行うことも日本語ではフーリエ変換(する)ともいうが，こちらのほうは，Fourier transform である．またここで，$\mathcal{F}[f(x)](\tau)$ は，これが τ の関数であることを明示するために "(τ)" をつけて表記したが，以降は簡単のため $\mathcal{F}[f(x)]$ とだけ書くことにする．

$$\mathcal{F}^{-1}[\mathcal{F}[f(x)]] = f(x) \tag{4.11}$$

の関係が成り立つ．

さて，このフーリエ逆変換がもとの関数 $f(x)$ となることを利用すると，広義積分が簡単に計算できる場合がある．次にいくつか例を示す．

例題 4.1

$$f(x) = \begin{cases} 1 & (|x| \leq 1) \\ 0 & (その他の x) \end{cases}$$

のフーリエ変換を求め，$x=0$ においてフーリエ積分公式を利用して

$$\int_{-\infty}^{\infty} \frac{\sin \tau}{\tau} d\tau$$

の値を求めよ．

【解答】 フーリエ変換の式より，

$$\begin{aligned} F(\tau) &= \frac{1}{\sqrt{2\pi}} \int_{-\infty}^{\infty} f(t) e^{-i\tau t} dt \\ &= \frac{1}{\sqrt{2\pi}} \int_{-1}^{1} 1 \cdot e^{-i\tau t} dt \\ &= \frac{1}{\sqrt{2\pi}} \left[-\frac{e^{-i\tau t}}{i\tau} \right]_{-1}^{1} \\ &= \frac{1}{\sqrt{2\pi} i\tau} \left(-e^{-i\tau} + e^{i\tau} \right) \\ &= \sqrt{\frac{2}{\pi}} \frac{\sin \tau}{\tau} \end{aligned} \tag{4.12}$$

したがって，$x=0$ におけるフーリエ積分公式は，

$$\begin{aligned} \frac{f(0-0) + f(0+0)}{2} &= \frac{1}{\sqrt{2\pi}} \int_{-\infty}^{\infty} \left(\sqrt{\frac{2}{\pi}} \frac{\sin \tau}{\tau} \right) e^{i\tau \times 0} d\tau \\ &= \frac{1}{\pi} \int_{-\infty}^{\infty} \frac{\sin \tau}{\tau} d\tau \end{aligned} \tag{4.13}$$

上式の左辺は，

$$\frac{f(0-0) + f(0+0)}{2} = \frac{1+1}{2} = 1$$

より，
$$\int_{-\infty}^{\infty} \frac{\sin \tau}{\tau} d\tau = \pi \tag{4.14}$$
となる. ∎

例題 4.2

$f(x)$ のフーリエ変換 $F(\tau)$ が $e^{-\alpha\tau^2}$ であるとき，もとの $f(x)$ を求めよ．ただし，α は定数とする．

【解答】 フーリエ逆変換の式 ((4.10) 式) より，
$$f(x) = \frac{1}{\sqrt{2\pi}} \int_{-\infty}^{\infty} e^{-\alpha\tau^2} e^{i\tau x} d\tau \tag{4.15}$$
であるから，この式の両辺を x で微分すると，微分と積分の順序を交換できるので，
$$\begin{aligned}
\frac{df(x)}{dx} &= \frac{1}{\sqrt{2\pi}} \int_{-\infty}^{\infty} \frac{\partial}{\partial x} \left(e^{-\alpha\tau^2} e^{i\tau x} \right) d\tau \\
&= \frac{i}{\sqrt{2\pi}} \int_{-\infty}^{\infty} \tau e^{-\alpha\tau^2} e^{i\tau x} d\tau \\
&= \frac{i}{\sqrt{2\pi}} \int_{-\infty}^{\infty} \frac{d}{d\tau} \left(-\frac{e^{-\alpha\tau^2}}{2\alpha} \right) e^{i\tau x} d\tau \\
&= \frac{i}{\sqrt{2\pi}} \left(\left[-\frac{e^{-\alpha\tau^2} e^{i\tau x}}{2\alpha} \right]_{-\infty}^{\infty} + \int_{-\infty}^{\infty} \frac{ixe^{-\alpha\tau^2} e^{i\tau x}}{2\alpha} d\tau \right) \\
&= \frac{i^2 x}{2\alpha} \left(\frac{1}{\sqrt{2\pi}} \int_{-\infty}^{\infty} e^{-\alpha\tau^2} e^{i\tau x} d\tau \right) \\
&= -\frac{x}{2\alpha} f(x) \tag{4.16}
\end{aligned}$$
という簡単な微分方程式となるので，この常微分方程式を解けば，積分定数を C として，
$$f(x) = Ce^{-\frac{x^2}{4\alpha}} \tag{4.17}$$
この定数 C は，初期条件 $f(0)$ で決まる．(4.15) 式および (4.17) 式で $x=0$ を代入すると，
$$f(0) = \frac{1}{\sqrt{2\pi}} \int_{-\infty}^{\infty} e^{-\alpha\tau^2} d\tau = C \tag{4.18}$$

上式によく知られた公式

$$\int_{-\infty}^{\infty} e^{-\alpha\tau^2} d\tau = \sqrt{\frac{\pi}{\alpha}}$$

を利用すれば，結局

$$f(x) = \frac{e^{-\frac{x^2}{4\alpha}}}{\sqrt{2\alpha}} \tag{4.19}$$

が得られる． ■

● **チェック問題 4.1** 図 4.1 に示される関数 $f(x) = e^{-|x|}$ のフーリエ変換を求め，$x = 0$ においてフーリエ積分公式を利用して

$$\int_{-\infty}^{\infty} \frac{1}{1+\tau^2} d\tau$$

の値を求めよ． □

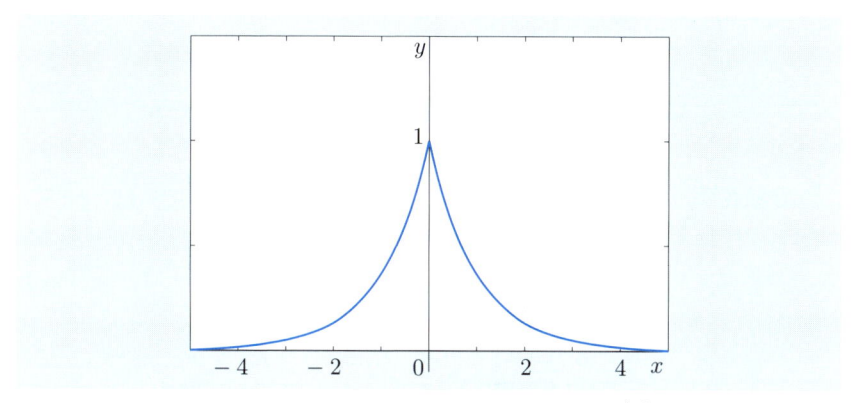

図 4.1 チェック問題 4.1 の関数 $f(x) = e^{-|x|}$

4.2 フーリエ余弦変換，正弦変換

さて，フーリエ変換および逆変換とフーリエ級数との関係については前述したが，関数が偶関数もしくは奇関数の場合には，フーリエ級数の場合と同様に余弦変換および正弦変換が定義できる．

(4.8) 式において，$f(x)$ が偶関数の場合には，

$$\begin{cases} \displaystyle\int_{-\infty}^{\infty} f(t)\cos\tau t\, dt = 2\int_{0}^{\infty} f(t)\cos\tau t\, dt \\ \displaystyle\int_{-\infty}^{\infty} f(t)\sin\tau t\, dt = 0 \end{cases} \tag{4.20}$$

から，フーリエ変換の係数にあわせてあらためて，

$$\begin{cases} \displaystyle f(x) = \sqrt{\frac{2}{\pi}} \int_{0}^{\infty} F_c(\tau)\cos\tau x\, d\tau \\ \displaystyle F_c(\tau) = \sqrt{\frac{2}{\pi}} \int_{0}^{\infty} f(t)\cos\tau t\, dt \end{cases} \tag{4.21}$$

と定義する．この $f(x)$ の式を**フーリエ余弦積分**といい，$F_c(\tau)$ を $f(x)$ の**フーリエ余弦変換**という．またフーリエ級数の場合と同様にして，$0 \leq x < \infty$ で定義された関数 $f(x)$ について，偶関数として，$-\infty < x < \infty$ の区間に拡張した場合もこの式を適用できる．

次に $f(x)$ が奇関数の場合には，

$$\begin{cases} \displaystyle\int_{-\infty}^{\infty} f(t)\cos\tau t\, dt = 0 \\ \displaystyle\int_{-\infty}^{\infty} f(t)\sin\tau t\, dt = 2\int_{0}^{\infty} f(t)\sin\tau t\, dt \end{cases} \tag{4.22}$$

であるので，フーリエ余弦変換の場合と同様に，

$$\begin{cases} \displaystyle f(x) = \sqrt{\frac{2}{\pi}} \int_{0}^{\infty} F_s(\tau)\sin\tau x\, d\tau \\ \displaystyle F_s(\tau) = \sqrt{\frac{2}{\pi}} \int_{0}^{\infty} f(t)\sin\tau t\, dt \end{cases} \tag{4.23}$$

4.2 フーリエ余弦変換，正弦変換

と定義する．この $f(x)$ の式を**フーリエ正弦積分**といい，$F_s(\tau)$ を $f(x)$ の**フーリエ正弦変換**という．これについても $0 \leq x < \infty$ で定義された関数 $f(x)$ を奇関数として，$-\infty < x < \infty$ の区間に拡張した場合もこの式を適用できる．

例題 4.3

$$f(x) = \begin{cases} 1 - \dfrac{|x|}{2} & (|x| \leq 2) \\ 0 & (|x| > 2) \end{cases}$$

のフーリエ余弦変換を求め，$x = 0$ においてフーリエ積分公式を利用して，

$$\int_0^\infty \left(\frac{\sin \tau}{\tau}\right)^2 d\tau$$

の値を求めよ．

【解答】 $f(x)$ は偶関数だから，フーリエ余弦変換の式より，

$$\begin{aligned}
F_c(\tau) &= \sqrt{\frac{2}{\pi}} \int_0^\infty f(t) \cos \tau t \, dt \\
&= \sqrt{\frac{2}{\pi}} \int_0^2 \left(1 - \frac{t}{2}\right) \cos \tau t \, dt \\
&= \sqrt{\frac{2}{\pi}} \left\{ \left[\frac{1}{\tau}\left(1 - \frac{t}{2}\right) \sin \tau t\right]_0^2 + \frac{1}{\tau} \int_0^2 \frac{\sin \tau t}{2} dt \right\} \\
&= \frac{1}{\sqrt{2\pi}} \left[-\frac{\cos \tau t}{\tau^2}\right]_0^2 \\
&= \frac{1}{\sqrt{2\pi}} \frac{1 - \cos 2\tau}{\tau^2} \\
&= \sqrt{\frac{2}{\pi}} \frac{\sin^2 \tau}{\tau^2}
\end{aligned} \tag{4.24}$$

したがって，フーリエ余弦積分公式より，

$$\begin{aligned}
\frac{f(0-0) + f(0+0)}{2} &= \frac{2}{\pi} \int_0^\infty \left(\frac{\sin^2 \tau}{\tau^2}\right) \cos(0\tau) d\tau \\
&= \frac{2}{\pi} \int_0^\infty \left(\frac{\sin \tau}{\tau}\right)^2 d\tau \\
&= 1
\end{aligned} \tag{4.25}$$

よって,
$$\int_0^\infty \left(\frac{\sin \tau}{\tau}\right)^2 d\tau = \frac{\pi}{2} \tag{4.26}$$
となる.

● **チェック問題 4.2** $f(x) = e^{-|x|}$ のフーリエ余弦変換を求め, $x=1$ においてフーリエ余弦積分公式を利用して,
$$\int_0^\infty \frac{\cos \tau}{\tau^2+1} d\tau$$
の値を求めよ.

4.3 フーリエ変換の性質

フーリエ変換にはいくつかの重要な性質がある．基本的な関数のフーリエ変換が求められていれば，この性質を利用するとその拡張として類似の関数のフーリエ変換を求められる．以下に代表的な性質をいくつかを示す．特に断らない限り，t を変数とする関数はすべて，$L_1(-\infty, \infty)$ (p.56 の脚注参照) に属する関数であるとし，$\mathcal{F}[f(x)] = F(\tau)$ および $\mathcal{F}[g(x)] = G(\tau)$ などとする．

(1) $\mathcal{F}^{-1}[\mathcal{F}[f(x)]] = f(x)$ ((4.11) 式)

$f(x)$ をフーリエ変換して，得られた関数をフーリエ逆変換したものは，もとの関数 $f(x)$ となる．

(2) **線形則**：α, β を定数として

$$\mathcal{F}[\alpha f(x) + \beta g(x)] = \alpha F(\tau) + \beta G(\tau) \tag{4.27}$$

(3) **微分則** ($f(x)$ の導関数のフーリエ変換)：

$$\mathcal{F}[f'(x)] = i\tau F(\tau) \tag{4.28}$$

[証明]
$$\begin{aligned}
\mathcal{F}[f'(x)] &= \frac{1}{\sqrt{2\pi}} \int_{-\infty}^{\infty} f'(t) e^{-i\tau t} dt \\
&= \left[\frac{1}{\sqrt{2\pi}} f(t) e^{-i\tau t}\right]_{-\infty}^{\infty} - \frac{1}{\sqrt{2\pi}} \int_{-\infty}^{\infty} f(t)(-i\tau) e^{-i\tau t} dt \\
&= i\tau \left\{\frac{1}{\sqrt{2\pi}} \int_{-\infty}^{\infty} f(t) e^{-i\tau t} dt\right\} \\
&= i\tau F(\tau)
\end{aligned} \tag{4.29}$$

ただし，極限値の収束については $|e^{i\tau x}| = 1$ を用いて絶対値で評価し，その際 $f(x) \in L_1(-\infty, \infty)$ であることから，$\lim_{x \to \pm\infty} |f(x)| = 0$ であることを使った．■

これを高階の導関数 ($f^{(m)}(x)$) に応用すると，

$$\mathcal{F}\left[f^{(m)}(x)\right] = (i\tau)^m F(\tau) \tag{4.30}$$

また逆に $F(\tau)$ の微分則として次の性質がある．

$$\mathcal{F}\left[(-ix)^m f(x)\right] = \frac{d^m}{d\tau^m} F(\tau) \tag{4.31}$$

(4) **移動と拡大・縮小 [1]**: ($f(x)$ の移動と拡大・縮小) $a \neq 0$ のとき,

$$\mathcal{F}[f(ax+b)] = \frac{e^{\frac{i\tau b}{a}}}{|a|} F\left(\frac{\tau}{a}\right) \tag{4.32}$$

[証明] $a > 0$ の場合について証明する ($a < 0$ の場合も同様にして証明できる). $at + b = \xi$ と変数変換して置換積分を行うと,

$$\begin{aligned}
\mathcal{F}[f(ax+b)] &= \frac{1}{\sqrt{2\pi}} \int_{-\infty}^{\infty} f(at+b) e^{-i\tau t} dt \\
&= \frac{1}{a\sqrt{2\pi}} \int_{-\infty}^{\infty} f(\xi) e^{-\frac{i\tau(\xi-b)}{a}} d\xi \\
&= \frac{e^{\frac{i\tau b}{a}}}{a} \frac{1}{\sqrt{2\pi}} \int_{-\infty}^{\infty} f(\xi) e^{-i\frac{\tau}{a}\xi} d\xi \\
&= \frac{e^{\frac{i\tau b}{a}}}{a} F\left(\frac{\tau}{a}\right)
\end{aligned}$$

(5) **移動と拡大・縮小 [2]**: ($F(\tau)$ の移動と拡大・縮小) $a \neq 0$ のとき,

$$\mathcal{F}\left[f(ax)e^{-ibx}\right] = \frac{1}{|a|} F\left(\frac{\tau+b}{a}\right)$$

特に $a = 1$ の場合は,

$$\mathcal{F}\left[f(x)e^{-ibx}\right] = F(\tau+b)$$

であり, これはもとの関数に e^{-ibx} を乗じた関数をフーリエ変換すると, τ が b だけ移動したフーリエ変換が得られることを表している (証明は性質 (4) の場合と同じように置換積分を行えば簡単にできる).

(6) **たたみ込み (合成積)**

$$g(x) = \int_{-\infty}^{\infty} f_1(x-y) f_2(y) dy \tag{4.33}$$

で定義される関数 $g(x)$ を $f_1(x)$ と $f_2(x)$ のたたみ込み (合成積) といい, $(f_1 * f_2)(x)$ と表す. また $(f_1 * f_2)(x)$ は, 変数変換 $x - y = u$ による置換

4.3 フーリエ変換の性質

積分で,
$$\int_{-\infty}^{\infty} f_1(x-y)f_2(y)dy = \int_{-\infty}^{\infty} f_1(u)f_2(x-u)du$$
となるので,
$$(f_1 * f_2)(x) = (f_2 * f_1)(x)$$
でもある．たたみ込みに対するフーリエ変換は以下のように表される．

$$\mathcal{F}[(f_1 * f_2)(x)] = \sqrt{2\pi}\mathcal{F}[f_1(x)]\mathcal{F}[f_2(x)] \tag{4.34}$$

[証明] $\mathcal{F}[(f_1 * f_2)(x)]$
$$= \frac{1}{\sqrt{2\pi}} \int_{-\infty}^{\infty} (f_1 * f_2)(t)e^{-i\tau t}dt$$
$$= \frac{1}{\sqrt{2\pi}} \int_{-\infty}^{\infty} \left\{ \int_{-\infty}^{\infty} f_1(t-y)f_2(y)e^{-i\tau t}dt \right\} dy$$
$$= \frac{1}{\sqrt{2\pi}} \int_{-\infty}^{\infty} f_2(y)e^{-i\tau y}dy \int_{-\infty}^{\infty} f_1(t-y)e^{-i\tau(t-y)}dt$$
$$= \sqrt{2\pi} \left\{ \frac{1}{\sqrt{2\pi}} \int_{-\infty}^{\infty} f_2(y)e^{-i\tau y}dy \right\} \left\{ \frac{1}{\sqrt{2\pi}} \int_{-\infty}^{\infty} f_1(t)e^{-i\tau t}dt \right\}$$
$$= \sqrt{2\pi}\mathcal{F}[f_1(x)]\mathcal{F}[f_2(x)] \qquad \blacksquare$$

これは，(係数の $\sqrt{2\pi}$ を考えなければ) たたみ込みのフーリエ変換が関数 $f_1(x)$ のフーリエ変換と $f_2(x)$ のフーリエ変換の積であるということを示している．逆にいうと，2 つのフーリエ変換の積で表される関数をフーリエ逆変換すると，もとの 2 つの関数のたたみ込みになるのである．

例題 4.4

$$f_1(x) = \begin{cases} 1 & (0 \le x \le 1) \\ 0 & (その他の x) \end{cases} \quad \text{と} \quad f_2(x) = \begin{cases} e^{-x} & (0 \le x) \\ 0 & (x < 0) \end{cases} \quad \text{のたたみ}$$

込み $(f_1 * f_2)(x)$ を求め，このたたみ込みのフーリエ変換を求めよ．さらに，(4.34) 式が成立することを確かめよ．

【解答】 $f_1(x-y)$ について，$0 \le x - y \le 1$ すなわち $x - 1 \le y \le x$ では $f_1(x-y) = 1$ であり，それ以外で $f_1(x-y) = 0$ であるので，

$$(f_1 * f_2)(x) = \int_{x-1}^{x} f_2(y) dy$$

ここで積分範囲の x について場合分けを考える．$f_2(x)$ は $x < 0$ で 0 となるので，

(i) $0 \leq x-1$ の場合 ($1 \leq x$ の場合)

この積分範囲では，$f_2(y) = e^{-y}$ であるから，

$$(f_1 * f_2)(x) = \int_{x-1}^{x} e^{-y} dy = e^{-x}(e-1)$$

(ii) $x-1 < 0 \leq x$ の場合 ($0 \leq x < 1$ の場合)

積分の下限 $x-1 < 0$ より，$f_2(y) = \begin{cases} e^{-y} & (0 \leq y \leq x) \\ 0 & (x-1 < y < 0) \end{cases}$ であるから，

$$(f_1 * f_2)(x) = \int_{0}^{x} e^{-y} dy = 1 - e^{-x}$$

(iii) $x < 0$ の場合

積分の上限 $x < 0$ より積分範囲 $x-1 \leq y \leq x$ では，$f_2(y) = 0$ となるから積分は 0．

以上から $(f_1 * f_2)(x) = \begin{cases} e^{-x}(e-1) & (1 \leq x) \\ 1 - e^{-x} & (0 \leq x < 1) \\ 0 & (x < 0) \end{cases}$ である．

これから，$(f_1 * f_2)(x)$ のフーリエ変換は，

$$\begin{aligned}
&\mathcal{F}\left[(f_1 * f_2)(x)\right] \\
&= \frac{1}{\sqrt{2\pi}} \left\{ \int_{0}^{1} (1 - e^{-t}) e^{-i\tau t} dt + \int_{1}^{\infty} e^{-t}(e-1) e^{-i\tau t} dt \right\} \\
&= \frac{1}{\sqrt{2\pi}} \left\{ \left[-\frac{e^{-i\tau t}}{i\tau} + \frac{e^{-(1+i\tau)t}}{1+i\tau} \right]_{0}^{1} + (e-1) \left[-\frac{e^{-(1+i\tau)t}}{1+i\tau} \right]_{1}^{\infty} \right\} \\
&= \frac{1 - e^{-i\tau}}{\sqrt{2\pi} i\tau (1+i\tau)}
\end{aligned}$$

一方，$f_1(x)$ と $f_2(x)$ のフーリエ変換は，

$$\mathcal{F}[f_1(x)] = \frac{1}{\sqrt{2\pi}} \int_{0}^{1} 1 \cdot e^{-i\tau t} dt = \frac{1 - e^{-i\tau}}{\sqrt{2\pi} i\tau}$$

$$\mathcal{F}[f_2(x)] = \frac{1}{\sqrt{2\pi}} \int_0^\infty e^{-t} e^{-i\tau t} dt = \frac{1}{\sqrt{2\pi}(1+i\tau)}$$

よって

$$\mathcal{F}[(f_1 * f_2)(x)] = \sqrt{2\pi} \mathcal{F}[f_1(x)] \mathcal{F}[f_2(x)]$$

が成り立つ. ∎

ここで，たたみ込み(合成積)は具体的にどのような意味をもっているかについて，前述の例題 4.4 を例に，具体的に図に示しながら考察しよう．

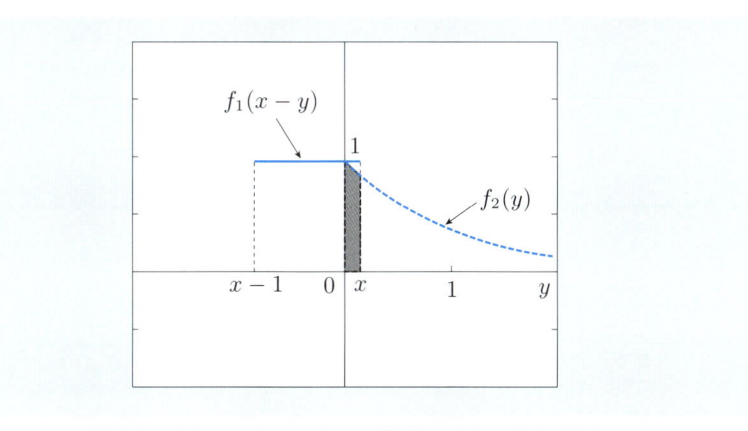

図 4.2 $f_1(x-y)$ と $f_2(y)$ の積が 0 でなくなる領域

図 4.2 において，横軸の変数を y とすると，$f_1(x-y)$ は，横軸に平行に関数 $f_1(-y)$ を x だけ右に移動させたものである．この x を大きくしていく ($f_1(x-y) = 1$ の部分を正の方向に移動していく) と，$x \geq 0$ で $f_1(x-y)$ と $f_2(y)$ の積が 0 でなくなる領域 (図 4.2 で影をつけた部分) が生じる．この場合には，この部分で $f_1(x-y) = 1$ であるので，影をつけた部分の面積がたたみ込み $((f_1 * f_2)(x))$ となる．一般的には，($f_1(x-y) = 1$ とは限らないので) もっと複雑で単なる面積では表されないが，たたみ込みが一方の関数を平行移動させながら重なり合う部分の寄与の大きさを表していることは直感的に理解できる[3]．

---

[3] このことから，独立な 2 つの確率変数 X, Y の分布関数を $f(x)$ と $g(x)$ としたときの和 $X+Y$ の分布関数が，f と g のたたみ込みで与えられることがわかる．

(7) プランシュレルの等式

第3章では，フーリエ級数の重要な性質の1つであるパーセバルの等式について考察した．フーリエ変換においても (3.7) 式と類似の等式

$$\int_{-\infty}^{\infty} \{f(x)\}^2 dx = \int_{-\infty}^{\infty} |F(\tau)|^2 d\tau \tag{4.35}$$

を導くことができる．これを**プランシュレル (Plancherel) の等式**という[4]（フーリエ級数の場合と同様にパーセバルの等式と呼ばれるときもある）．ここで，プランシュレルの等式の積分は関数 $f(x)$ もしくは $F(\tau)$ の2乗についての積分になっている．この章の冒頭では $f(x) \in L_1(-\infty, \infty)$ であることを断っていたが，このプランシュレルの等式の場合には $f(x)$ が2乗可積分，すなわち

$$\int_{-\infty}^{\infty} |f(x)|^2 dx < \infty$$

であること[5]を仮定していることに注意する必要がある．

さて，この等式を証明する前に，性質 (6) で説明したたたみ込みの逆の式

$$(F * G)(\tau) = \sqrt{2\pi}\mathcal{F}[f(x)g(x)] \tag{4.36}$$

が成り立つことを示しておこう．ここで $(F * G)(\tau)$ は，関数 $F(\tau) = \mathcal{F}[f(x)]$ および $G(\tau) = \mathcal{F}[g(x)]$ のたたみ込みである．

[証明]
$$\begin{aligned}
(F * G)(\tau) &= \int_{-\infty}^{\infty} F(\tau - \xi)G(\xi)d\xi \\
&= \int_{-\infty}^{\infty} \left\{ \frac{1}{\sqrt{2\pi}} \int_{-\infty}^{\infty} f(t)e^{-i(\tau-\xi)t}dt \right\} G(\xi)d\xi \\
&= \int_{-\infty}^{\infty} f(t) \left\{ \frac{1}{\sqrt{2\pi}} \int_{-\infty}^{\infty} G(\xi)e^{i\xi t}d\xi \right\} e^{-i\tau t}dt \\
&= \sqrt{2\pi} \left[\frac{1}{\sqrt{2\pi}} \int_{-\infty}^{\infty} \{f(t)g(t)\} e^{-i\tau t}dt \right] \\
&= \sqrt{2\pi}\mathcal{F}[f(x)g(x)] \quad \blacksquare
\end{aligned}$$

---

[4] (4.35) 式の左辺は，実関数 $f(x)$ の2乗の積分として表現しているが，$f(x)$ が複素関数である場合には，$\int_{-\infty}^{\infty} |f(x)|^2 dx$ となる．

[5] このような関数の集合を $L_2(-\infty, \infty)$ と表す．

4.3 フーリエ変換の性質

最後にプランシュレルの等式 (4.35) の証明をしよう．

[証明] (4.36) 式で，$g(x) = f(x)$ の場合を考え，$\tau = 0$ のときのフーリエ変換

$$(F * F)(0) = \int_{-\infty}^{\infty} F(-\xi)F(\xi)d\xi$$

を考えると，

$$\int_{-\infty}^{\infty} F(-\xi)F(\xi)d\xi = \int_{-\infty}^{\infty} \{f(t)\}^2 dt$$

一方，

$$\begin{aligned}
F(-\xi) &= \frac{1}{\sqrt{2\pi}} \int_{-\infty}^{\infty} f(t)e^{i\xi t}dt \\
&= \frac{1}{\sqrt{2\pi}} \int_{-\infty}^{\infty} \left\{\overline{f(t)e^{-i\xi t}}\right\} dt \\
&= \overline{\frac{1}{\sqrt{2\pi}} \int_{-\infty}^{\infty} \{f(t)e^{-i\xi t}\} dt} \\
&= \overline{F(\xi)}
\end{aligned}$$

であるから，結局プランシュレルの等式が得られる． ∎

4.4 デルタ関数のフーリエ変換

第 2 章の例題 2.4 では，区間 $-l \leq x < l$ で定義された周期 $2l$ の関数 (図 4.3 参照)

$$f(x) = \begin{cases} \dfrac{1}{\varepsilon} & \left(|x| \leq \dfrac{\varepsilon}{2}\right) \\ 0 & \left(-l \leq x < -\dfrac{\varepsilon}{2},\ \dfrac{\varepsilon}{2} < x < l\right) \end{cases}$$

の $\varepsilon \to 0$ とした極限を考えた．この関数の定義する範囲を全領域に拡張したものを考え，これを

$$d_\varepsilon(x) = \begin{cases} \dfrac{1}{\varepsilon} & \left(|x| \leq \dfrac{\varepsilon}{2}\right) \\ 0 & \left(|x| > \dfrac{\varepsilon}{2}\right) \end{cases} \tag{4.37}$$

と表そう．この関数は，偶関数であり，

$$\int_{-\infty}^{\infty} d_\varepsilon(t)dt = \int_{-\frac{\varepsilon}{2}}^{\frac{\varepsilon}{2}} \frac{1}{\varepsilon} dt = 1$$

であるので，ε の値に関係なく x 軸とこの関数で囲まれる部分の面積 (積分値) は 1 である．ここで，この関数の $\varepsilon \to 0$ とした極限

$$\lim_{\varepsilon \to 0} d_\varepsilon(x) = \delta(x) \tag{4.38}$$

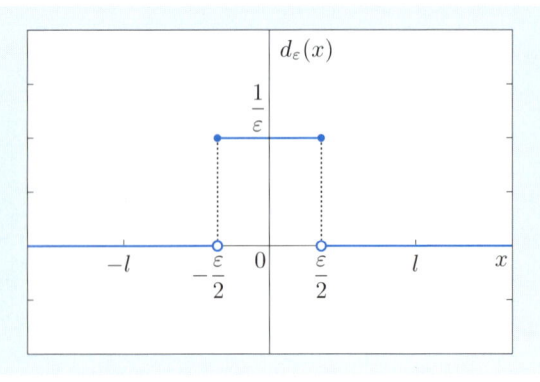

図 4.3 例題 2.4 の関数を全区間に拡張した関数 $d_\varepsilon(x)$

4.4 デルタ関数のフーリエ変換

は (ディラックの) **デルタ関数** (**δ 関数**) と呼ばれる[6]. デルタ関数を用いると, 全区間で定義された連続関数 $f(x)$ に対して,

$$\int_{-\infty}^{\infty} \delta(t)f(t)dt = f(0) \tag{4.39}$$

と表されることがわかる[7].

[**証明**] 積分 $\int_{-\infty}^{\infty} \delta(t)dt = 1$ の両辺に $f(0)$ をかけたものは,

$$\int_{-\infty}^{\infty} \delta(t)f(0)dt = f(0)$$

である. 任意の $\varepsilon > 0$ に対して, 区間 $\left[-\frac{\varepsilon}{2}, \frac{\varepsilon}{2}\right]$ での $|f(t) - f(0)|$ の最大値を M_ε とすると, $\delta(x) = 0 \ (x \neq 0)$ から,

$$\left|\int_{-\infty}^{\infty} \delta(t)f(t)dt - f(0)\right| = \left|\int_{-\infty}^{\infty} \delta(t)\{f(t) - f(0)\}dt\right|$$

$$= \left|\int_{-\frac{\varepsilon}{2}}^{\frac{\varepsilon}{2}} \delta(t)\{f(t) - f(0)\}dt\right|$$

$$\leq \int_{-\frac{\varepsilon}{2}}^{\frac{\varepsilon}{2}} \delta(t)|f(t) - f(0)|dt$$

$$\leq M_\varepsilon$$

関数 $f(x)$ は連続より, $\lim_{x \to 0} f(x) = f(0)$ から $\lim_{\varepsilon \to 0} M_\varepsilon = 0$ となるので,

$$\int_{-\infty}^{\infty} \delta(t)f(t)dt = f(0)$$

となる. ∎

---

[6] この関数は, $\varepsilon \to 0$ (幅が 0) で高さが無限大 $\left(\frac{1}{\varepsilon} \to \infty\right)$ になり, 通常の意味での関数とは言えないので**超関数**と呼ばれるものであり, 直感的には, $x = 0$ の瞬間に無限大の衝撃を与えたパルスであると見なせる.

[7] この表現は形式的ではあるが, 非常に便利である.

この結果から，
$$f(x) = \int_{-\infty}^{\infty} f(t)\delta(t-x)dt \tag{4.40}$$
であることは，$t - x = u$ と変数変換して置換積分すれば容易に示される．また，$\delta(x)$ のフーリエ変換は，
$$\begin{aligned}\mathcal{F}[\delta(x)] &= \frac{1}{\sqrt{2\pi}} \int_{-\infty}^{\infty} \delta(t)e^{-i\tau t}dt \\ &= \frac{1}{\sqrt{2\pi}}e^{-i\tau 0} = \frac{1}{\sqrt{2\pi}}\end{aligned} \tag{4.41}$$
である．

例題 4.5

(4.41) 式のフーリエ逆変換を考えることによって $\delta(x)$ がどのように表されるか考察せよ．

【解答】 フーリエ逆変換は簡単に求めることができて，
$$\begin{aligned}\delta(x) &= \mathcal{F}^{-1}[\mathcal{F}[\delta(x)]] \\ &= \frac{1}{\sqrt{2\pi}} \int_{-\infty}^{\infty} (\mathcal{F}[\delta(x)]) e^{i\tau x}d\tau \\ &= \frac{1}{\sqrt{2\pi}} \int_{-\infty}^{\infty} \left(\frac{1}{\sqrt{2\pi}}\right) e^{i\tau x}d\tau \\ &= \frac{1}{2\pi} \int_{-\infty}^{\infty} e^{i\tau x}d\tau \end{aligned} \tag{4.42}$$

これは**デルタ関数の積分表示**とも呼ばれるが，これはあくまで積分表現であって，形式的なものであると考えるべきである．しかしながら，フーリエ変換がある波数 (周波数) をもった波の成分の大きさであることを考えると，デルタ関数のフーリエ変換を表す (4.41) 式は一定値 $1/\sqrt{2\pi}$ であることがわかる．このことから，デルタ関数が同じ重みをもつあらゆる波数 (周波数) をもった波の重ね合わせであることがわかる．

4.4 デルタ関数のフーリエ変換

例題 4.6

$\delta(x-a)$ のフーリエ変換を求めよ．ただし，a は実定数とする．

【解答】 $t - a = \xi$ と変数変換すると，フーリエ変換は，

$$\begin{aligned}
\mathcal{F}[\delta(x-a)] &= \frac{1}{\sqrt{2\pi}} \int_{-\infty}^{\infty} \delta(t-a) e^{-i\tau t} dt \\
&= \frac{1}{\sqrt{2\pi}} \int_{-\infty}^{\infty} \delta(\xi) e^{-i\tau(\xi+a)} d\xi \\
&= \frac{1}{\sqrt{2\pi}} e^{-i\tau(0+a)} = \frac{1}{\sqrt{2\pi}} e^{-i\tau a}
\end{aligned} \tag{4.43}$$

次に $\delta(x)$ の導関数 $\delta'(x)$ を考えよう．デルタ関数は前述の通り，超関数という特殊な関数であるが，形式的に通常の関数と同じように扱って考えてみよう．導関数 $\delta'(x)$ が存在するとして，これに部分積分を適用すると，

$$\begin{aligned}
\int_{-\infty}^{\infty} \delta'(t-a) f(t) dt &= \left[\delta(t-a) f(t)\right]_{-\infty}^{\infty} - \int_{-\infty}^{\infty} \delta(t-a) f'(t) dt \\
&= -f'(a)
\end{aligned} \tag{4.44}$$

となる．このようにして，$\delta(x-a)$ の微分を定義すれば，それの導関数のフーリエ変換は簡単に，

$$\begin{aligned}
\mathcal{F}[\delta'(x-a)] &= \frac{1}{\sqrt{2\pi}} \int_{-\infty}^{\infty} \delta'(t-a) e^{-i\tau t} dt \\
&= \frac{i\tau}{\sqrt{2\pi}} \int_{-\infty}^{\infty} \delta(t-a) e^{-i\tau t} dt \\
&= \frac{i\tau}{\sqrt{2\pi}} e^{-i\tau a}
\end{aligned} \tag{4.45}$$

となることがわかる． ■

● **チェック問題 4.3** $a > 0$ ならば，

$$\delta(ax) = \frac{\delta(x)}{a}$$

であることを示せ． □

4章の問題

1 関数
$$f(x) = e^{-|x|} \sin x$$
のフーリエ変換とフーリエ正弦変換を求めよ．また，この結果から，
$$\int_0^\infty \frac{\tau \sin \tau}{4 + \tau^4} d\tau$$
の値を求めよ．

2 関数
$$f(x) = x^2 e^{-|x|}$$
のフーリエ変換を求めよ．

3 たたみ込み (合成積) の性質を用いて，
$$(f * f)(x) = \int_{-\infty}^\infty f(x-y)f(y)dy = e^{-\frac{x^2}{2}}$$
を満たす関数 $f(x)$ を求めよ．

4 関数
$$f(x) = e^{-|x|}$$
のフーリエ変換から，プランシュレルの等式 ((4.35) 式) を利用して，
$$\int_{-\infty}^\infty \frac{1}{(1+\tau^2)^2} d\tau$$
の値を求めよ．

5 $a > 0$ とするとき，
$$\delta(x^2 - a^2) = \frac{\delta(x-a) + \delta(x+a)}{2a}$$
であることを示せ．

6 次の各問に答えよ．

(1) $f(x) = \int_{-\infty}^{\infty} f(t)\delta(t-x)dt$ を利用して，$f(x)$ についてのフーリエ積分公式 ((4.5) 式) より，
$$\delta(x-t) = \frac{1}{2\pi}\int_{-\infty}^{\infty} e^{i\tau(x-t)}d\tau$$
となることを示せ．

(2) $f(x) = \int_{-\infty}^{\infty} f(t)\delta(t-x)dt$ を積分 $\int_{-\infty}^{\infty} f(x)g(x)dx$ の $f(x)$ の部分に代入し，(1) の結果を利用することにより，
$$\int_{-\infty}^{\infty} f(x)g(x)dx = \int_{-\infty}^{\infty} F(-\tau)G(\tau)d\tau$$
を示せ．ただし，$F(\tau)$ および $G(\tau)$ は，$f(x)$ および $g(x)$ のフーリエ変換であるとする．

(3) 例題 4.1 の結果，チェック問題 4.1 および上の (2) の結果を利用して，
$$\int_{-\infty}^{\infty} \frac{\sin\tau}{\tau(\tau^2+1)}d\tau$$
の値を求めよ．

■ フーリエ解析とゆらぎ

　フーリエが，波や振動といった三角関数が物理的な直感として結びつかない熱現象を研究する過程でフーリエ解析を導入したことはすでに述べた．では，現在フーリエ級数はどのような研究に利用されているのか，ちょっと変わったケースを紹介しよう．信号処理や振動解析のような力学系，電気系の分野で利用されていることは当然として，フーリエ分光法を利用して大気の状態を観測し，環境の分野等へも応用されている．また，さらにもっと目を外に向けると，宇宙の誕生と年齢の推定といった壮大な問題解決のための解析にも利用されている．現在の宇宙のあらゆる空間には，マイクロ波宇宙背景放射，または 3K (K はケルビン) 宇宙背景放射と呼ばれるマイクロ波が観測されるのだが，その温度には非常にわずかなゆらぎがあり，そのゆらぎの正確な観測をもとに初期の宇宙の姿と宇宙の年齢が計算されるということらしい．

　さて，このゆらぎというのは昨今はやりの「癒し」にも関係しているようで，ここでもフーリエ解析が顔を出す．「癒し」と聞いて思い浮かべるのは，音 (音楽，自然の音) だろう (あるいは人間でも癒し系と呼ばれる人がおられるようであるが，これがどのような感覚によるものかは筆者にはよくわからない)．では，音に癒しの効果があるかどうかをどうやって調べるのかというと，それらを信号に変換して解析するのである．例えば音の周波数や音響パワーの時系列信号をフーリエ解析の力でスペクトルに分解するのである．結果として，それぞれの重みの変化の仕方で $1/f$ (えふぶんのいち) ゆらぎと呼ばれる周波数のゆらぎ方の場合に，心地よさを感じるというのである．これは，演奏された音楽だけでなく，自然界の音 (例えば小川のせせらぎの音など) にも共通するそうで，この分野を深く研究されている武者利光氏によれば，$1/f$ ゆらぎが心地よさを与えるのは，我々人間の体の中のリズムも $1/f$ だからかもしれない，とのことだ．こうしてみると，フーリエ解析は工学や理学の分野だけでなく，医学や人間科学，さらには社会科学の分野においても強力な解析の武器なんだということがよくわかる．

5 偏微分方程式への適用

　物理や工学の分野で対象となる領域(空間)は，2次元，もしくは3次元であるので，その領域における現象は偏微分方程式で記述される．また時間的に変化する現象の場合には，時間変数 t による偏微分の項が付加されるので，偏微分方程式によって記述される．これらの偏微分方程式を与えられた条件下で解く場合に重要となるのが，「変数分離」と「解の重ね合わせ」という考え方であり，これらの考え方とフーリエ解析を利用することによって形式的な解が求められる．本章では，代表的な偏微分方程式のうち，熱伝導方程式，波動方程式およびラプラスの方程式の3種類の方程式を取り上げ，フーリエ解析を利用した解法を学び，さらにそれらの方程式の解の特性について理解を深める．

5章で学ぶ概念・キーワード
- 物理現象と偏微分方程式：楕円型方程式，双曲型方程式，放物型方程式，初期条件，境界条件
- 変数分離法：変数分離法
- 熱伝導方程式：熱伝導方程式，初期値境界値問題，重ね合わせ法，初期値問題
- 波動方程式：ダランベールの解，ストークスの公式，特性線
- ラプラスの方程式：境界値問題，調和関数，最大値・最小値の定理

5.1 物理現象と偏微分方程式

自然科学 (物理,化学,生物) や工学の分野に現れる現象を解析する場合,ある変動量 u を空間変数 x, y, z および時間変数 t の関数 $u(x, y, z, t)$ として,u およびその偏導関数 $\dfrac{\partial u}{\partial x}$ など[1]の間に成立する法則を数式として,

$$F(u, u_x, u_y, u_z, u_t, u_{xx}, u_{yy}, \cdots ; x, y, z, t) = 0 \tag{5.1}$$

のように書き表すことが多い.この形の方程式を**偏微分方程式**という.その代表的なものとして,方程式が従属変数 u およびその偏導関数に対して 1 次であるとき,(5.1) 式は,**線形方程式**と呼ばれる.線形方程式については,長年にわたって解析が活発に行われ,詳細な理論体系が確立されている.

一方,一般的に自然界の現象は,流体の運動を記述するナヴィエ・ストークス方程式などのように,uu_x のような 2 次以上の項を含む**非線形方程式**と呼ばれるもので記述される場合がほとんどである.しかしながら,これらの非線形方程式については,KdV 方程式のようなソリトン方程式など一部を除いて,まだ十分な理論的な解析手法が確立されているわけではない.そのため,ほとんどの場合において数値的な手法等を用いた近似的なアプローチも併用しながら解析されているのが現状であり,特に近年の電子計算機を利用した解析の進展にはめざましいものがある.

本章では,以上のような非線形問題や近似的な解析手法の基本的な理解を深める上でも非常に重要である線形方程式を重点的に取り上げ,フーリエ解析を適用した解析手法について説明する.特に力学や電磁気学等の分野で重要になるのは,2 階の偏導関数までが関与する方程式であるので,2 階線形偏微分方程式について具体的に説明していくことにする.2 階線形偏微分方程式は,一般的に

$$au_{xx} + 2bu_{xy} + cu_{yy} + 2du_x + 2eu_y + fu = h(x, y) \tag{5.2}$$

のように記述されるが,ここで a, b, c, d, e, f はすべて定数であって,さらに

---

[1] 本書では,これを u_x などのように書き表すことにする.

a, b, c は同時には 0 にならないとする．さて，(5.2) 式には u_{xy} の項があるので，この項を消去した形に変形するために，定数 A, B, C および D を用いてあらたな変数

$$\begin{cases} \xi = Ax + By \\ \eta = Cx + Dy \end{cases} \tag{5.3}$$

を導入する．ここで，$AD - BC \neq 0$ とする．

$$u_x = \frac{\partial u}{\partial x} = \frac{\partial u}{\partial \xi}\frac{\partial \xi}{\partial x} + \frac{\partial u}{\partial \eta}\frac{\partial \eta}{\partial x} = Au_\xi + Cu_\eta \tag{5.4}$$

等の変数変換式を (5.2) 式に代入し，$u_{\xi\eta}$ の項が消えるように定数 A, B, C および D を定める．すなわち次の (5.5) 式の α, β が (5.2) 式の係数によってできた行列 $M = \begin{bmatrix} a & b \\ b & c \end{bmatrix}$ の**固有値**となるように A, B, C および D を選んで，

$$\alpha u_{\xi\xi} + \beta u_{\eta\eta} + 2\gamma u_\xi + 2\delta u_\eta + \varepsilon u = H(\xi, \eta) \tag{5.5}$$

と変換する．

✅ **チェック問題 5.1** (5.2) 式の u_{xx}, u_{yy} および u_{xy} を定数 A, B, C, D を用いて表し，$u_{\xi\eta}$ の係数を求めよ．さらに，$u_{\xi\eta}$ の係数が 0 になるとき，定数 A, B, C, D を a, b, c, d で表せ． □

以上の変数変換における固有値の性質を考えることによって，2 階線形偏微分方程式 ((5.2) 式) は 2 階の偏導関数の係数 a, b および c の関係から，以下のような 3 種類に分類される[2]．

(i) $b^2 - ac < 0$ の場合

$a > 0$ の場合だけについて考えても差し支えない．この条件 ($b^2 - ac < 0$) を満たすためには，$a > 0, c > 0$ となるから，固有方程式の解と係数の関係より α, β はいずれも正であり，

$$X = \frac{\xi}{\sqrt{\alpha}}, \quad Y = \frac{\eta}{\sqrt{\beta}}$$

と変数変換すると，

---

[2] 行列 M の固有値を λ としたときの固有方程式 $\lambda^2 - (a+c)\lambda + ac - b^2 = 0$ は判別式が 0 以上になるので，実解のみをもつことは容易にわかる．

$$u_{XX} + u_{YY} + \frac{2\gamma}{\sqrt{\alpha}}u_X + \frac{2\delta}{\sqrt{\beta}}u_Y + \varepsilon u = G(X,Y) \tag{5.6}$$

となる．

この場合は，2次曲線の標準形へ変換したときの楕円 $\left(\dfrac{x^2}{a^2} + \dfrac{y^2}{b^2} = 1\right)$ にならって，**楕円型方程式**と呼ばれる．この型の代表的な偏微分方程式として，静電場の方程式である**ラプラスの方程式**

$$u_{xx} + u_{yy} = 0 \tag{5.7}$$

があり，定常的なポテンシャル場を記述する方程式等に見られる．

(ii) $b^2 - ac > 0$ の場合

この場合には，固有方程式の解と係数の関係から α と β は異符号になる．したがって，$\alpha > 0$, $\beta < 0$ として

$$X = \frac{\xi}{\sqrt{\alpha}}, \quad Y = \frac{\eta}{\sqrt{-\beta}}$$

と変数変換すると，

$$u_{XX} - u_{YY} + \frac{2\gamma}{\sqrt{\alpha}}u_X + \frac{2\delta}{\sqrt{-\beta}}u_Y + \varepsilon u = G(X,Y) \tag{5.8}$$

となる．

この場合も2次曲線の標準形へ変換したときの双曲線 $\left(\dfrac{x^2}{a^2} - \dfrac{y^2}{b^2} = 1\right)$ にならって，**双曲型方程式**と呼ばれる．この型の代表的な偏微分方程式として，空間1次元の**波動方程式**と呼ばれる

$$u_{tt} = v^2 u_{xx} \tag{5.9}$$

がよく知られている．

(iii) $b^2 - ac = 0$ の場合

$a \geq 0$ のとき，$a \geq 0$, $c \geq 0$ であり，固有方程式の解と係数の関係から α, β の一方は0である．これを $\beta = 0$ とすると，$a + c > 0$ であるので，$\alpha = a + c > 0$ となる．そこで

$$X = \frac{\xi}{\sqrt{\alpha}}, \quad Y = \frac{-\eta}{2\delta}$$

5.1 物理現象と偏微分方程式

と変数変換すると，

$$u_{XX} + \frac{2\gamma}{\sqrt{\alpha}}u_X - u_Y + \varepsilon u = G(X, Y) \tag{5.10}$$

となる．

これも 2 次曲線の標準形への変換の場合の放物線 ($y = ax^2$) にならって，**放物型方程式**と呼ばれる．この型の代表的な偏微分方程式としては，変数 Y を時間変数 t，X を空間変数 $x/\sqrt{\kappa}$ とした，空間 1 次元の熱伝導を記述する方程式 (**熱伝導方程式**)

$$u_t = \kappa u_{xx} \quad (\kappa > 0) \tag{5.11}$$

がよく知られている．

✅ **チェック問題 5.2** ラプラスの方程式が楕円型であること，波動方程式が双曲型であること，および熱方程式が放物型であることを確かめよ． □

さて，常微分方程式を求積法等で解析的に解いた場合，任意定数を含んだ一般解が得られるが，それにある条件を付加することによって，その任意定数が具体的な数値として決定される．この任意定数を含まない解を**特解**と呼ぶ．偏微分方程式の場合においても，実際の現象を記述する解を得るためには，現象のルール (法則) を記述した偏微分方程式を満足するだけでなく，いくつかの**付加条件**を考慮に入れなければならない．偏微分方程式に付加される条件としては，ある時刻における系の状態を与える**初期条件**と呼ばれる条件と，考慮に入れている空間領域が有限である場合には，その領域の境界での制約を与える**境界条件**と呼ばれる条件がある．

また一般に，自然現象や工学現象は，注目している量 (u) が時間とともに変化する場合 (**非定常過程**) と時間的には変化しない場合 (**定常過程**) の 2 種類に分けられる．非定常過程において，空間的境界がない場合には，上述の付加条件のうち，初期条件が与えられれば，この系の状態は時々刻々決定される．このような場合の例として，空間 1 次元の波動方程式

$$\begin{cases} u_{tt} = v^2 u_{xx} & (t > 0, -\infty < x < \infty) \\ u(x, 0) = \varphi(x) & (-\infty < x < \infty) \end{cases} \tag{5.12}$$

がある．ここで $\varphi(x)$ は $t=0$ における状態 (初期条件) を表す関数である．このような問題を**偏微分方程式の初期値問題**という．

一方，同じ非定常過程でも，以下のような熱伝導方程式を，$0 \leq x \leq 1$ のように空間変数 x に対して有界な領域で考える場合には，$x=0$ および $x=1$ の境界で付加条件が課されることとなる[3]．このような問題は**偏微分方程式の初期値境界値問題**と呼ばれる．

$$\begin{cases} u_t = \kappa u_{xx} & (t>0,\ 0<x<1) \\ u(x,0) = \varphi(x) \\ u(0,t) = u(1,t) = 0 \end{cases} \tag{5.13}$$

一方，定常過程については，時間的な変化がないので，独立変数に時間 t は含まれない．空間 2 次元のラプラスの方程式等がこれを記述する方程式の代表的なものとして知られているが，これは以下のように，付加条件として境界条件だけが課された**偏微分方程式の境界値問題**という形で与えられる．

例
$$\begin{cases} u_{xx} + u_{yy} = 0 & (0<x<1,\ 0<y<1) \\ u(x,0) = \varphi_1(x),\quad u(x,1) = \varphi_2(x) \\ u(0,y) = \psi_1(y),\quad u(1,y) = \psi_2(y) \end{cases} \tag{5.14}$$

のような場合である．(5.14) 式のように固定された境界条件を与える問題は，特に**ディリクレ問題**と呼ばれる．一方，以下のように境界上で (法線方向の) 微分で付加条件を課す場合がある．

$$\begin{cases} u_{xx} + u_{yy} = 0 & (0<x<1,\ 0<y<1) \\ u_y(x,0) = u_y(x,1) = 0 \\ u_x(0,y) = u_x(1,y) = 0 \end{cases} \tag{5.15}$$

このような境界条件を与える場合は特に**ノイマン問題**と呼ばれる． □

---

[3] それぞれの付加条件どうしの各境界での与え方 (例えば，(5.13) 式での $u(0,0)$ について，初期条件の $\varphi(0)$ で与えるか，境界条件の 0 で与えるか等) は，解の一意性を考えるとき，非常に難しい問題となる．したがって，以下，初期条件と境界条件がそれぞれの境界で一致する場合についてのみ考えることとし，初期値境界値問題の表記においては，各条件が課される領域は必要な場合を除いて明示しないこととする．

■ ポテンシャルと数理

　物理法則はいろいろとあるけれど，それを数式で表そうとするとそれらの多くが「何とかの方程式」という等式で表されている (例外としてすぐに思いつくのは，エントロピー増大の法則だけど，そのようなものは等式に比べるとずっと少ないと思う)．そしてそれらのうちのいくつかは「保存則」と呼ばれる法則に基づいているのだが，この「保存則」の中で代表的なものが，高校の物理でも学んだ「運動量保存の法則」とか「エネルギー保存の法則」である．この「保存」というのは時間的に変化しない，という意味で，ここで登場するのが「ポテンシャル」という量である．ポテンシャルというと現代では日常でも使われるようになっていて，「彼はポテンシャルがあるなあ」といった場合に使われたりする．そこでの意味は「潜在的な能力」とかの意味であろうが，数学的な意味でのポテンシャルは，(ベクトル解析で詳しく学ぶが) ベクトル場がある関数の勾配で与えられる場合 (力学ではそのようなベクトル場を保存力場という) のその関数のことであり，このポテンシャル (関数) はラプラスの方程式を満たす．質量が存在しない点での重力ポテンシャルや，電荷がない点での静電ポテンシャルなどはよく知られた例であろう．

　さて，このラプラス方程式の解，つまりポテンシャル関数の重要な性質は非常に性質がいいということである．「性質がいい」という意味は，何回でも微分ができるということであり，ラプラスの方程式を満たす連続関数は，「調和関数」とも呼ばれている．

　こうしてみると，複素関数論でお目にかかる正則関数やテイラー展開との関係もよくわかってくるし，正則関数の複素積分が始点と終点だけで決まり，途中の経路によらないことなどは，物理的なエネルギー保存則を思い浮かべればその意味するところは理解しやすいのではないかと思う．一方，力学系や電気系の性質 (安定性など) はポテンシャル関数の性質に従うことは明らかなので，ポテンシャル関数は固有値問題として活発に研究されてきた．

　近頃では，「逆散乱法」という方法を応用してポテンシャルを求める方法がソリトンとか可積分系の分野で非線形微分方程式の解を求めるのに利用されている．非線形微分方程式というのは，簡単に解けるものではないのだが，ポテンシャルという量がキーポイントになっているのだろう．こうしてみると，ポテンシャルは数学と物理を結びつける古くて新しい概念だということにあらためて気付かされる．

5.2 変数分離法

具体的な解法について述べる前に，**変数分離法**と呼ばれる考え方について簡単に説明しよう．例えば，熱伝導方程式 ((5.11) 式) について考えよう．(5.11) 式の解を求めるために，$u(x, t) = T(t)X(x)$ とおいてみると，

$$u_t = X(x)\frac{dT(t)}{dt}, \qquad u_{xx} = T(t)\frac{d^2X(x)}{dx^2}$$

であるから，これらを (5.11) 式に代入し，その両辺を $\kappa u(x, t) = \kappa T(t)X(x)$ で割ると，

$$\frac{1}{\kappa T}\frac{dT}{dt} = \frac{1}{X}\frac{d^2X}{dx^2}$$

となる．ところが，上式の左辺は変数 t のみの関数で表され，右辺は x のみの関数で表されているので，これが恒等的に成立するのは両辺が定数の場合に限られる．この定数を λ とおくと，はじめは1つであった偏微分方程式 ((5.11) 式) が

$$\frac{dT}{dt} = \lambda \kappa T \tag{5.16}$$

$$\frac{d^2X}{dx^2} = \lambda X \tag{5.17}$$

のように2つの別々の常微分方程式に分離される．このようにして解を求める方法を変数分離法と呼ぶ．この考え方を適用することによって，偏微分方程式の初期値境界値問題は常微分方程式の初期値問題や境界値問題等に帰着することになる．例えば，(5.13) 式の熱伝導方程式の初期値境界値問題について変数分離を行うと，空間変数 x については，

$$\begin{cases} \dfrac{d^2X}{dx^2} = \lambda X \\ X(0) = 0 \\ X(1) = 0 \end{cases} \tag{5.18}$$

のような常微分方程式の境界値問題に帰着し，それぞれの空間変数や時間変数のみの問題として別々に取り扱うことができる[4]．次節以降では，いくつかの

---

[4] (5.18) 式のように変数分離法を利用して常微分方程式の境界値問題に帰着したものは，**スツルム・リュービル型固有値問題**として知られている (付録 B を参照のこと).

5.2 変数分離法

典型的な偏微分方程式の (初期値) 境界値問題について, 変数分離法を利用して特別な形の解を求める方法について説明する. さらにそれらの問題の解がどのような性質をもっているかについて説明する.

▣ 級数って便利

　テイラー級数やフーリエ級数は, 一般の関数を無限の項をもった関数列で近似する 1 つの表現方法である. これを利用すると直感的に関数の性質を理解する上で, また計算機を使った解析にも非常に有効であることがわかる. 複素関数論でオイラーの公式を学んだとき, 一種のカルチャーショックを受けた方も少なくないであろう. 実数の範囲で学んだところでは, 指数関数は単調な関数で有界ではないし, 三角関数 (正弦関数と余弦関数) は -1 から 1 の間の値をとる周期関数である. 高等学校まで全く別物だと思っていた指数関数と三角関数が虚数単位を含むだけで, なぜ等式として結びつくのか. オイラーの公式を定義と割り切ってしまって使うのもいいが, 何となくすっきりとしない. 何か自分を納得させることはできないか.

　そこで, 関数の 1 つの表現である級数で表してみよう. 指数関数 e^{ix} について, テイラー展開 (マクローリン展開) を行ってみると,

$$e^{ix} = 1 + (ix) + \frac{(ix)^2}{2!} + \frac{(ix)^3}{3!} + \cdots + \frac{(ix)^n}{n!} + \cdots$$

となるが, これを機械的に実部と虚部に分けてみると,

$$\left\{ 1 - \frac{x^2}{2!} + \frac{x^4}{4!} - \cdots + \frac{(-1)^m x^{2m}}{(2m)!} + \cdots \right\}$$
$$+ i \left\{ x - \frac{x^3}{3!} + \frac{x^5}{5!} + \cdots + \frac{(-1)^m x^{2m+1}}{(2m+1)!} + \cdots \right\}$$

となる. こうしてみると, それぞれのカッコ内はそれぞれ $\cos x$ と $\sin x$ のマクローリン展開になっていることがすぐにわかる. つまり級数に展開することによって関数そのものの性質が直感的にわかりやすくなったのである.

5.3 熱伝導方程式

 放物型の偏微分方程式の代表的な方程式として,熱伝導方程式を取り上げる.現実の問題としては3次元空間における熱の伝導現象を取り扱わなければならないが,ここでは簡単のため,空間が1次元の場合を取り扱う.1次元熱伝導体が x 軸方向にあるとする.ここで,この伝導体がもつ性質として,比熱 c および線密度 (単位長さあたりの質量) ρ を考え,この熱伝導体内での熱 ΔQ の出入りを考える.図 5.1 に示すように,空間内の任意の領域 (区間) $[x, x+\Delta x]$ を考えて,温度 $u(x, t)$ がこの区間内で一様であると仮定する.この区間の質量は $\rho \Delta x$ より,熱の出入りによって温度上昇 Δu があったとすると,その熱量は $Q = c\rho \Delta x \Delta u$ となる.また,微小時間 Δt の間にこの区間に熱量 ΔQ が出入りする場合,これが温度勾配 $\partial u/\partial x$ に比例するとすると,x 軸方向に正の温度勾配がある (x が増加すると温度が高くなる) 場合には,負の方向に熱の流れが生じて熱が流出 (減少) するので,点 x および点 $x+\Delta x$ における熱の出入り ($Q(x)$ および $Q(x+\Delta x)$) は (別に熱源がないとして比例定数を k とすると),

$$\Delta Q \Delta t = \{Q(x) - Q(x+\Delta x)\}\Delta t$$
$$= \left\{-k\left(\frac{\partial u}{\partial x}\right)_x - (-k)\left(\frac{\partial u}{\partial x}\right)_{x+\Delta x}\right\}\Delta t \tag{5.19}$$

となる.この熱の出入りの釣り合いにより,

$$c\rho \Delta x \Delta u = -k\left\{\left(\frac{\partial u}{\partial x}\right)_x - \left(\frac{\partial u}{\partial x}\right)_{x+\Delta x}\right\}\Delta t \tag{5.20}$$

となる.すなわち,(5.20) 式の両辺を $c\rho \Delta t \Delta x$ で割った式

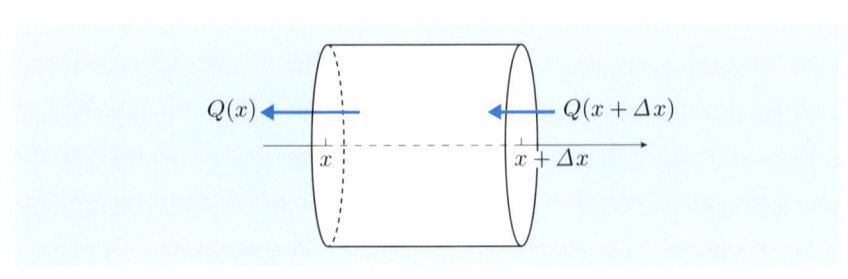

図 5.1 1 次元伝導体における熱の出入り

5.3 熱伝導方程式

$$\frac{\Delta u}{\Delta t} = \frac{k}{c\rho} \frac{\left(\frac{\partial u}{\partial x}\right)_{x+\Delta x} - \left(\frac{\partial u}{\partial x}\right)_{x}}{\Delta x} \tag{5.21}$$

において，$\Delta t \to 0$, $\Delta x \to 0$ の極限をとれば，

$$\frac{\partial u}{\partial t} = \kappa \frac{\partial^2 u}{\partial x^2} \tag{5.22}$$

を得る．ここで $\kappa = k/c\rho$ としたが，これは**熱伝導率**と呼ばれるものであり，この偏微分方程式を**熱伝導方程式**という．なお，ある物質の濃度が拡散していく過程を記述する場合においても同様の形に表され，その場合，**拡散方程式**と呼ばれる．

1次元空間に無限の長さをもつ熱伝導体の場合 ($-\infty < x < \infty$) には，初期条件 $u(x, 0) = f(x)$ のみが与えられ，熱伝導方程式の初期値問題は，

$$\begin{cases} u_t = \kappa u_{xx} & (t > 0, \ -\infty < x < \infty) \\ u(x, 0) = f(x) \end{cases} \tag{5.23}$$

で与えられる．また有限の長さをもつ熱伝導の場合 (例えば，$0 \leq x \leq 1$) には，熱伝導方程式の初期値境界値問題として (5.13) 式のように与えられる．これらの典型的な問題を例に，フーリエ級数およびフーリエ変換を用いた解法について以下に説明しよう．

例題 5.1

有限の長さ 1 (区間 $0 \leq x \leq 1$) の長さをもつ棒に対する熱伝導方程式の初期値境界値問題

$$\begin{cases} u_t = u_{xx} & (t > 0, \ 0 < x < 1) \\ u(x, 0) = \begin{cases} 2x & (0 \leq x < 1/2) \\ 2(1-x) & (1/2 \leq x \leq 1) \end{cases} \\ u(0, t) = u(1, t) = 0 \end{cases}$$

を解け．

【解答】 変数分離法を利用して，$u(x, t) = T(t)X(x)$ とおくと，

$$\frac{dT}{dt} = \lambda T \tag{5.24}$$

$$\frac{d^2 X}{dx^2} = \lambda X \tag{5.25}$$

が得られるので，これを λ について場合分けして考える．

(i) $\lambda = 0$ の場合

(5.24) 式より，$T(t) = A = $ 定数．また (5.25) 式より，

$$X(x) = Bx + C \quad (\text{ただし，} B, C \text{ は定数})$$

が得られる．境界条件

$$X(0) = X(1) = 0$$

より，$B = C = 0$ となるので，$X(x) = 0$ であるが，初期条件から

$$u(x, 0) = T(0)X(x) = 0$$

となり，これは初期条件を満たさないので不適となる．

(ii) $\lambda > 0$ の場合

(5.24) 式を解くと，

$$T(t) = Ae^{\lambda t} \quad (\text{ただし，} A \text{ は定数})$$

となる．$\lambda = \omega^2$ とおいて，(5.25) 式を解けば，

$$X(x) = Be^{\omega x} + Ce^{-\omega x} \quad (\text{ただし，} B, C \text{ は定数})$$

となるが，境界条件より (i) と同様に $X(x) = 0$ であり不適となる．

(iii) $\lambda < 0$ の場合

(ii) の場合と同様に，(5.24) 式より，

$$T(t) = Ae^{\lambda t} \quad (\text{ただし，} A \text{ は定数})$$

となる．一方，$\lambda = -\omega^2$ とおいて (5.25) 式を解けば，

$$X(x) = B\sin\omega x + C\cos\omega x \quad (\text{ただし，} B, C \text{ は定数})$$

となる．境界条件 $X(0) = 0$ より $C = 0$ であるが，このときもう一方の境界条件 $X(1) = 0$ から，$B = 0$ もしくは，$\sin\omega = 0$ である．(i) および (ii) と同様に $X(x) = 0$ では不適となるので，後者の条件をとると，

$$\omega = n\pi \quad (\text{ただし，} n = 1, 2, \cdots)$$

となる．以上から，固有値

$$\lambda_n = -(n\pi)^2 \quad (n = 1, 2, \cdots)$$

に対する解として，

5.3 熱伝導方程式

$$u_n(x,\,t) = e^{-(n\pi)^2 t}\sin n\pi x$$

が得られる．次に初期条件を満たす解を求めるわけであるが，それぞれの n に対する $u_n(x,\,0)$ は $\sin n\pi x$ であるので，初期条件とはならないことは明らかである．そこで，

$$u(x,\,t) = \sum_{n=1}^{\infty} c_n e^{-(n\pi)^2 t}\sin n\pi x \tag{5.26}$$

とおくと[5]，$u(x,\,t)$ は (あくまで項別微分できるという条件付きで) 熱伝導方程式を満たしていることがわかる．そこで，この (5.26) 式で表される解が初期条件を満たすように，係数 c_n を決定することにしよう．

$$u(x,\,0) = \sum_{n=1}^{\infty} c_n \sin n\pi x = \begin{cases} 2x & (0 \le x \le 1/2) \\ 2(1-x) & (1/2 \le x \le 1) \end{cases} \tag{5.27}$$

であるので，一般区間 $[0,\,1]$ におけるフーリエ正弦級数 ((2.23) 式および (2.33) 式を参照) を利用して，(5.27) 式のすべての辺に $\sin n\pi x$ をかけて，0 から 1 まで積分すれば，

$$\begin{aligned}
c_n &= 2\int_0^1 u(x,\,0)\sin n\pi x\,dx \\
&= 2\left[\int_0^{\frac{1}{2}} (2x\sin n\pi x)\,dx + \int_{\frac{1}{2}}^1 \{2(1-x)\sin n\pi x\}\,dx\right] \\
&= 4\left\{\left[-\frac{x\cos n\pi x}{n\pi}\right]_0^{\frac{1}{2}} + \left[\frac{\sin n\pi x}{(n\pi)^2}\right]_0^{\frac{1}{2}} \right.\\
&\quad\left. -\left[\frac{(1-x)\cos n\pi x}{n\pi}\right]_{\frac{1}{2}}^1 - \left[\frac{\sin n\pi x}{(n\pi)^2}\right]_{\frac{1}{2}}^1\right\} \\
&= 4\left[\left(-\frac{\cos\frac{n\pi}{2}}{2n\pi} - 0\right) + \left\{\frac{\sin\frac{n\pi}{2}}{(n\pi)^2} - 0\right\} \right.\\
&\quad\left. -\left(0 - \frac{\cos\frac{n\pi}{2}}{2n\pi}\right) - \left\{0 - \frac{\sin\frac{n\pi}{2}}{(n\pi)^2}\right\}\right]
\end{aligned}$$

---

[5] これを**解の重ね合わせ**という．またこのようにして解を求める方法を，**重ね合わせ法**という．

$$= \frac{8\sin\frac{n\pi}{2}}{(n\pi)^2}$$

$$= \begin{cases} 0 & (n \text{ が偶数}) \\ \dfrac{8(-1)^m}{\{(2m+1)\pi\}^2} & (n \text{ が奇数 } (n = 2m+1)) \end{cases} \tag{5.28}$$

以上から，初期条件および境界条件を満たす解として，次を得る．

$$u(x,\,t) = \sum_{m=0}^{\infty} \frac{8(-1)^m}{\{(2m+1)\pi\}^2} e^{-\{(2m+1)\pi\}^2 t} \sin\{(2m+1)\pi x\} \tag{5.29}$$

このようにして，変数分離法と重ね合わせ法によるフーリエ級数展開を用いて，無限級数で表される解が得られる．この方法は空間 2 次元の熱伝導方程式の初期値境界値問題を解く場合にも利用される．これについては，付録 C にまとめたので参照されたい．

✅ **チェック問題 5.3** 有限の長さ π (区間 $0 \leq x \leq \pi$) の長さをもつ棒に対する次の熱伝導方程式の初期値境界値問題を解け[6]．

$$\begin{cases} u_t = u_{xx} & (t > 0,\, 0 < x < \pi) \\ u(x, 0) = \sin\dfrac{x}{2} \\ u(0, t) = 0, \quad u(\pi, t) = 1 \end{cases}$$
□

次に，無限の長さをもつ棒に対する熱伝導方程式について例題を解きながら解の性質について考察していこう．無限の長さ (例えば領域を $-\infty < x < \infty$ とする) の場合，境界条件が与えられていないので，有限の場合のように変数分離で得られた空間変数 x についての微分方程式の解を完全に決定できるわけではない．したがって，それらの無限個の特別な解の 1 次結合を考えるフーリエ級数よりは，領域が $-\infty < x < \infty$ の場合のフーリエ変換を利用するほうが有利である．ただし，$u(x,\,t)$ や $u_x(x,\,t)$ などのフーリエ積分が存在しなければならないので，$\lim_{x \to \pm\infty} u(x,t) = 0$ や $\lim_{x \to \pm\infty} u_x(x,t) = 0$ の条件は満たしていることが必要である．以下の問題でその解き方を見ていこう．

---

[6] $u(\pi, t) = 1$ のような，0 とならない境界条件を**非同次の境界条件**と呼ぶことがある．

例題 5.2

無限の長さをもつ棒に対する熱伝導方程式の初期値問題
$$\begin{cases} u_t = u_{xx} \quad (t>0,\ -\infty < x < \infty) \\ u(x,0) = \delta(x) \end{cases}$$
を解け．

【解答】 変数分離法を適用すれば，有限区間の場合と同様に考えると，

$$\frac{dT}{dt} = \lambda T \tag{5.30}$$

$$\frac{d^2 X}{dx^2} = \lambda X \tag{5.31}$$

となるが，$\lambda \neq 0$ のときに (5.30) 式から得られる解 $T(t) = Ae^{\lambda t}$ について，$\lim_{x \to \pm\infty} X(x)$ が有界でなければならないことを考慮すれば，λ は負である．したがって，$\lambda = -\omega^2$ とおくと，(5.31) 式から

$$X(x) = Be^{i\omega x} + Ce^{-i\omega x}$$

となるから，$u(x,t)$ はそれぞれの ω に対して，

$$u(x,t;\omega) = e^{-\omega^2 t}(B(\omega)e^{i\omega x} + C(\omega)e^{-i\omega x})$$

が解となる．

有限区間の場合に与えられていた境界条件は，本問では与えられていないので，具体的に ω が満たすべき条件は決定することはできない．そこで，ω をそのまま連続変数とみなし，**重ね合わせ法**を拡張して，総和のかわりに $-\infty$ から ∞ までの積分で表し，$B(\omega) + C(-\omega)$ をあらためて $\alpha(\omega)/\sqrt{2\pi}$ とおけば，

$$u(x,t) = \int_{-\infty}^{\infty} \frac{\alpha(\omega)}{\sqrt{2\pi}} e^{-\omega^2 t + i\omega x} d\omega \tag{5.32}$$

となる．(5.32) 式の $u(x,t)$ がもとの熱伝導方程式を満足することは容易にわかるが，与えられた初期条件を満たすように $\alpha(\omega)$ を決定しよう．初期条件

$$u(x,0) = \frac{1}{\sqrt{2\pi}} \int_{-\infty}^{\infty} \alpha(\omega) e^{i\omega x} d\omega = \delta(x)$$

は超関数 $\delta(x)$ (**デルタ関数**) のフーリエ逆変換を表しているので，$\delta(x)$ のフーリエ変換から，

となるから，第 4 章の例題 4.2 で $\alpha = t$ としてこの結果を利用すると，

$$u(x,t) = \frac{1}{2\pi}\int_{-\infty}^{\infty} e^{-\omega^2 t}e^{i\omega x}d\omega = \frac{1}{2\sqrt{\pi t}}e^{-\frac{x^2}{4t}} \tag{5.33}$$

$$\alpha(\omega) = \frac{1}{\sqrt{2\pi}}\int_{-\infty}^{\infty}\delta(x)e^{-i\omega x}dx = \frac{1}{\sqrt{2\pi}}$$

となる[7]．

次に，変数分離法を使わないで，直接フーリエ変換で解く方法について，以下の例題で説明しよう．

例題 5.3

例題 5.2 で，初期条件を任意の関数 $f(x)$ としたときの解 $u(x,t)$ の形を関数 $u(x,t)$ の変数 x に関するフーリエ変換 $U(\tau,t)$ を用いることによって導出せよ．

【解答】 関数 $u(x,t)$ の x に関するフーリエ変換を $U(\tau,t) = \mathcal{F}[u(x,t)]$ として，熱伝導方程式の両辺の x に関するフーリエ変換を考える．左辺をフーリエ変換すると，

$$\begin{aligned}\mathcal{F}\left[\frac{\partial u}{\partial t}\right] &= \frac{1}{\sqrt{2\pi}}\int_{-\infty}^{\infty}\frac{\partial u}{\partial t}e^{-i\tau x}dx \\ &= \frac{1}{\sqrt{2\pi}}\frac{d}{dt}\int_{-\infty}^{\infty}u(x,t)e^{-i\tau x}dx \\ &= \frac{dU(\tau,t)}{dt}\end{aligned}$$

となり，右辺をフーリエ変換すると，

$$\begin{aligned}\mathcal{F}\left[\frac{\partial^2 u}{\partial x^2}\right] &= \frac{1}{\sqrt{2\pi}}\int_{-\infty}^{\infty}\frac{\partial^2 u}{\partial x^2}e^{-i\tau x}dx \\ &= \frac{1}{\sqrt{2\pi}}\left\{\left[\frac{\partial u}{\partial x}e^{-i\tau x}\right]_{-\infty}^{\infty} - \int_{-\infty}^{\infty}\frac{\partial u}{\partial x}(-i\tau)e^{-i\tau x}dx\right\} \\ &= \frac{i\tau}{\sqrt{2\pi}}\left\{\left[u(x,t)e^{-i\tau x}\right]_{-\infty}^{\infty} - \int_{-\infty}^{\infty}u(x,t)(-i\tau)e^{-i\tau x}dx\right\} \\ &= -\frac{\tau^2}{\sqrt{2\pi}}\int_{-\infty}^{\infty}u(x,t)e^{-i\tau x}dx \\ &= -\tau^2 U(\tau,t)\end{aligned}$$

---
[7] この解は，平均が 0，分散が $2t$ の **正規分布** (**ガウス分布**) になっている．

5.3 熱伝導方程式

となる．ただし極限値の計算については，$\lim_{x \to \pm\infty} u(x,t) = 0$ と $\lim_{x \to \pm\infty} u_x(x,t) = 0$ の条件を使った．次に初期条件についても，$F(\tau) = \mathcal{F}[f(x)]$ として，各辺のフーリエ変換を計算すると，

$$U(\tau, 0) = F(\tau)$$

が得られる．以上から，熱伝導方程式の初期値問題は，(τ を固定した場合の) 変数 t についての常微分方程式の初期値問題

$$\begin{cases} \dfrac{dU(\tau,t)}{dt} = -\tau^2 U(\tau,t) \\ U(\tau, 0) = F(\tau) \end{cases}$$

に帰着する．これを t について解くと，

$$U(\tau,t) = F(\tau) e^{-\tau^2 t}$$

が得られ，上式の左辺の逆変換は $u(x, t)$ であるので，右辺の逆変換を計算すればよい．ここで，$G(\tau) = e^{-\tau^2 t}$ とすると，$F(\tau)$ と $G(\tau)$ の積であるから，第 4 章のたたみ込みのフーリエ変換 (4.34) 式を利用して，

$$\begin{aligned} \mathcal{F}[u(x, t)] &= F(\tau) G(\tau) \\ &= \frac{1}{\sqrt{2\pi}} \mathcal{F}[(f * g)(x)] \end{aligned}$$

となる．ここで，$\mathcal{F}^{-1}[G(\tau)] = g(x)$ については，$\alpha = t$ として第 4 章の例題 4.2 の結果を用いると，

$$g(x) = \frac{e^{-\frac{x^2}{4t}}}{\sqrt{2t}}$$

となる．以上から，

$$u(x,t) = \frac{1}{2\sqrt{\pi t}} \int_{-\infty}^{\infty} f(x-y) e^{-\frac{y^2}{4t}} dy \tag{5.34}$$

となる． ∎

さて次に，(5.33) 式で表される解のもつ性質について考察してみよう．図 5.2 にいくつかの時刻での温度分布を示す．時間が経過すると，$x = 0$ にあるピークの高さは $\sqrt{t}$ に比例して低くなり，x 軸方向の広がりは $\sqrt{t}$ に比例して広くなる．また $t = 0$ における温度分布は，δ 関数で表されているので，点 $x = 0$ の

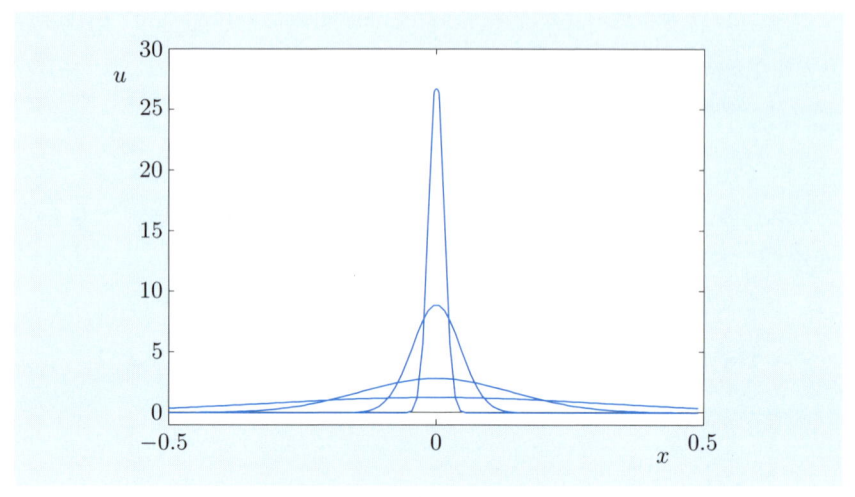

図 5.2 (5.33) 式の解の時間変化

以外では $u(x,0) = 0$ である．しかしながら，$t > 0$ では，t の値がどんなに小さくても正の値をもつことは明らかである．つまり，$t = 0$ で点 $x = 0$ にあった情報 (熱量) が瞬間的に (無限の速さで) 無限遠まで伝わったことを示している．したがって，$t > 0$ では，ある空間の 1 点 x での解の値にはそれより前の時刻の全空間の点の解の値が影響を与えることになるわけである．

5.4 波動方程式

双曲型の偏微分方程式の代表的な方程式として，**波動方程式**を取り上げよう．ここでは両端を固定された一様な連続体である弾性弦の**振動現象**を考える．振動現象には，各微小部分が弦の長さ方向に垂直な方向に振動する**横振動**と，長さの方向に振動する**縦振動**がある．ここでは，横振動のみを取り扱い，長さ方向には運動の成分をもたないとする．

弾性弦を無数の微小部分に分割し，弦のそれぞれの部分における力の釣り合いと運動方程式を調べよう．弦の両端が固定された全長が l，線密度（単位長さあたりの質量）ρ をもつ弾性弦をつまみ，各微小部分に張力を与え，$t=0$ の瞬間に静かに放したあとに生ずる振動を考える．図 5.3 に示すように，空間内の任意の長さ Δx の微小部分 PQ を考えて，それら点での横方向の変位をそれぞれ $u(x,\,t),\,u(x+\Delta x,\,t)$ とする．ここで，弦の全長に比べて微小部分の変位は十分小さいので，弦全体にかかる張力は変化しないと考えることができるとすると，それぞれの点で張力は弦の接線方向に向いているので，部分 PQ に働く力の u 軸方向成分は，点 Q における張力 T_2 と点 P における張力 T_1 に対して $T_2 \sin\beta - T_1 \sin\alpha$ となる．一方，x 軸方向成分については，

$$T_1 \cos\alpha = T_2 \cos\beta = T$$

が成り立っているので，u 軸方向成分は，

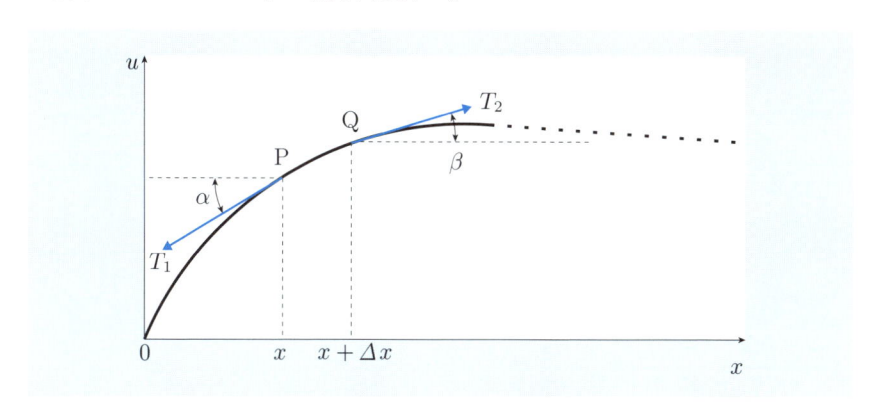

図 5.3 弾性弦の変位による張力の釣り合い

$$T_2 \sin\beta - T_1 \sin\alpha = T\tan\beta - T\tan\alpha$$
$$= T\left\{\left(\frac{\partial u}{\partial x}\right)_{x+\Delta x} - \left(\frac{\partial u}{\partial x}\right)_x\right\}$$
$$= T\left[\left\{\left(\frac{\partial u}{\partial x}\right)_x + \left(\frac{\partial^2 u}{\partial x^2}\right)_x \Delta x\right\} - \left(\frac{\partial u}{\partial x}\right)_x\right]$$
$$= T\left(\frac{\partial^2 u}{\partial x^2}\right)_x \Delta x \tag{5.35}$$

PQ の部分の質量は $\rho\Delta x$ であり，加速度が $\dfrac{\partial^2 u}{\partial t^2}$ であるから，この部分の運動方程式は，

$$\rho\Delta x \frac{\partial^2 u}{\partial t^2} = T\frac{\partial^2 u}{\partial x^2}\Delta x$$

より，$v^2 = \dfrac{T}{\rho}$ として，

$$\frac{\partial^2 u}{\partial t^2} = v^2 \frac{\partial^2 u}{\partial x^2} \tag{5.36}$$

となる．これを 1 次元**波動方程式**という．

さて，この波動方程式の一般解を求めてみよう．変数 x および t を以下のように変換し，新しい変数

$$\xi = x - vt, \quad \eta = x + vt \tag{5.37}$$

を導入して，ξ と η で (5.36) 式を記述する．すなわち，u は ξ と η の関数となり，

$$\frac{\partial \xi}{\partial x} = 1, \quad \frac{\partial \xi}{\partial t} = -v$$

等の関係を考えれば，

$$\frac{\partial u}{\partial x} = \frac{\partial u}{\partial \xi}\frac{\partial \xi}{\partial x} + \frac{\partial u}{\partial \eta}\frac{\partial \eta}{\partial x} = \frac{\partial u}{\partial \xi} + \frac{\partial u}{\partial \eta}$$
$$\frac{\partial u}{\partial t} = \frac{\partial u}{\partial \xi}\frac{\partial \xi}{\partial t} + \frac{\partial u}{\partial \eta}\frac{\partial \eta}{\partial t} = -v\frac{\partial u}{\partial \xi} + v\frac{\partial u}{\partial \eta}$$

となり，2 階の偏導関数についても

5.4 波動方程式

$$\frac{\partial^2 u}{\partial x^2} = \frac{\partial^2 u}{\partial \xi^2} + 2\frac{\partial^2 u}{\partial \xi \partial \eta} + \frac{\partial^2 u}{\partial \eta^2}$$

$$\frac{\partial^2 u}{\partial t^2} = v^2 \left(\frac{\partial^2 u}{\partial \xi^2} - 2\frac{\partial^2 u}{\partial \xi \partial \eta} + \frac{\partial^2 u}{\partial \eta^2} \right)$$

となるので,結局波動方程式は,

$$\frac{\partial^2 u}{\partial \xi \partial \eta} = 0 \tag{5.38}$$

と変換される.この方程式を (η を定数とみて) ξ について積分すると,$k(\eta)$ を η の任意の関数として,

$$\frac{\partial u}{\partial \eta} = k(\eta)$$

となるが,これをさらに η について積分すると,

$$u(\xi, \eta) = \int k(\eta) d\eta + \varphi(\xi)$$

となる.ここで,$\varphi(\xi)$ は ξ の任意の関数である.上式の右辺の第 1 項の積分は,η のみの関数であるので,これを $\psi(\eta)$ とおけば,解 $u(\xi, \eta)$ は,

$$u(\xi, \eta) = \varphi(\xi) + \psi(\eta)$$

となる.これらを x および t で表すと,波動方程式の一般解は,

$$u(x, t) = \varphi(x - vt) + \psi(x + vt) \tag{5.39}$$

で与えられることがわかる.これが波動方程式の**ダランベールの解**と呼ばれるものである.

次に,以下のような波動方程式の初期値境界値問題を考えてみよう.波動方程式の導出において,全長 l の弾性弦の横振動を考えたので,その領域として例えば $[0, l]$ をとり,両端では弦は固定しているとする.すなわち境界条件は,$u(0, t) = u(l, t) = 0$ となる.この弦の中点を a だけつまんで静かに放す場合を考え,時刻 $t = 0$ において,それぞれの x で変位と速度が

$$u(x, 0) = \begin{cases} \dfrac{2a}{l} x & \left(0 \leq x < \dfrac{l}{2}\right) \\ \dfrac{2a}{l}(l - x) & \left(\dfrac{l}{2} \leq x \leq l\right) \end{cases}$$

および $\frac{\partial u}{\partial t}(x, 0) = 0$ で与えられるとする．ここで，弦の振動については，時間変数の2階の微分で記述されるので，熱伝導方程式の場合のように，1つの条件ではなく2つの条件が与えられることに注意しよう．以上の条件を与えた以下の問題を変数分離法と重ね合わせ法を用いて解くことにする．

例題 5.4

全長 l（区間 $0 \leq x \leq l$）の弾性弦の振動を記述する初期値境界値問題

$$\begin{cases} u_{tt} = v^2 u_{xx} & (t > 0,\ 0 < x < l) \\ u(x, 0) = \begin{cases} \dfrac{2a}{l} x & \left(0 \leq x < \dfrac{l}{2}\right) \\ \dfrac{2a}{l}(l - x) & \left(\dfrac{l}{2} \leq x \leq l\right) \end{cases} \\ \dfrac{\partial u}{\partial t}(x,\ 0) = 0 \\ u(0, t) = u(l, t) = 0 \end{cases}$$

を解け．

【解答】 変数分離法を利用して，$u(x, t) = T(t) X(x)$ と仮定すると，

$$\frac{1}{v^2 T} \frac{d^2 T}{dt^2} = \frac{1}{X} \frac{d^2 X(x)}{dx^2}$$

が得られる．これを λ とおくと，x および t それぞれについての常微分方程式

$$\frac{d^2 T}{dt^2} = \lambda v^2 T \tag{5.40}$$

$$\frac{d^2 X}{dx^2} = \lambda X \tag{5.41}$$

に帰着する．ここで境界条件は $X(x)$ のほうに与えられるので，$X(0) = X(l) = 0$ となる．

$X(x)$ についての境界値問題は，熱伝導方程式の場合と同様に考えると，$\lambda < 0$ でなければならないので，(5.41) 式より固有値

$$\lambda_n = -(n\pi)^2 \quad (n = 1,\ 2,\ \cdots)$$

に対する解として，

5.4 波動方程式

$$X_n(x) = \sin\frac{n\pi x}{l}$$

が得られる．

一方，$T(t)$ については，$X(x)$ の場合で $\lambda < 0$ という条件が与えられており，また境界条件からそれぞれの λ の値には，固有値

$$\lambda_n = -(n\pi)^2 \quad (n = 1,\, 2, \cdots)$$

だけが許されるから，

$$T_n(t) = A_n \cos\frac{nv\pi t}{l} + B_n \sin\frac{nv\pi t}{l}$$

となる解が得られる．ここで，初期条件を満たす解を求める上で，重ね合わせ法を利用する．すなわち，$\alpha_n = C_n \times A_n$，$\beta_n = C_n \times B_n$ として

$$\begin{aligned}
u(x,\, t) &= \sum_{n=1}^{\infty} C_n T_n(t) X_n(x) \\
&= \sum_{n=1}^{\infty} \left(\alpha_n \cos\frac{nv\pi t}{l} + \beta_n \sin\frac{nv\pi t}{l}\right) \sin\frac{n\pi x}{l}
\end{aligned} \tag{5.42}$$

とおくと，これが初期条件を満たすから，

$$u(x,\, 0) = \sum_{n=1}^{\infty} \alpha_n \sin\frac{n\pi x}{l} = \begin{cases} \dfrac{2a}{l} x & \left(0 \leq x < \dfrac{l}{2}\right) \\ \dfrac{2a}{l}(l-x) & \left(\dfrac{l}{2} \leq x \leq l\right) \end{cases} \tag{5.43}$$

$$\frac{\partial u}{\partial t}(x,\, 0) = \sum_{n=1}^{\infty} \left(\beta_n \frac{nv\pi}{l} \sin\frac{n\pi x}{l}\right) = 0 \tag{5.44}$$

となる．ここで，一般区間 $[0,\, l]$ におけるフーリエ正弦級数 ((2.23) 式および (2.33) 式を参照) を利用して，(5.43) 式と (5.44) 式のそれぞれの両辺に $\sin\dfrac{n\pi x}{l}$ をかけて，0 から l まで積分すれば，

$$\alpha_n = \frac{2}{l} \left\{ \int_0^{\frac{l}{2}} \frac{2ax}{l} \sin \frac{n\pi x}{l} dx + \int_{\frac{l}{2}}^{l} \frac{2a(l-x)}{l} \sin \frac{n\pi x}{l} dx \right\}$$

$$= \frac{2}{l} \left\{ \int_0^{\frac{l}{2}} \frac{2ax}{l} \left(-\frac{l}{n\pi} \cos \frac{n\pi x}{l} \right)' dx \right.$$

$$\left. + \int_{\frac{l}{2}}^{l} \frac{2a(l-x)}{l} \left(-\frac{l}{n\pi} \cos \frac{n\pi x}{l} \right)' dx \right\}$$

$$= \frac{2}{l} \left\{ \left[-\frac{2a}{n\pi} x \cos \frac{n\pi x}{l} \right]_0^{\frac{l}{2}} + \frac{2a}{n\pi} \int_0^{\frac{l}{2}} \cos \frac{n\pi x}{l} dx \right.$$

$$\left. + \left[-\frac{2a}{n\pi} (l-x) \cos \frac{n\pi x}{l} \right]_{\frac{l}{2}}^{l} - \frac{2a}{n\pi} \int_{\frac{l}{2}}^{l} \cos \frac{n\pi x}{l} dx \right\}$$

$$= \frac{4a}{nl\pi} \left(\left[\frac{l}{n\pi} \sin \frac{n\pi x}{l} \right]_0^{\frac{l}{2}} - \left[\frac{l}{n\pi} \sin \frac{n\pi x}{l} \right]_{\frac{l}{2}}^{l} \right)$$

$$= \frac{8a}{(n\pi)^2} \sin \frac{n\pi}{2}$$

$$= \begin{cases} 0 & (n \text{ が偶数}) \\ \dfrac{8a(-1)^m}{\{(2m+1)\pi\}^2} & (n \text{ が奇数 } (n = 2m+1)) \end{cases} \tag{5.45}$$

となる．一方，β_n については，

$$\beta_n = 0 \tag{5.46}$$

となる．以上から，

$$u(x,t)$$
$$= \frac{8a}{\pi^2} \sum_{m=0}^{\infty} \left\{ \frac{(-1)^m}{(2m+1)^2} \cos \frac{(2m+1)\pi vt}{l} \sin \frac{(2m+1)\pi x}{l} \right\} \tag{5.47}$$

である． ∎

さて，熱伝導方程式の場合と同様に，無限区間における波動方程式の性質について考えよう．ここでは，例として，

$$\lim_{x \to \pm\infty} u(x,t) = 0, \quad \lim_{x \to \pm\infty} \frac{\partial u}{\partial x}(x,t) = 0$$

5.4 波動方程式

という条件を考慮した上で，初期条件 ($t = 0$ における変位と速度)

$$\begin{cases} u(x, 0) = f(x) \\ \dfrac{\partial u}{\partial t}(x, 0) = g(x) \end{cases} \tag{5.48}$$

が与えられた場合に，ダランベールの解がどうなるかについて考察する．

例題 5.5

波動方程式の初期値問題

$$\begin{cases} u_{tt} = v^2 u_{xx} \quad (t > 0, -\infty < x < \infty) \\ u(x, 0) = f(x) \\ \dfrac{\partial u}{\partial t}(x, 0) = g(x) \end{cases}$$

を解け．

【解答】 関数 $u(x, t)$ の x に関するフーリエ変換を $U(\tau, t) = \mathcal{F}[u(x, t)]$ として，波動方程式の各辺の x に関するフーリエ変換を計算する．左辺をフーリエ変換すると，微分と積分の順序を入れ替えることによって，

$$\begin{aligned} \mathcal{F}\left[\frac{\partial^2 u}{\partial t^2}\right] &= \frac{1}{\sqrt{2\pi}} \int_{-\infty}^{\infty} \frac{\partial^2 u}{\partial t^2} e^{-i\tau x} dx \\ &= \frac{1}{\sqrt{2\pi}} \frac{d^2}{dt^2} \int_{-\infty}^{\infty} u(x,t) e^{-i\tau x} dx \\ &= \frac{d^2 U(\tau, t)}{dt^2} \end{aligned}$$

となる．

一方，波動方程式の右辺のフーリエ変換は，

$$\begin{aligned} \mathcal{F}\left[v^2 \frac{\partial^2 u}{\partial x^2}\right] &= \frac{v^2}{\sqrt{2\pi}} \int_{-\infty}^{\infty} \frac{\partial^2 u}{\partial x^2} e^{-i\tau x} dx \\ &= \frac{v^2}{\sqrt{2\pi}} \left\{ \left[\frac{\partial u}{\partial x} e^{-i\tau x}\right]_{-\infty}^{\infty} - \int_{-\infty}^{\infty} \frac{\partial u}{\partial x} (-i\tau) e^{-i\tau x} dx \right\} \\ &= \frac{iv^2 \tau}{\sqrt{2\pi}} \left\{ \left[u(x,t) e^{-i\tau x}\right]_{-\infty}^{\infty} - \int_{-\infty}^{\infty} u(x,t)(-i\tau) e^{-i\tau x} dx \right\} \\ &= -\frac{v^2 \tau^2}{\sqrt{2\pi}} \int_{-\infty}^{\infty} u(x,t) e^{-i\tau x} dx \\ &= -v^2 \tau^2 U(\tau, t) \end{aligned}$$

となる．ただし極限値の計算については，$\lim_{x \to \pm\infty} u(x,t) = 0$ と $\lim_{x \to \pm\infty} u_x(x,t) = 0$ の条件を使った．初期条件については，$F(\tau) = \mathcal{F}[f(x)]$ および $G(\tau) = \mathcal{F}[g(x)]$ とすると，

$$U(\tau, 0) = F(\tau)$$
$$\frac{dU}{dt}(\tau, 0) = G(\tau)$$

となる．以上から，波動方程式の初期値問題は，(τ を固定した場合の) 変数 t についての常微分方程式の初期値問題

$$\begin{cases} \dfrac{d^2 U(\tau, t)}{dt^2} = -v^2 \tau^2 U(\tau, t) \\ U(\tau, 0) = F(\tau) \\ \dfrac{dU}{dt}(\tau, 0) = G(\tau) \end{cases}$$

となるから，簡単に解けて，

$$\begin{aligned} U(\tau, t) &= F(\tau) \cos v\tau t + \frac{G(\tau)}{v\tau} \sin v\tau t \\ &= \frac{1}{2} F(\tau) \left(e^{iv\tau t} + e^{-iv\tau t} \right) + G(\tau) \frac{\sin v\tau t}{v\tau} \end{aligned} \tag{5.49}$$

となる．よって，上式の右辺のフーリエ逆変換を求めることによって，

$$\begin{aligned} u(x, t) = \frac{1}{2} \Bigg\{ &\frac{1}{\sqrt{2\pi}} \int_{-\infty}^{\infty} \left(F(\tau) e^{iv\tau t} \right) e^{i\tau x} d\tau \\ &+ \frac{1}{\sqrt{2\pi}} \int_{-\infty}^{\infty} \left(F(\tau) e^{-iv\tau t} \right) e^{i\tau x} d\tau \Bigg\} \\ &+ \frac{1}{\sqrt{2\pi}} \int_{-\infty}^{\infty} G(\tau) \frac{\sin v\tau t}{v\tau} e^{i\tau x} d\tau \end{aligned} \tag{5.50}$$

が得られる．ここで，(5.50) 式の右辺第 1 項については，第 4 章フーリエ変換の性質 (4) によって，$\mathcal{F}[f(x \pm vt)] = e^{\pm iv t \tau} F(\tau)$ のフーリエ逆変換であるから，

$$\frac{1}{2} \{ f(x + vt) + f(x - vt) \}$$

となることがわかる．次に，(5.50) 式の右辺の $G(\tau)$ に関する積分については，以下のように考える．まず，第 4 章の例題 4.1 の結果を参考にすると，簡単な比較によって，$\dfrac{\sin v\tau t}{v\tau}$ は

$$g_2(x) = \begin{cases} \dfrac{1}{v}\sqrt{\dfrac{\pi}{2}} & (|x| \leq vt) \\ 0 & (その他の x) \end{cases}$$

のフーリエ変換となることがわかる．また (5.50) 式の右辺の $G(\tau)$ に関する積分は，$G(\tau)$ と $g_2(x)$ のフーリエ変換の積の逆変換であるから，これは $g(x)$ と $g_2(x)$ のたたみ込みで与えられる．したがって，

$$\begin{aligned}
\mathcal{F}^{-1}\left[G(\tau)\frac{\sin v\tau t}{v\tau}\right] &= \frac{1}{\sqrt{2\pi}}(g * g_2)(x) \\
&= \frac{1}{\sqrt{2\pi}}\int_{-\infty}^{\infty} g(x-y)g_2(y)dy \\
&= \frac{1}{\sqrt{2\pi}}\int_{-vt}^{vt} g(x-y)\left(\frac{1}{v}\sqrt{\frac{\pi}{2}}\right)dy \\
&= \frac{1}{2v}\int_{x-vt}^{x+vt} g(\zeta)d\zeta
\end{aligned}$$

となる．以上から，(5.50) 式は，

$$u(x,t) = \frac{1}{2}\{f(x+vt) + f(x-vt)\} + \frac{1}{2v}\int_{x-vt}^{x+vt} g(\zeta)d\zeta \qquad (5.51)$$

と表されることがわかる[8]．

次に，この解がどのような性質をもっているのかを調べよう．この例題 5.5 で，$g(x)$ の原始関数を $\widetilde{g}(x)$ とすれば，$u(x,t)$ は

$$\frac{1}{2}\{f(x+vt) + f(x-vt)\} + \frac{1}{2v}\left[\widetilde{g}(\zeta)\right]_{x-vt}^{x+vt}$$
$$= \frac{1}{2}\{f(x+vt) + f(x-vt)\} + \frac{1}{2v}\{\widetilde{g}(x+vt) - \widetilde{g}(x-vt)\}$$

となるから，上式の右辺を 2 つの関数

$$\varphi(x-vt) = \frac{1}{2}f(x-vt) - \frac{1}{2v}\widetilde{g}(x-vt)$$

および

$$\psi(x+vt) = \frac{1}{2}f(x+vt) + \frac{1}{2v}\widetilde{g}(x+vt)$$

---

[8] これはストークスの公式と呼ばれるものである．

とおくと，

$$u(x,t) = \varphi(x - vt) + \psi(x + vt) \tag{5.52}$$

と表される[9]．これらの2つの項のうち，まず，$\varphi(x-vt)$ の性質を見てみよう．あらためて，

$$u(x,\ t) = \varphi(x - vt) = \frac{1}{2}f(x-vt) - \frac{1}{2v}\widetilde{g}(x-vt) \tag{5.53}$$

とすると，図 5.4 でわかるように，$t=0$ での曲線 $\varphi(x)$ が，t だけ時間が経過すると，vt 分だけ x 軸の正の方向に平行移動した $\varphi(x-vt)$ となっている．すなわちこれは，正の方向に形を変えないで進む**進行波**であることがわかる．一方，x-t 面上で $x - vt = k =$ 定数 となるような直線を考えると，図 5.5 のように $u(x,\ t)$ は x-t 面上の直線 $x-vt = k$ の上では一定値 $\varphi(k)$ をとる．この $t=0$ での波の形：$u(x,\ 0) = \varphi(x)$ はこの直線群に沿って波が伝わっていく．この直線群のことを**特性線**と呼ぶ．熱伝導方程式の場合には，$t=0$ における 1 点の情報が瞬間的に全領域に伝播したが，波動方程式の場合には有限の速度 v で特性線に沿って伝わることになる．

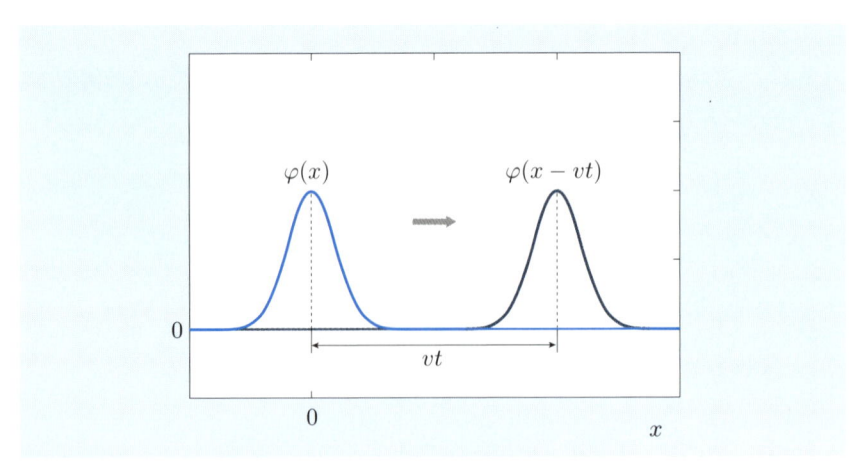

図 5.4　x 軸の正の方向に移動する進行波

---

[9] (5.39) 式のダランベールの解を参照のこと．

5.4 波動方程式

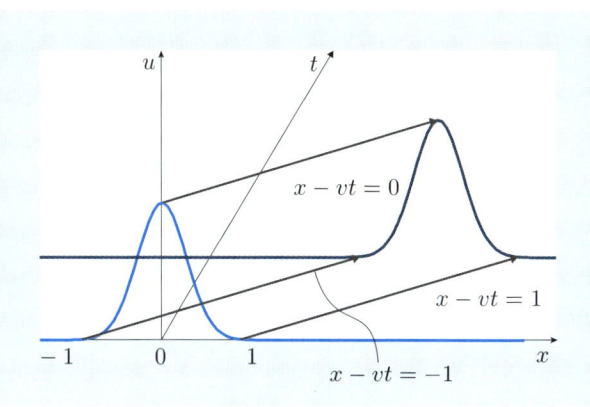

図 5.5 特性線

また $\psi(x+vt)$ についても同様に，

$$u(x,\ t) = \psi(x+vt) = \frac{1}{2}f(x+vt) + \frac{1}{2v}\widetilde{g}(x+vt) \tag{5.54}$$

については，x 軸の負の方向へ進行する進行波を表すこととなり，その特性線の式は $x+vt=k=$ 定数 となる．

以上から，ストークスの公式で与えられる一般解 $u(x,\ t)$ は，初期条件で与えられた波形の正の方向および負の方向へ進行する進行波解であることがわかる．またそれぞれが特性線群に沿って伝播することから，ある時刻 t においてある点 x における情報はその点を頂点とする 2 つの特性線で囲まれた領域からのものに限定されることになる．

● **チェック問題 5.4** x 軸の正の方向へ移動する進行波解 (5.53) 式は，1 階の偏微分方程式

$$\frac{\partial u}{\partial t} + v\frac{\partial u}{\partial x} = 0$$

の解になっていることを確かめよ． □

5.5 ラプラスの方程式

最後に楕円型の偏微分方程式の代表的な方程式として，ラプラスの方程式 ((5.7) 式) について考えよう．まずこの式を導出するために，2 次元空間での熱伝導方程式を考えよう．1 次元の熱伝導方程式を導くのと同様にして，2 次元熱伝導体 (比熱 c および面密度 (単位面積あたりの質量)ρ) に対して，図 5.6 に示すような 2 次元の長方形の微小領域 Ω における熱伝導体内での熱 ΔQ の出入りを考える．微小時間 Δt の間にこの区間にこの熱量 ΔQ が出入りするとすると，1 次元の場合と同様にして，

$$\Delta Q \Delta t = \left[\left\{ -k \left(\frac{\partial u}{\partial x} \right)_{(x,y)} - (-k) \left(\frac{\partial u}{\partial x} \right)_{(x+\Delta x,y)} \right\} \Delta y \right.$$
$$\left. + \left\{ -k \left(\frac{\partial u}{\partial y} \right)_{(x,y)} - (-k) \left(\frac{\partial u}{\partial y} \right)_{(x,y+\Delta y)} \right\} \Delta x \right] \Delta t$$
$$(5.55)$$

となる．この熱の出入りの釣り合いにより，

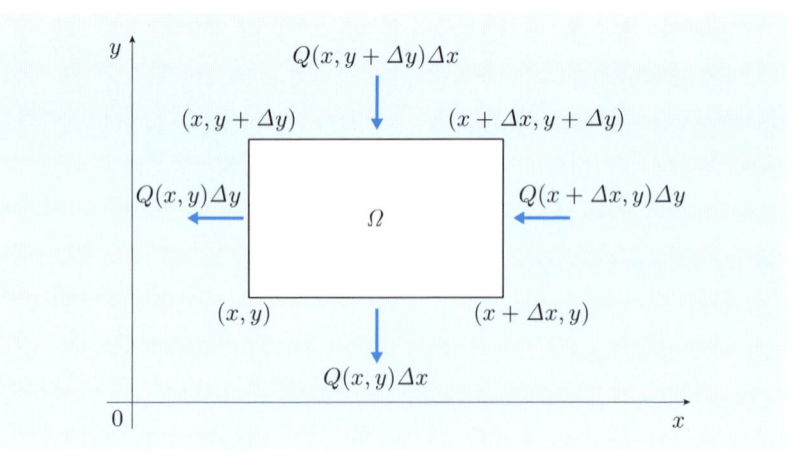

図 5.6　2 次元領域での熱の出入り

5.5 ラプラスの方程式

$$c\rho \Delta x \Delta y \Delta u = -k\left[\left\{\left(\frac{\partial u}{\partial x}\right)_{(x,y)} - \left(\frac{\partial u}{\partial x}\right)_{(x+\Delta x,y)}\right\}\Delta y \right.$$
$$\left. + \left\{\left(\frac{\partial u}{\partial y}\right)_{(x,y)} - \left(\frac{\partial u}{\partial y}\right)_{(x,y+\Delta y)}\right\}\Delta x\right]\Delta t \quad (5.56)$$

となる．すなわち，(5.56) 式の両辺を $c\rho \Delta t \Delta x \Delta y$ で割った式

$$\frac{\Delta u}{\Delta t} = \frac{k}{c\rho}\left\{\frac{\left(\frac{\partial u}{\partial x}\right)_{(x+\Delta x,y)} - \left(\frac{\partial u}{\partial x}\right)_{(x,y)}}{\Delta x} + \frac{\left(\frac{\partial u}{\partial y}\right)_{(x,y+\Delta y)} - \left(\frac{\partial u}{\partial y}\right)_{(x,y)}}{\Delta y}\right\} \quad (5.57)$$

において，$\Delta t \to 0$, $\Delta x \to 0$ および $\Delta y \to 0$ の極限をとれば，

$$\frac{\partial u}{\partial t} = \kappa\left(\frac{\partial^2 u}{\partial x^2} + \frac{\partial^2 u}{\partial y^2}\right) \quad (5.58)$$

となる．ただし，$k/c\rho = \kappa$ とした．この 2 次元の熱伝導方程式について，温度分布 $u(x,y,t)$ が時間に依存しない (定常状態) 場合に，$\dfrac{\partial u}{\partial t} = 0$ となり，したがって，$u(x,y,t) = u(x,y)$ として，

$$\frac{\partial^2 u}{\partial x^2} + \frac{\partial^2 u}{\partial y^2} = 0 \quad (5.59)$$

となる．これを 2 次元の**ラプラスの方程式**という．

次に具体的な例題を用いて説明しよう．

例題 5.6

2 次元のラプラスの方程式の境界値問題

$$\begin{cases} u_{xx} + u_{yy} = 0 \quad (0 < x < 1,\ 0 < y < 1) \\ u(x,0) = 0, \quad u(x,1) = 0 \\ u(0,y) = y(1-y), \quad u(1,y) = 0 \end{cases}$$

を解け．

第 5 章 偏微分方程式への適用

【解答】 変数分離法を利用して，$u(x, y) = X(x)Y(y)$ と仮定すると，

$$\frac{d^2 X}{dx^2} = \lambda X \tag{5.60}$$

$$-\frac{d^2 Y}{dy^2} = \lambda Y \tag{5.61}$$

が得られるので，これを λ について場合分けして考える．

(i) $\lambda = 0$ の場合

$X(x) = Ax + B$．また $Y(y) = Cy + D$ (ただし，A, B, C および D は定数)．境界条件 $Y(0) = Y(1) = 0$ より，$C = D = 0$ となるので，$Y(y) = 0$ となり，$u(0, y) = X(0)Y(y) = 0$ であるから，境界条件 $u(0, y) = y(1-y)$ を満たすことはできないので，不適．

(ii) $\lambda > 0$ の場合

$\lambda = \omega^2$ とすると，

$$X(x) = Ae^{\omega x} + Be^{-\omega x}$$
$$Y(y) = C \sin \omega y + D \cos \omega y$$

(ただし，A, B, C および D は定数)

となる．境界条件

$$Y(0) = Y(1) = 0$$

より，$Y(y) = 0$ 以外の解として，熱伝導方程式の場合と同様にして，

$$\omega = n\pi \quad (\text{ただし}, n = 1, 2, \cdots)$$

として，

$$Y_n(y) = C_n \sin n\pi y$$

となる．もう一方の境界条件 $X(1) = 0$ より，$Ae^{n\pi} + Be^{-n\pi} = 0$ より，

$$X_n(x) = A_n \left(e^{n\pi x} - e^{-n\pi x + 2n\pi} \right)$$

となる．以上から，固有値 $\lambda_n = (n\pi)^2$ を満たす解として，

$$u_n(x, y) = \alpha_n \left(e^{n\pi x} - e^{-n\pi x + 2n\pi} \right) \sin n\pi y$$

が得られるが，重ね合わせ法を利用して，

5.5　ラプラスの方程式

$$u(x,y) = \sum_{n=1}^{\infty} \alpha_n (e^{n\pi x} - e^{-n\pi x + 2n\pi}) \sin n\pi y$$

として，境界条件 $u(0, y) = y(1 - y)$ を満たすように係数 α_n を決定する．

$$y(1-y) = \sum_{n=1}^{\infty} \alpha_n \left(1 - e^{2n\pi}\right) \sin n\pi y \tag{5.62}$$

から，一般区間 $[0, 1]$ におけるフーリエ正弦級数 ((2.23) 式および (2.33) 式を参照) を利用して，(5.62) 式の両辺に $\sin n\pi y$ をかけて，0 から 1 まで積分すれば，

$$\int_0^1 y^2 \sin n\pi y \, dy = -\frac{\cos n\pi}{n\pi} + \frac{2(\cos n\pi - 1)}{(n\pi)^3}$$

$$\int_0^1 y \sin n\pi y \, dy = -\frac{\cos n\pi}{n\pi}$$

より，

$$\alpha_n = \frac{4(1 - \cos n\pi)}{(n\pi)^3 (1 - e^{2n\pi})}$$

$$= \begin{cases} 0 & (n \text{ が偶数}) \\ \dfrac{8}{\{(2m+1)\pi\}^3 \left\{1 - e^{2(2m+1)\pi}\right\}} & (n \text{ が奇数}\quad (n = 2m + 1)) \end{cases}$$

となるから，

$$u(x,y) = \frac{8}{\pi^3} \sum_{m=0}^{\infty} \left[\frac{e^{(2m+1)\pi x} - e^{(2m+1)\pi(2-x)}}{(2m+1)^3 \left\{1 - e^{2(2m+1)\pi}\right\}} \sin (2m+1)\pi y \right]$$

となる．

(iii)　$\lambda < 0$ の場合

(ii) の場合と同様に，$\lambda = -\omega^2$ とすると，

$$X(x) = A \sin \omega x + B \cos \omega x$$
$$Y(y) = C e^{\omega y} + D e^{-\omega y}$$

（ただし，A，B，C および D は定数）

となる．境界条件 $Y(0) = Y(1) = 0$ より，$C = D = 0$ となるので，$Y(y) = 0$ となり，境界条件 $u(0, y) = X(0)Y(y) = 0$ であるから，境界条件 $u(0, y) = y(1 - y)$ を満たすことはできないので，不適．

以上から，解は，

$$u(x,y) = \frac{8}{\pi^3} \sum_{m=0}^{\infty} \left[\frac{e^{(2m+1)\pi x} - e^{\{(2m+1)\pi(2-x)\}}}{(2m+1)^3 \left\{1 - e^{2(2m+1)\pi}\right\}} \sin(2m+1)\pi y \right]$$
(5.63)

となるが，これについて，$m = 4$ までの部分を図示すると図 5.7 のようになる． ■

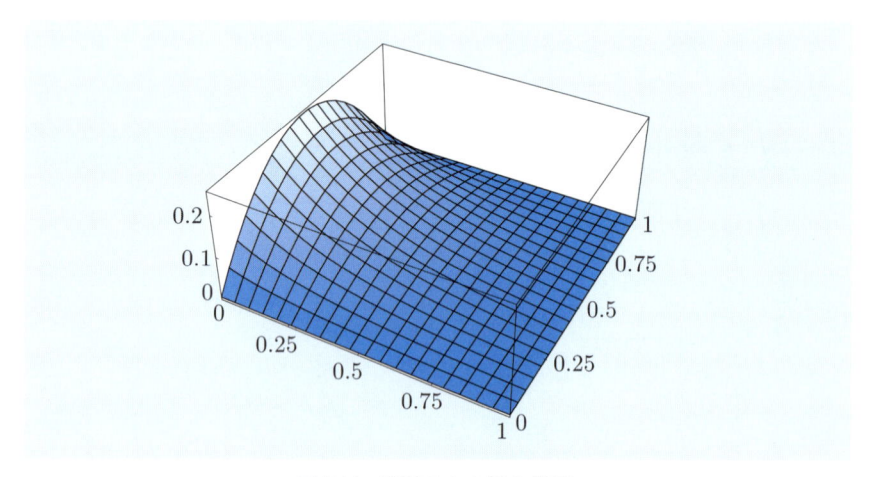

図 5.7 例題 5.6 の解の様子

さて，この図 5.7 からわかることは，$u(x,y)$ の値が境界で最大値をとっているということである．ラプラスの方程式を満たす関数は一般に**調和関数**と呼ばれる．この関数はその連続性によって，解が定数関数である場合を除いて，定義された領域の内部で最大値をとることがなく，したがって最大値を必ず境界でとるという性質をもっている．同じことは最小値についても成り立つ．これを調和関数に対する**最大値・最小値の定理（最大値原理）**という．

● **チェック問題 5.5** 2 次元のラプラスの方程式の境界値問題

$$\begin{cases} u_{xx} + u_{yy} = 0 & (0 < x < 1,\ 0 < y < 1) \\ u(x,0) = 0, \quad u(x,1) = 0 \\ u(0,y) = 0, \quad u(1,y) = \sin \pi y \end{cases}$$

を解け． □

5章の問題

1 有限の長さ π (区間 $0 \leq x \leq \pi$) の長さをもつ棒に対する熱伝導方程式の初期値境界値問題

$$\begin{cases} u_t = u_{xx} + u \quad (t > 0,\ 0 < x < \pi) \\ u(x, 0) = x(\pi - x) \\ u(0, t) = u(\pi, t) = 0 \end{cases}$$

を解け.

2 区間 $0 < x < \infty$ で定義された無限の長さをもつ棒に対する熱伝導方程式の初期値境界値問題

$$\begin{cases} u_t = u_{xx} \quad (t > 0,\ 0 < x < \infty) \\ u(x, 0) = xe^{-x} \\ u(0, t) = 0 \end{cases}$$

を解け (積分形で表せ).

3 区間 $0 < x < \pi$ で定義された波動方程式の初期値境界値問題

$$\begin{cases} u_{tt} = u_{xx} \quad (t > 0,\ 0 < x < \pi) \\ u(x, 0) = \sin^2 mx, \quad \dfrac{\partial u}{\partial t}(x,\ 0) = 0 \\ \dfrac{\partial u}{\partial x}(0,\ t) = \dfrac{\partial u}{\partial x}(\pi,\ t) = 0 \end{cases}$$

を解け. ただし, 正の整数とする.

4 区間 $0 < x < 1$ で定義された波動方程式の初期値境界値問題

$$\begin{cases} u_{tt} = u_{xx} + 2 \quad (t > 0,\ 0 < x < 1) \\ u(x, 0) = \sin \pi x, \quad \dfrac{\partial u}{\partial t}(x,\ 0) = 0 \\ u(0,\ t) = u(1,\ t) = 0 \end{cases}$$

について, $u(x,\ t) = v(x,\ t) + w(x,\ t)$ として, 非同次方程式の初期値境界値問題

$$\begin{cases} v_{tt} = v_{xx} + 2 \quad (t > 0,\ 0 < x < 1) \\ v(x, 0) = 0, \quad \dfrac{\partial v}{\partial t}(x,\ 0) = 0 \\ v(0,\ t) = v(1,\ t) = 0 \end{cases}$$

と同次方程式の初期値境界値問題

$$\begin{cases} w_{tt} = w_{xx} \quad (t>0,\ 0<x<1) \\ w(x,0) = \sin\pi x, \quad \dfrac{\partial w}{\partial t}(x,\ 0) = 0 \\ w(0,\ t) = w(1,\ t) = 0 \end{cases}$$

に分けて考える．このとき以下の問に答えよ．

(1) 区間 $0 \leq x \leq 1$ で定義された周期 1 の関数 $f(x) = 2$ を

$$2 = \sum_{n=1}^{\infty} f_n \sin n\pi x$$

のように展開するとき，係数 f_n を求めよ．

(2) $v(x,\ t) = \displaystyle\sum_{n=1}^{\infty} v_n(t)\sin n\pi x,\quad v_n(t) = 2\int_0^1 v(x,\ t)\sin n\pi x\, dx$

とおいて，これと (1) の結果を $v(x,\ t)$ についての偏微分方程式に代入し，それぞれの項を比較することにより，$v_n(t)$ に関する微分方程式を導出し，これを解け．

(3) 初期条件 $v(x,\ 0) = 0,\ \dfrac{\partial v}{\partial t}(x,\ 0) = 0$ および境界条件 $v(0,\ t) = v(1,\ t) = 0$ より (2) で得られた $v(x,\ t)$ を求めよ．

(4) 同次方程式の初期値境界値問題を解いて得られた解 $w(x,\ t)$ とともに，$u(x,\ t) = v(x,\ t) + w(x,\ t)$ を求めよ．

☐ **5** 2次元のラプラスの方程式 $\dfrac{\partial^2 u}{\partial x^2} + \dfrac{\partial^2 u}{\partial y^2} = 0$ について，極座標系

$$\begin{cases} x = r\cos\theta \\ y = r\sin\theta \end{cases} \quad \left(\text{ただし,}\ \begin{cases} r = \sqrt{x^2 + y^2} \\ \theta = \tan^{-1}\dfrac{y}{x} \end{cases}\right)$$

と変数変換して極座標系でのラプラスの方程式を導出し，この方程式の解のうち，r だけの関数となるものを求めよ．

6 ラプラス変換

　本章では，工学的に重要な常微分方程式の初期値問題等を解く場合に頻繁に利用されるラプラス変換について説明する．物理や工学の分野に現れる波形や信号等の関数をそのままフーリエ変換を利用して解析するときには，絶対可積分などの条件を満たすのは厳しいことが多く，フーリエ変換の適用が困難となる場合が多い．適用できる関数の範囲が広いラプラス変換は，形式的には実数の範囲で利用でき，常微分方程式の初期値問題等を簡単に解くことができる．このような簡便性からラプラス変換は，電気回路や制御などの分野だけでなく，その他の工学全体の分野でも有効な解析方法となっているのである．

> **6 章で学ぶ概念・キーワード**
> - ラプラス変換：ラプラス変換，収束座標，収束域，ラプラス逆変換
> - ラプラス変換の性質：線形則，微分則，積分則，たたみ込み (合成積)
> - 常微分方程式の解法への応用：初期値問題，境界値問題
> - 積分方程式の解法への応用：積分方程式，第 1 種ヴォルテラ (Volterra) 型積分方程式，第 2 種ヴォルテラ型積分方程式，微分積分方程式

6.1 ラプラス変換

第 4 章で学んだフーリエ変換において,関数 $f(x)$ のかわりに,関数 $f(x)e^{-cx}$ (c は実定数) のフーリエ変換 $\sqrt{2\pi}\mathcal{F}[e^{-cx}f(x)]$ を考えよう.ここで,関数 $f(x)$ は $0 < x$ で定義されているものとし,$x < 0$ では $f(x) = 0$ とした区分的に連続で絶対可積分の関数とすると,

$$\sqrt{2\pi}\mathcal{F}[e^{-cx}f(x)] = \int_0^\infty \left\{e^{-ct}f(t)\right\} e^{-i\tau t}dt$$
$$= \int_0^\infty f(t)e^{-(c+i\tau)t}dt \tag{6.1}$$

となる.ここで $c + i\tau = s$ とおき,フーリエ変換 $F(\tau)$ のかわりに s の関数として $F(s)$ としたものを,関数 $f(t)$ の**ラプラス変換**と呼び以下のように書く[1].

$$F(s) = \mathcal{L}[f(t)] = \int_0^\infty f(t)e^{-st}dt \tag{6.2}$$

ラプラス変換は,与えられた関数 $f(t)$ に対して,無限積分

$$\lim_{u \to \infty} \int_0^u f(t)e^{-st}dt$$

が存在するような複素数 s の範囲で定義され,s の実部記号を $\mathrm{Re}(s)$ で表すとき,$\mathrm{Re}(s_0) = c_0$, $\mathrm{Re}(s) = c$ として,$c > c_0$ ならば,

$$\left|e^{-st}f(t)\right| = e^{-ct}|f(t)| = e^{-(c-c_0)t}e^{-c_0 t}|f(t)| \leq e^{-c_0 t}|f(t)|$$

であるので,s_0 において無限積分が収束すれば,$\mathrm{Re}(s_0) < \mathrm{Re}(s)$ では無限積分が存在する.したがって,下限 c_0 が一意に定まり,これを**収束座標**という[2].また,$\mathrm{Re}(s) > c_0$ を**収束域**という.今後,特に断らない限り,収束域での s について,ラプラス変換を考えることにする.

---

[1] (6.2) 式では,関数 f の変数が x から t に変わっているが,ラプラス変換では通常,変数として t を用いることが一般的であるので,これにならっている.理由は,工学的な目的によく利用されるラプラス変換では,取り扱う関数のもつ物理的意味が時系列データなどの時刻 t についての変動である場合が多いからであろう.

[2] どんな c の値でも収束するとき,$\mathrm{Re}(s_0) = -\infty$ とする.

例題 6.1

$t \geq 0$ で定義された関数 $f(t) = e^{at}$ のラプラス変換を収束座標とともに求めよ。

【解答】
$$\int_0^u e^{at} e^{-st} dt = \left[-\frac{1}{s-a} e^{-(s-a)t} \right]_0^u$$
$$= \frac{1}{s-a} \left(1 - e^{-(s-a)u} \right) \quad (s \neq a)$$

より、

$$\lim_{u \to \infty} \frac{1}{s-a} \left(1 - e^{-(s-a)u} \right) = \begin{cases} \dfrac{1}{s-a} & (\text{Re}(s) > \text{Re}(a)) \\ 発散 & (\text{Re}(s) < \text{Re}(a)) \end{cases}$$

となるので、よって収束座標は $\text{Re}(a)$ であり、ラプラス変換は、

$$\mathcal{L}\left[e^{at} \right] = \frac{1}{s-a}$$

∎

次に、フーリエ逆変換の場合にならって、**ラプラス逆変換**を定義しよう。フーリエ積分の式 ((4.5) 式) から、

$$e^{-cx} f(x) = \frac{1}{2\pi} \int_{-\infty}^{\infty} d\tau \int_0^{\infty} \left\{ e^{-ct} f(t) \right\} e^{-i\tau(t-x)} dt \tag{6.3}$$

となるが、(6.3) 式の両辺に e^{cx} をかけ、ここで $c + i\tau = s$ とおくと、

$$f(x) = \frac{e^{cx}}{2\pi} \int_{-\infty}^{\infty} d\tau \int_0^{\infty} \left\{ e^{-ct} f(t) \right\} e^{-i\tau(t-x)} dt$$
$$= \frac{1}{2\pi} \int_{-\infty}^{\infty} e^{(c+i\tau)x} d\tau \int_0^{\infty} f(t) e^{-(c+i\tau)t} dt$$
$$= \left\{ \frac{1}{2\pi i} \int_{c-i\infty}^{c+i\infty} e^{sx} ds \right\} \left\{ \int_0^{\infty} f(t) e^{-st} dt \right\}$$

となる。これにラプラス変換 (6.2) 式を代入すると、$F(s)$ からもとの関数 $f(t)$ に変換する式として、

$$f(t) = \mathcal{L}^{-1}\left[F(s)\right] = \frac{1}{2\pi i} \int_{c-i\infty}^{c+i\infty} F(s) e^{st} ds \tag{6.4}$$

が得られる。これを**ラプラス逆変換**という[3]。また、ラプラス変換された関数

---
[3] ラプラス逆変換は、積分変数 s が複素数であるので複素積分で表されるが、その積分経路は、**ガウス平面**において虚軸に平行な直線 $x = c \; (-\infty < y < \infty)$ である。

$F(s)$ を**像関数**といいその関数の空間を**像空間**と呼ぶのに対して，もとの関数 $f(t)$ は**原関数**と呼ばれ，その空間は**原空間**と呼ばれる．

以上のような定義式に従って，ラプラス変換，ラプラス逆変換を計算していくことになるわけであるが，特にラプラス逆変換については，複素積分を計算しなければならないので非常に難しい．そこで本書では，代表的な初等関数について，そのラプラス変換とラプラス逆変換の対応表を表 6.1 に与え，以後これを利用していくことにする[4]．ここで表中のすべての関数は，$t < 0$ で $f(t) = 0$ である．特に，$f(t) = 1$ は，**ヘビサイドの階段関数**と呼ばれ，$H(t)$ と書かれる．

表 6.1 代表的な関数のラプラス変換表 [1]

番号	$f(t)$	$F(s)$	収束座標
(1)	1	$\dfrac{1}{s}$	0
(2)	t	$\dfrac{1}{s^2}$	0
(3)	t^{n-1} $(n = 1, 2, \cdots)$	$\dfrac{(n-1)!}{s^n}$	0
(4)	e^{at}	$\dfrac{1}{s-a}$	$\mathrm{Re}(a)$
(5)	$\cos at$	$\dfrac{s}{s^2 + a^2}$	0
(6)	$\sin at$	$\dfrac{a}{s^2 + a^2}$	0
(7)	$\cosh at$	$\dfrac{s}{s^2 - a^2}$	$|a|$
(8)	$\sinh at$	$\dfrac{a}{s^2 - a^2}$	$|a|$
(9)	$\dfrac{1}{\sqrt{t}}$	$\sqrt{\dfrac{\pi}{s}}$	0

◎**チェック問題 6.1** ラプラス変換表 [1] の中の t^{n-1} $(n = 1, 2, \cdots)$ および $\sin at$ のラプラス変換と収束座標をそれぞれ具体的に求めてみよ． □

◎**チェック問題 6.2** 第 4 章で取り上げた**デルタ関数** $\delta(t)$ のラプラス変換と $\delta(t - \lambda)$ $(\lambda > 0)$ のラプラス変換を求めよ． □

---
[4] 具体的に複素積分を計算してラプラス逆変換を求める方法については，章末問題 3 に加えたので参考にされたい．

6.2 ラプラス変換の性質

ラプラス変換にもフーリエ変換の場合に類似した特徴的な性質がある．この性質と前節のラプラス変換表 [1] を併用することにより，応用範囲が広がることになる．以下に代表的なものをあげるが，証明については，フーリエ変換の場合と同様の考え方でできるものについては省略した．また，関数 $f(t)$ と $g(t)$ のラプラス変換をそれぞれ $F(s)$ と $G(s)$ とした．

(1) **線形則，相似則**：α, β および λ を定数として，

$$\mathcal{L}[\alpha f(t) + \beta g(t)] = \alpha F(s) + \beta G(s) \tag{6.5}$$

$$\mathcal{L}[f(\lambda t)] = \frac{1}{\lambda} F\left(\frac{s}{\lambda}\right) \tag{6.6}$$

(2) **原関数の平行移動**：$\lambda > 0$ とするとき，

$$\mathcal{L}[f(t - \lambda)] = e^{-\lambda s} F(s) \tag{6.7}$$

$$\mathcal{L}[f(t + \lambda)] = e^{\lambda s}\left\{F(s) - \int_0^\lambda e^{-st} f(t) dt\right\} \tag{6.8}$$

[証明] (6.7) 式の関数 $f(t - \lambda)$ は，図 6.1 のように $f(t)$ を t 軸の正方向に λ だけ平行移動したものであるので，$0 \leq t < \lambda$ では，$f(t - \lambda) = 0$．したがって $t - \lambda = u$ と変数変換して置換積分を行うと，

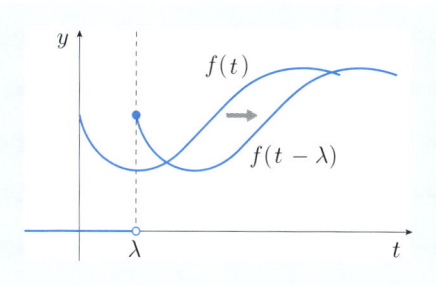

図 6.1　関数 $f(t - \lambda)$ と $f(t)$ の関係

$$\mathcal{L}\left[f(t-\lambda)\right] = \int_\lambda^\infty e^{-st} f(t-\lambda) dt$$
$$= \int_0^\infty e^{-s(u+\lambda)} f(u) du$$
$$= e^{-\lambda s} \int_0^\infty e^{-su} f(u) du = e^{-\lambda s} F(s)$$

また，(6.8) 式の関数 $f(t+\lambda)$ は，$f(t)$ を t 軸の負の方向に λ だけ平行移動したものであるので，図 6.2 のようになるから，$t+\lambda = u$ と変数変換して置換積分を行うと，

$$\mathcal{L}\left[f(t+\lambda)\right] = \int_0^\infty e^{-st} f(t+\lambda) dt$$
$$= \int_\lambda^\infty e^{-s(u-\lambda)} f(u) du$$
$$= e^{\lambda s} \left\{ \int_0^\infty e^{-su} f(u) du - \int_0^\lambda e^{-st} f(t) dt \right\}$$
$$= e^{\lambda s} \left\{ F(s) - \int_0^\lambda e^{-st} f(t) dt \right\}$$

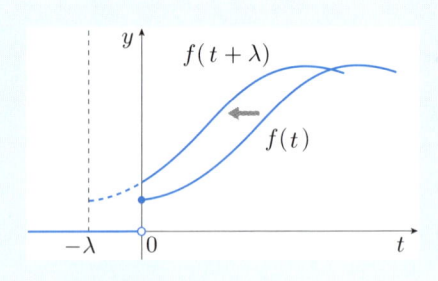

図 6.2 関数 $f(t+\lambda)$ と $f(t)$ の関係

◎ チェック問題 6.3 関数 $f(t) = t$ について，$f(t-\lambda) = t - \lambda$ および $f(t+\lambda) = t+\lambda$ (ただし $\lambda > 0$ とする) のラプラス変換を求めよ．　□

(3) **像関数の平行移動**：μ を定数とするとき，

$$F(s-\mu) = \mathcal{L}\left[e^{\mu t} f(t)\right] \tag{6.9}$$

この性質は，原空間で考えれば，関数 $f(t)$ に $e^{\mu t}$ を乗じた関数のラプラス変換がラプラス変換 $F(s)$ の s のかわりに $s-\mu$ とおいたものに等しいことを示している．

(4) **原関数および像関数に関する微分則** ($f(t)$ と $F(s)$ それぞれの導関数のラプラス変換，ラプラス逆変換)：n を自然数とし，$f^{(n)}(+0)$ を関数 $f(t)$ の n 階導関数の $t=0$ での右側極限値として，

$$\mathcal{L}\left[f^{(n)}(t)\right] = s^n F(s) - \sum_{k=1}^{n} f^{(k-1)}(+0) s^{n-k} \tag{6.10}$$

$$\mathcal{L}^{-1}\left[\frac{d^n}{ds^n} F(s)\right] = (-t)^n f(t) \tag{6.11}$$

ここで，(6.11) 式は，原空間で考えれば，関数 $f(t)$ に $(-t)^n$ を乗じた関数のラプラス変換が，$f(t)$ をラプラス変換した関数 $F(s)$ の n 回微分を計算すれば得られることを示している．

[証明] (6.10) 式の $n=1$ の場合について証明する（その他の場合は，部分積分を繰り返せばよい）．

$$\begin{aligned}
\mathcal{L}[f'(t)] &= \int_0^\infty f'(t) e^{-st} dt \\
&= \left[f(t) e^{-st}\right]_0^\infty - \int_0^\infty f(t)(-s) e^{-st} dt \\
&= -f(+0) + s \int_0^\infty f(t) e^{-st} dt \\
&= sF(s) - f(+0)
\end{aligned}$$

次に (6.11) 式の $n=1$ の場合については，

$$\begin{aligned}
\frac{dF(s)}{ds} &= \frac{d}{ds}\left\{\int_0^\infty e^{-st} f(t) dt\right\} \\
&= \int_0^\infty \left[\frac{\partial}{\partial s}\left\{e^{-st} f(t)\right\}\right] dt \\
&= \int_0^\infty \left[e^{-st}\left\{-t f(t)\right\}\right] dt \\
&= \mathcal{L}[-t f(t)]
\end{aligned}$$

となるので，これのラプラス逆変換を考えればよい． ∎

(5) 原関数および像関数に関する積分則

$$\left(\int_0^t f(\tau)d\tau \text{ のラプラス変換,} \int_s^\infty F(\sigma)d\sigma \text{のラプラス逆変換}\right):$$

$$\mathcal{L}\left[\int_0^t f(\tau)d\tau\right] = \frac{1}{s}F(s) \tag{6.12}$$

$$\mathcal{L}^{-1}\left[\int_s^\infty F(\sigma)d\sigma\right] = \frac{1}{t}f(t) \tag{6.13}$$

(6.13) 式は,原空間で考えれば,関数 $f(t)$ を t で割った関数のラプラス変換が,$f(t)$ をラプラス変換した関数 $F(s)$ について積分 $\int_s^\infty F(u)du$ を計算すれば得られることを示している.

[証明] (6.12) 式については,$\int_0^t f(\tau)d\tau = g(t)$ とおくと,$g'(t) = f(t)$ であるので,

$$\mathcal{L}[g'(t)] = s\mathcal{L}[g(t)] - g(+0) = s\mathcal{L}[g(t)] = F(s)$$

であるので,最後の 2 つの式から成立する.

また (6.13) 式については,

$$\int_s^\infty F(\sigma)d\sigma = \int_s^\infty \left\{\int_0^\infty e^{-\sigma t}f(t)dt\right\}d\sigma$$
$$= \int_0^\infty f(t)\left(\int_s^\infty e^{-\sigma t}d\sigma\right)dt$$
$$= \int_0^\infty f(t)\frac{e^{-st}}{t}dt$$
$$= \int_0^\infty e^{-st}\left\{\frac{f(t)}{t}\right\}dt = \mathcal{L}\left[\frac{1}{t}f(t)\right]$$

であるので,各項のラプラス逆変換を考えると成立する. ∎

(6) **たたみ込み (合成積)**:$(f * g)(t) = \int_0^t f(t-\tau)g(\tau)d\tau$ を $f(t)$ と $g(t)$ のたたみ込みと定義すると[5],

---

[5] フーリエ変換の場合と同様に,$(f * g)(t) = (g * f)(t)$ である.

6.2 ラプラス変換の性質

$$\mathcal{L}\left[(f*g)(t)\right] = \mathcal{L}\left[f(t)\right]\mathcal{L}\left[g(t)\right] \tag{6.14}$$

[証明]
$$\begin{aligned}
\mathcal{L}\left[(f*g)(t)\right] &= \int_0^\infty e^{-st}\left\{\int_0^t f(t-\tau)g(\tau)d\tau\right\}dt \\
&= \int_0^\infty e^{-st}(e^{-s\tau}e^{s\tau})\left\{\int_0^t f(t-\tau)g(\tau)d\tau\right\}dt \\
&= \int_0^\infty \left\{\int_0^t f(t-\tau)e^{-s(t-\tau)}g(\tau)e^{-s\tau}d\tau\right\}dt
\end{aligned}$$
(6.15)

ここで,図 6.3 に示すように,(6.15) 式の 2 重積分は,直線 $\tau = t$ と t 軸の正の部分で囲まれた領域の積分であり,繰り返し積分の積分する変数の順序を変え,さらに置換積分することによって,

$$\begin{aligned}
&\int_0^\infty \left\{\int_0^t f(t-\tau)e^{-s(t-\tau)}g(\tau)e^{-s\tau}d\tau\right\}dt \\
&= \int_0^\infty g(\tau)e^{-s\tau}\left\{\int_\tau^\infty f(t-\tau)e^{-s(t-\tau)}dt\right\}d\tau \\
&= \int_0^\infty g(\tau)e^{-s\tau}d\tau \int_0^\infty f(u)e^{-su}du \\
&= \mathcal{L}\left[f(t)\right]\mathcal{L}\left[g(t)\right]
\end{aligned}$$
(6.16)■

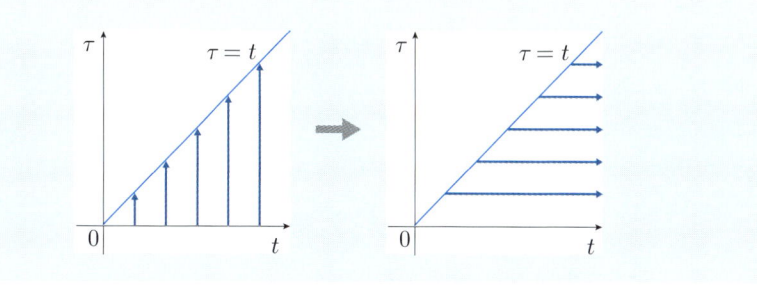

図 6.3 (6.15) 式と (6.16) 式の繰り返し積分の方向

⚫ **チェック問題 6.4** $f(t) = e^{\alpha t}$ と $g(t) = \cos\beta t$ のたたみ込み $(f*g)(t)$ とこれのラプラス変換を求め,(6.14) 式が成り立つことを確認せよ.ただし,α および β は 0 でない実定数とする. □

6.3 常微分方程式の解法への応用

前節で説明したように，ラプラス変換にもフーリエ変換と同じような性質があるので，その中で特に微分則を利用することによって，微分方程式の初期値問題などを解くことが可能になる．基本的な考え方は，以下のようなことである．

(i) 常微分方程式の初期値問題：

$$\begin{cases} \dfrac{dx}{dt} = y(t, x(t)) \\ x(0) = x_0 \end{cases} \tag{6.17}$$

について，求めるべき解 $x(t)$ のラプラス変換を $X[s]$ として，(6.17) 式の両辺についてそれぞれ微分則等を利用してラプラス変換を行う．得られた式は，導関数を含まない，$X[s]$ に関する代数方程式となる．

(ii) この代数方程式を変形して，

$$X(s) = F(s) \tag{6.18}$$

の形にする．

(iii) $X(s)$ のラプラス逆変換は $x(t)$ であるので，(6.18) 式の両辺をそれぞれラプラス逆変換すれば，解が得られることになる．

解を求めていく手順の概略は以上であるが，このようにラプラス変換を利用すると，見かけ上積分計算を行わないで解を求めることができる[6]．ただし，微分方程式のラプラス変換およびラプラス逆変換の計算がすべての問題について簡単にできるという保証はないので，1つの方法論であるということを認めた上で利用しなければならない．いずれにしても，必要になるのは，主としてラプラス逆変換を求める段階である．以下に，頻繁に使われる場合について例題で求め方を説明していこう．

(a) 有理関数のラプラス逆変換 (部分分数の利用)

微分則を利用してもとの微分方程式のラプラス変換を行った場合，微分方程式の階数 n に応じた s^n が $X(s)$ の係数となるので，それらをまとめた n 次式から有理関数 $\dfrac{g(s)}{h(s)}$ が得られる場合がある (ただし，$g(s)$ は m 次式，$h(s)$

[6) たたみ込み等の計算を行う場合には積分計算も必要とする．

6.3 常微分方程式の解法への応用

は n 次式で $m < n$ とする).このような場合には,有理関数を部分分数に分けることによって,ラプラス逆変換しやすい形にすることを考える.次の例題で説明しよう.

例題 6.2

$F(s) = \dfrac{1}{s^4 - 1}$ のラプラス逆変換を求めよ.

【解答】 $F(s) = \dfrac{1}{s^4 - 1} = \dfrac{1}{(s^2+1)(s+1)(s-1)}$ より,

$$\frac{1}{(s^2+1)(s+1)(s-1)} = \frac{\alpha s + \beta}{s^2+1} + \frac{\gamma}{s+1} + \frac{\delta}{s-1}$$

と部分分数に分けると,$\alpha = 0, \beta = -\dfrac{1}{2}, \gamma = -\dfrac{1}{4}$ および $\delta = \dfrac{1}{4}$ となるので,

$$F(s) = -\frac{1}{2}\frac{1}{s^2+1} - \frac{1}{4}\frac{1}{s+1} + \frac{1}{4}\frac{1}{s-1}$$

となる.したがって,代表的なラプラス変換表 [1] の (4) と (6) を利用して,

$$\mathcal{L}^{-1}\left[\frac{1}{s^2+1}\right] = \sin t, \quad \mathcal{L}^{-1}\left[\frac{1}{s \pm 1}\right] = e^{\mp t} \quad (\text{複号同順})$$

であるから,

$$\begin{aligned} f(t) &= \mathcal{L}^{-1}[F(s)] \\ &= -\frac{1}{2}\sin t - \frac{1}{4}e^{-t} + \frac{1}{4}e^t \end{aligned}$$

となる. ∎

例題 6.3

$F(s) = \dfrac{s-1}{(s+1)^2}$ のラプラス逆変換を求めよ.

【解答】 前問と同様にして,部分分数に分けると,

$$\frac{s-1}{(s+1)^2} = -\frac{2}{(s+1)^2} + \frac{1}{s+1}$$

となるので,ラプラス変換表 [1] の (2) と (4) およびラプラス変換の性質 (3) によって,

$$\mathcal{L}^{-1}\left[\frac{1}{(s+1)^2}\right] = e^{-t}t, \quad \mathcal{L}^{-1}\left[\frac{1}{s+1}\right] = e^{-t}$$

であるから，

$$f(t) = \mathcal{L}^{-1}[F(s)] = e^{-t}(-2t+1)$$

となる． ■

--- **例題 6.4** ---

$F(s) = \dfrac{s+2}{s^2+2s+5}$ のラプラス逆変換を求めよ．

【解答】 与えられた有理関数の分母は，実数の範囲では因数分解できないので，完全平方の式に変換すると，

$$\begin{aligned}F(s) &= \frac{s+2}{s^2+2s+5}\\&= \frac{s+1}{(s+1)^2+2^2} + \frac{1}{2}\frac{2}{(s+1)^2+2^2}\end{aligned}$$

となるので，ラプラス変換表 [1] の (5) と (6) およびラプラス変換の性質 (3) によって，

$$\mathcal{L}^{-1}\left[\frac{s+1}{(s+1)^2+2^2}\right] = e^{-t}\cos 2t, \quad \mathcal{L}^{-1}\left[\frac{2}{(s+1)^2+2^2}\right] = e^{-t}\sin 2t$$

であるから，

$$\begin{aligned}f(t) &= \mathcal{L}^{-1}[F(s)]\\&= e^{-t}\left(\cos 2t + \frac{1}{2}\sin 2t\right)\end{aligned}$$

となる．この問題で，重要なことは，完全平方の形にした分母の平方部分 $(s+1)^2$ の形に合わせて，分子を $s+1$ とする点である．また，ラプラス変換表 [1] の (6) に合わせるように，分子が定数になる部分は分母の $(s+1)^2+\mathbf{2}^2$ に合わせて，**2** とし，そのかわりに項全体に係数 $\dfrac{1}{2}$ をかけておくことである． ■

以上，典型的なラプラス逆変換の計算例を紹介してきた．これらをもとに，表 6.1 の基本的なラプラス変換表 [1] に加えて，ラプラス変換の性質も考慮に入れたいくつかの応用例を以下の表 6.2 にまとめた．

6.3 常微分方程式の解法への応用

表 6.2 代表的な関数のラプラス変換表 [2]

番号	$f(t)$	$F(s)$	収束座標
(1)	$H(t-a)$	$\dfrac{e^{-as}}{s}$	$\mathrm{Re}(a)$
(2)	$e^{-b(t-a)}H(t-a)$	$\dfrac{e^{-as}}{s+b}$	b
(3)	$t^n e^{at}\ (n=1,2,\cdots)$	$\dfrac{n!}{(s-a)^{n+1}}$	$\mathrm{Re}(a)$
(4)	$e^{at}\cos bt$	$\dfrac{s-a}{(s-a)^2+b^2}$	$\mathrm{Re}(a)$
(5)	$e^{at}\sin bt$	$\dfrac{b}{(s-a)^2+b^2}$	$\mathrm{Re}(a)$

(b) たたみ込みを利用したラプラス逆変換

ラプラス変換によって得られた関数 $F(s)$ が (部分分数分解の結果も得られたそれぞれの項の場合も含めて) $G(s)$ と $H(s)$ の積として与えられ，$G(s)$ と $H(s)$ それぞれのラプラス逆変換がわかっている場合を取り上げる．このときはたたみ込みによって $F(s)$ のラプラス逆変換が計算できる．簡単な例題で見てみよう．

例題 6.5

$F(s) = \dfrac{1}{s^4-1}$ のラプラス逆変換をたたみ込みを用いて求めよ．

【解答】 $F(s) = \dfrac{1}{s^2+1}\dfrac{1}{s^2-1}$ であるので，代表的なラプラス変換表 [1] (表 6.1) の (6) と (8) によって，それぞれのラプラス逆変換したものは，$\sin t$ と $\sinh t = \dfrac{e^t-e^{-t}}{2}$ であるから，次のようになる．

$$\begin{aligned}
f(t) &= \mathcal{L}^{-1}[F(s)] \\
&= \int_0^t \left\{\frac{e^{t-\tau}-e^{-(t-\tau)}}{2}\right\}\sin\tau\,d\tau \\
&= \frac{e^t}{2}\int_0^t e^{-\tau}\sin\tau\,d\tau - \frac{e^{-t}}{2}\int_0^t e^{\tau}\sin\tau\,d\tau \\
&= -\frac{1}{2}\sin t + \frac{1}{4}e^t - \frac{1}{4}e^{-t}
\end{aligned}$$

> **例題 6.6**
> $F(s) = \dfrac{1}{(s^2+1)^2}$ のラプラス逆変換をたたみ込みを用いて求めよ.

【解答】 $F(s) = \dfrac{1}{s^2+1}\dfrac{1}{s^2+1}$ であるので,

$$\begin{aligned}
f(t) &= \mathcal{L}^{-1}\left[F(s)\right] \\
&= \int_0^t \sin(t-\tau)\sin\tau\, d\tau \\
&= \sin t \int_0^t \cos\tau \sin\tau\, d\tau - \cos t \int_0^t \sin^2\tau\, d\tau \\
&= \frac{1}{2}\sin t - \frac{t}{2}\cos t
\end{aligned}$$

となる. ■

(c) 微分則を利用したラプラス逆変換

ラプラス変換の微分則を利用すると,像関数に s,あるいは原関数に t が乗じられた関数のラプラス変換になることを利用することができる[7]. いくつかの簡単な例題で見てみよう.

> **例題 6.7**
> 例題 6.6 の結果を利用して,$F(s) = \dfrac{s}{(s^2+1)^2}$ のラプラス逆変換を求めよ.

【解答】 例題 6.6 の結果より,$G(s) = \dfrac{1}{(s^2+1)^2}$ のラプラス逆変換した関数は,

$$g(t) = \frac{1}{2}\sin t - \frac{t}{2}\cos t$$

であり,この関数は,$g(+0) = 0$ を満たす.したがって,$F(s) = sG(s) - g(+0)$ であるから,微分則 (性質の (4)) を利用すると,

---

[7] ただし,微分できる関数が既知であることが必要になるので,一般的には使いやすいものであるとは言い難い.

$$F(s) = \mathcal{L}[f(t)] = sG(s) - g(+0)$$
$$= \mathcal{L}[g'(t)]$$

から，$f(t) = g'(t)$ であることがわかるので，
$$f(t) = \frac{t}{2}\sin t$$

となる．

---**例題 6.8**---

$F(s) = \log\left(\dfrac{s+1}{s}\right)$ のラプラス逆変換を求めよ．

【解答】 像関数の微分則 (性質の (4) の (6.11) 式) を利用すると，
$$\mathcal{L}^{-1}\left[\frac{dF(s)}{ds}\right] = (-t)f(t)$$

であるから，
$$-tf(t) = \mathcal{L}^{-1}\left[\frac{d}{ds}\left\{\log\left(\frac{s+1}{s}\right)\right\}\right]$$
$$= \mathcal{L}^{-1}\left[\frac{1}{s+1} - \frac{1}{s}\right] = e^{-t} - 1$$

よって，
$$f(t) = \frac{1 - e^{-t}}{t}$$

である[8]．

(d) 複素積分の利用

　　ラプラス変換表およびラプラス変換の性質を利用した以上のようなやり方で，ラプラス逆変換は計算される．しかし，有効な方法がみつからない場合には，ラプラス逆変換を (6.4) 式で定義される複素積分に対して留数定理を利用して計算することになる (章末問題 3 を参照)．

---

[8] ここで，$f(t)$ は，$\displaystyle\lim_{t \to 0}\frac{1-e^{-t}}{t} = 1$ であるので，原点で連続であることに注意することが肝要である．またこの場合には，与えられた像関数を s で微分し，その導関数が何かの関数のラプラス変換になっているかどうかで，利用できるかどうかがわかる．

それでは，いよいよ微分方程式の初期値問題や境界値問題をラプラス変換を利用して解くことに入ろう．まず，簡単な問題から手順を復習しよう．

例題 6.9

次の微分方程式の初期値問題をラプラス変換を利用して解け．
$$\begin{cases} \dfrac{dx}{dt} = x - t \\ x(0) = 1 \end{cases}$$

【解答】 $x(t)$ のラプラス変換を $X(s)$ とすると，与えられた微分方程式の各辺のラプラス変換をそれぞれ計算することによって，

$$\mathcal{L}[x'(t)] = \mathcal{L}[x-t]$$
$$sX(s) - x(+0) = X(s) - \frac{1}{s^2}$$
$$sX(s) - 1 = X(s) - \frac{1}{s^2}$$

より，$X(s) = \dfrac{s+1}{s^2}$ となるから，この式の両辺をそれぞれラプラス逆変換すると，次のようになる．

$$x(t) = \mathcal{L}^{-1}\left[\frac{s+1}{s^2}\right] = 1 + t \qquad \blacksquare$$

次に定数係数 2 階の線形非同次方程式の初期値問題について考えよう．

例題 6.10

次の微分方程式の初期値問題をラプラス変換を利用して解け．
$$\begin{cases} \dfrac{d^2x}{dt^2} + x = \cos t \\ x(0) = 1,\ x'(0) = 0 \end{cases}$$

【解答】 $x(t)$ のラプラス変換を $X(s)$ とすると，与えられた微分方程式の各辺のラプラス変換をそれぞれ計算することによって，

$$\mathcal{L}[x''(t) + x(t)] = \mathcal{L}[\cos t]$$
$$\{s^2 X(s) - sx(+0) - x'(+0)\} + X(s) = \frac{s}{s^2+1}$$
$$s^2 X(s) - s + X(s) = \frac{s}{s^2+1}$$

となるから，整理すると，
$$X(s) = \frac{s}{s^2+1} + \frac{s}{(s^2+1)^2}$$
ラプラス逆変換すると，
$$x(t) = \mathcal{L}^{-1}\left[\frac{s}{s^2+1} + \frac{s}{(s^2+1)^2}\right] = \cos t + \frac{t}{2}\sin t$$
となる．ただし，例題 6.7 の結果を利用した． ∎

最後に定数係数 2 階の線形非同次方程式の境界値問題をラプラス変換を利用して解いてみよう．

例題 6.11

次の微分方程式の境界値問題をラプラス変換を利用して解け．
$$\begin{cases} \dfrac{d^2x}{dt^2} + a\dfrac{dx}{dt} + bx = f(t) \\ x(0) = k_1, \quad x(l) = k_2 \end{cases}$$
ここで，a, b は定数とする．

【解答】 $x(t)$ のラプラス変換を $X(s)$，$f(t)$ のラプラス変換を $F(s)$ とすると，与えられた微分方程式の各辺のラプラス変換をそれぞれ計算することによって，

$$\mathcal{L}[x''(t) + ax'(t) + bx(t)] = \mathcal{L}[f(t)]$$
$$\{s^2 X(s) - sx(+0) - x'(+0)\} + a\{sX(s) - x(+0)\} + bX(s) = F(s)$$
$$(s^2 + as + b)X(s) - k_1(s+a) - x'(+0) = F(s)$$

となるが，$x'(+0)$ は与えられていないので，これを c とおいて整理すると，

$$X(s) = \frac{k_1(s+a) + c}{s^2 + as + b} + \frac{F(s)}{s^2 + as + b} \tag{6.19}$$

となる．(6.19) 式の右辺の第 1 項をラプラス逆変換したものは，同次方程式の解に相当する部分であり，分母 $s^2 + as + b$ を 0 とした s についての 2 次方程式は，問題で与えられた微分方程式の同次方程式の特性方程式であるので，$s^2 + as + b = 0$ の解の種類によって以下のように分類される．

- 2 つの解 (α, β) が異なる実数の場合 $(D = a^2 - 4b > 0)$
  $s^2 + as + b = (s - \alpha)(s - \beta)$ と因数分解されるので，部分分数分解を利用することによって，ラプラス逆変換された関数は 2 つの基本解 $e^{\alpha t}$ と $e^{\beta t}$ の 1 次結合となる．

- 重解 ($\alpha = \beta$) の場合 ($D = a^2 - 4b = 0$)
  $s^2 + as + b = (s - \alpha)^2$ となるので,部分分数分解を利用することによって,ラプラス逆変換された関数は 2 つの基本解 $e^{\alpha t}$ と $te^{\alpha t}$ の 1 次結合となる.
- 2 つの解が共役な複素数解の場合 ($D = a^2 - 4b < 0$)
  $p = -\dfrac{a}{2},\ q^2 = \dfrac{4b - a^2}{4}$ とすると,
  $$s^2 + as + b = (s - p)^2 + q^2 \quad (ただし, q \neq 0)$$

となるので,ラプラス逆変換された関数は 2 つの基本解 $e^{pt}\cos qt$ と $e^{pt}\sin qt$ の 1 次結合となる.

次に (6.19) 式の右辺第 2 項であるが,これをラプラス逆変換したものが非同次方程式の $f(t)$ が関与する特解に相当する.この項をラプラス逆変換したものを $x_0(t)$ とすると,
$$x_0(t) = \mathcal{L}^{-1}\left[F(s)\frac{1}{s^2 + as + b}\right] = (f * g)(t)$$
となる.ここで,
$$\mathcal{L}^{-1}\left[\frac{1}{s^2 + as + b}\right] = g(t)$$
とおいた.$(f * g)(t)$ は,$f(t)$ と $g(t)$ のたたみ込みである.第 1 項の場合と同様に,2 次方程式 $s^2 + as + b = 0$ の解の種類によって分類する考え方を上式に当てはめると,

- 2 つの解 ($\alpha,\ \beta$) が異なる実数の場合,$g(t) = \dfrac{e^{\alpha t} - e^{\beta t}}{\alpha - \beta}$ となる.
- 重解 ($\alpha = \beta$) の場合,$g(t) = te^{\alpha t}$ となる.
- 2 つの解が共役な複素数解の場合,$g(t) = e^{pt}\dfrac{\sin qt}{q}$ となる.

このようにして決定された $g(t)$ について (6.19) 式の第 2 項を書き表してみると,
$$x_0(t) = (f * g)(t) = \int_0^t g(t - \tau)f(\tau)d\tau \tag{6.20}$$
と表される.

解 $x(t)$ は以上のそれぞれの項のラプラス逆変換を計算したものを加えて得られるが,この中には仮においた $x'(+0) = c$ が入っているので,条件 $x(l) = k_2$ より,c の値を求めなければならない.よってこの計算された c を代入したも

6.3 常微分方程式の解法への応用

のが最終的な解 $x(t)$ となる.

チェック問題 6.5 図 6.4 に示されるように，バネ定数 k ($k > 0$) のバネに取り付けた質量 m のおもりが，速度に比例する抵抗 $-c\dfrac{dx}{dt}$ (c は正の定数) を受けながら運動する．このときバネの平衡の位置からの変位を $x(t)$ として，外力が働かないときの運動方程式を導出し，ラプラス変換を利用して，初期条件 $x(0) = 1, x'(0) = 0$ の場合の解を求めよ.

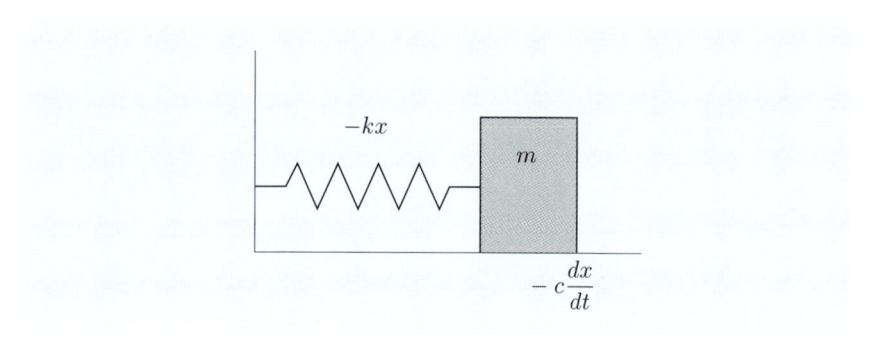

図 6.4 摩擦がある場合の線形バネの運動

チェック問題 6.6 連立微分方程式 $\begin{cases} \dfrac{dx}{dt} = x + 3y \\ \dfrac{dy}{dt} = x - y \end{cases}$ について，初期条件 $x(0) = 1, y(0) = 0$ の場合の解をラプラス変換を利用して求めよ.

以上のように，ラプラス変換を利用することによって，常微分方程式の初期値問題や境界値問題が比較的簡単に解けるようになる．この方法はしばしば工学の分野で利用されるが，特に力学系，電気回路系，制御系等の系において入力関数 $x(t)$ と出力関数 $y(t)$ の関係を表す場合にも利用される．これについては，付録 D にまとめたので参照されたい.

6.4 積分方程式の解法への応用

さて，ここまではラプラス変換を利用して微分方程式を解く方法について考察してきたが，この節では積分方程式の解き方を取り上げよう．一般に未知の関数が被積分関数内に含まれている方程式を**積分方程式**という．積分方程式は流体力学や振動といった物理現象における境界値問題や固有値問題においてしばしば現れる[9]．代表的な積分方程式の一般形は，$f(t)$ および $K(t,\tau)$ を既知関数として，

$$\int_a^t K(t,\tau)x(\tau)d\tau = f(t) \tag{6.21}$$

で与えられ，これは**第 1 種のヴォルテラ (Volterra) 型積分方程式**と呼ばれる[10]．また，

$$x(t) - \int_a^t K(t,\tau)x(\tau)d\tau = f(t) \tag{6.22}$$

の形の積分方程式は，**第 2 種のヴォルテラ (Volterra) 型積分方程式**と呼ばれる[11]．この節では，第 2 種のヴォルテラ型積分方程式のいくつかの代表的なものをラプラス変換を利用して解く方法について解説する．

まず，最も簡単な形の積分方程式を考える．すなわち，(6.22) 式で表される方程式のうち，$K(t,\tau) \equiv 1$ である場合を取り上げよう．ラプラス変換を利用して微分方程式を解く場合には，微分則に関する性質を利用したが，積分方程式を解く場合には，ラプラス変換の積分則を利用すればよい．

---

[9] アーベル (Abel) は，鉛直面内のなだらかな曲線に沿って落下する質点の運動を考察する問題において積分方程式を初めて物理学へ応用した．

[10] 積分区間に変数が入らない場合，**第 1 種のフレドホルム (Fredholm) 型積分方程式**と呼ばれる．

[11] 未知関数が積分の中だけにあるとき第 1 種，積分の外にもある場合に第 2 種と分類されている．

6.4 積分方程式の解法への応用

例題 6.12

積分方程式
$$x(t) = t + \int_0^t x(\tau)d\tau$$
について，積分則 (6.12) 式を利用して解け．

【解答】 $x(t)$ のラプラス変換 $\mathcal{L}[x(t)]$ を $X(s)$ とおく．(6.12) 式で表されるラプラス変換の積分則を利用して，与えられた積分方程式の各辺のラプラス変換をそれぞれ計算することによって，

$$X(s) = \frac{1}{s^2} + \frac{X(s)}{s}$$

であるから，

$$X(s) = \frac{1}{s-1} - \frac{1}{s}$$

となる．したがって，ラプラス逆変換によって，

$$x(t) = e^t - 1$$

となる． ■

ここで，例題 6.12 で与えられた問題は，両辺を微分することによって微分方程式となることは簡単にわかる．

●**チェック問題 6.7** 上の例題 6.12 は，積分方程式の両辺を微分することによって，2階の微分方程式が得られることを示し，これを解く上で課せられる初期条件を求めよ．また，微分則を用いて実際に初期値問題の解を求め，上の例題の解と同じになることを確認せよ． □

次に第 2 種のヴォルテラ型積分方程式の $K(t, \tau) \equiv 1$ ではない場合について考えてみよう．(6.22) 式の左辺の第 2 項の積分項において積分がたたみ込みで表されている場合にはラプラス変換を利用して解ける．次の例題を見てみよう．

例題 6.13

第 2 種のヴォルテラ型積分方程式
$$x(t) = \cos bt + a \int_0^t \sin\{a(t-\tau)\} x(\tau) d\tau$$
を解け．ただし，a, b は定数とする．

【解答】 $x(t)$ のラプラス変換を $X(s)$ とおき，与えられた積分方程式の各辺のラプラス変換をそれぞれ計算する．右辺第 2 項
$$a \int_0^t \sin\{a(t-\tau)\} x(\tau) d\tau$$
は，$a\sin at$ と $x(t)$ のたたみ込みであるので，
$$X(s) = \frac{s}{s^2+b^2} + \frac{a^2}{s^2+a^2} X(s)$$
となるので，これを $X(s)$ について整理すれば，
$$X(s) = \frac{s}{s^2+b^2} + \frac{a^2}{b}\frac{1}{s}\frac{b}{s^2+b^2}$$
これのラプラス逆変換によって，
$$\begin{aligned}
x(t) &= \cos bt + \frac{a^2}{b}(1 * \sin bt) \\
&= \cos bt + \frac{a^2}{b} \int_0^t \sin b\tau d\tau \\
&= \cos bt + \frac{a^2}{b}\left[-\frac{\cos b\tau}{b}\right]_0^t \\
&= \frac{b^2-a^2}{b^2} \cos bt + \frac{a^2}{b^2}
\end{aligned}$$
となる． ■

● チェック問題 6.8 第 2 種のヴォルテラ型積分方程式
$$x(t) - \int_0^t e^{t-\tau} x(\tau) d\tau = \cos 2t$$
を解け．

6章の問題

1 関数 $f(t) = (-1)^{n+1}$, $n \leq t < n+1$ $(n = 0, 1, 2, \cdots)$ (図 6.5) のラプラス変換と収束する範囲を求めよ．

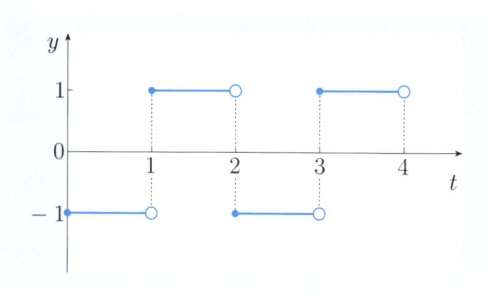

図 6.5　章末問題 1 の関数 $f(t)$ の概形

2 上の章末問題 1 で，関数 $f(t)$ を周期 2 の関数

$$g(t) = \begin{cases} -1 & (2n \leq t < 2n+1) \\ 1 & (2n+1 \leq t < 2n+2) \end{cases}$$

と考えると，$g(t+2) = g(t)$ であることから，(6.8) 式で表されるラプラス変換の平行移動に関する性質を利用できる．これを利用して $g(t)$ のラプラス変換を求め，章末問題 1 の結果と比較せよ．

3 $F(s) = \dfrac{1}{s-a}$ のラプラス逆変換

$$\mathcal{L}^{-1}[F(s)] = \frac{1}{2\pi i} \int_{c-i\infty}^{c+i\infty} \frac{1}{s-a} e^{st} ds$$

を，図 6.6 のような虚軸に平行な線分 ($C_1 : s = c + i\xi$, $-\xi_1 \leq \xi \leq \xi_1$) と原点を中心とし，半径が R である円の一部である経路 (C_2) からなる積分路 ($C = C_1 + C_2$) にそった周回積分

$$\frac{1}{2\pi i} \oint_C \frac{1}{s-a} e^{st} ds$$

について，留数定理を適用することによって求めよ．

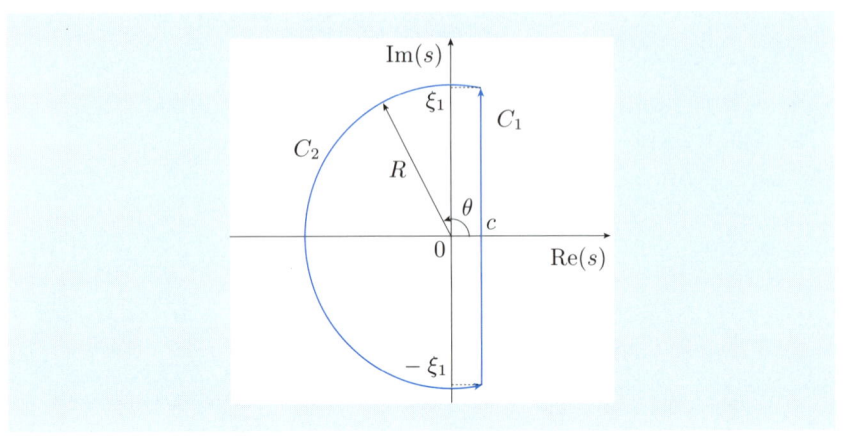

図 6.6 章末問題 3 の複素積分の積分経路 C

☐ 4 微分積分方程式

$$\frac{dx(t)}{dt} + \int_0^t x(\tau)d\tau = \cos t$$

を $x(0) = 0$ の条件のもとで解け.

7 離散フーリエ変換と高速フーリエ変換

　本章では，単に解析的にフーリエ変換を用いるだけではなく，近年発達してきた電子計算機を利用した解析において，フーリエ解析がどのような形で工学的に応用されているかについて解説する．一例として，実験データ等の解析において離散的に取り込まれた(時系列)データの周期性等の情報を得る方法である離散フーリエ変換を取り上げる．しかしながらこの離散フーリエ変換で連続データの場合に近い正確な結果を得るためには，非常に多くの離散データを必要とする．したがって，その解析のために要する計算量は膨大となる．そこでこの問題を解決するため，1965 年にクーリー (J.W.Cooley) とテューキー (J.W.Tukey) によって考案された効率的に計算する方法が，高速フーリエ変換と呼ばれる方法である．本章では，離散フーリエ変換と高速フーリエ変換の理論と，取り扱い上での注意点について解説する．

---

7 章で学ぶ概念・キーワード
- 離散フーリエ変換：離散データ，サンプリング，離散フーリエ変換，離散フーリエ逆変換，フーリエ行列，エイリアシング
- 高速フーリエ変換：連立 1 次方程式，フーリエ行列の分割，計算量

7.1 離散フーリエ変換

実際の物理学や工学の分野で取り扱う物理量の多くは連続量 ($f(t)$) であるが，この変化の様子を実験や数値計算を通じて解析するためには，離散的に (例えば時間的に Δt の間隔で) データを取り込むことが必要となる．これをデータの**サンプリング**といい，得られたデータを**離散データ**とか**サンプリングデータ**と呼ぶ．また，Δt を**サンプリング周期**といい，サンプリングの回数を n として，$n = 0, 1, 2, \cdots$ と順序をつける．ここで，$t = 0$ でサンプリング (1 回目のサンプリング) を開始し，これを $n = 0$ とおくと，$n+1$ 回目のサンプリングをした時刻は，$t = n\Delta t$ となるが，サンプリングされたデータの番号付けを $f(n\Delta t) = f_n$ とおくことにしよう．そして最後のサンプリングをした時刻を $t = T - \Delta t$，そのときのサンプリング回数を $n = N - 1$ とすると，$\Delta t = \dfrac{T}{N}$ の関係がある．

このようにして得られた離散データ

$$f_0\ (= f(0)),\ f_1\ (= f(\Delta t)),\ \cdots,\ f_{N-1}\ (= f((N-1)\Delta t))$$

について，これらのフーリエ変換を考えるのであるが，この場合，$-\infty < t < \infty$ における $f(t)$ の値を知ることはもちろん不可能であるし，また離散的なサンプリングによって，サンプリングしたそれぞれの時刻の間の情報は当然失われることになる．したがって，完全に正確な解析ができるわけではないが，**局所性**と呼ばれる

$$f(t) = 0 \quad (t < 0,\ t \geq T) \tag{7.1}$$
$$F(\tau) = 0 \quad \left(\tau < -\frac{\pi}{\Delta t},\ \tau \geq \frac{\pi}{\Delta t}\right) \tag{7.2}$$

という条件を考えることによって，近似的ではあるがサンプリングしたデータのフーリエ解析を行うことができる[1]．すなわち，この局所性によって，$f(t)$ の $0 \leq t < T$ 以外の領域とそのフーリエ変換 $F(\tau)$ の $-\dfrac{\pi}{\Delta t} \leq \tau < \dfrac{\pi}{\Delta t}$ 以外の

---

[1] 第 4 章では，関数の変数を x としていたが，この章では，サンプリングを各時刻で行うことから，変数は時間変数 t を用い，関数は $f(x)$ ではなく，$f(t)$ とする．

7.1 離散フーリエ変換

領域について,$f(t)$ を周期 T の関数,$F(\tau)$ を周期 $\dfrac{2\pi}{\Delta t}$ の関数として拡張する.これをもとにサンプリングした部分のデータを周期的に接続すると,その結果,この操作によってサンプリングした部分の周期性を抽出することができ,フーリエ級数が利用できることになる.以下,基本的な考え方について説明していこう.

まず,離散的なフーリエ変換を考える前に,(7.2) 式で与えられる $F(\tau)$ を区間 $-\dfrac{\pi}{\Delta t} \leq \tau < \dfrac{\pi}{\Delta t}$ で定義された周期 $\dfrac{2\pi}{\Delta t}$ の関数と考えて,これを複素フーリエ級数展開することを考えよう.(2.42) 式より,$l = \dfrac{\pi}{\Delta t}$,$x = \tau$ として

$$F(\tau) \sim \sum_{n=-\infty}^{\infty} d_n \exp\left\{-i\left(\frac{n\pi}{\pi/\Delta t}\right)\tau\right\}$$

$$= \sum_{n=-\infty}^{\infty} d_n e^{-in\Delta t \tau} \tag{7.3}$$

$$d_n = \frac{1}{2(\pi/\Delta t)} \int_{-\frac{\pi}{\Delta t}}^{\frac{\pi}{\Delta t}} F(\tau) \exp\left\{i\left(\frac{n\pi}{\pi/\Delta t}\right)\tau\right\} d\tau$$

$$= \frac{\Delta t}{2\pi} \int_{-\frac{\pi}{\Delta t}}^{\frac{\pi}{\Delta t}} F(\tau) e^{in\Delta t \tau} d\tau \tag{7.4}$$

となる[2].(7.4) 式と,$f(t)$ のフーリエ変換 $F(\tau)$ について (4.10) 式で係数を $\dfrac{1}{\sqrt{2\pi}}$ のかわりに,$\dfrac{1}{2\pi}$ としたものに (7.2) 式を考慮した式

$$f(t) = \frac{1}{2\pi} \int_{-\infty}^{\infty} F(\tau) e^{in\Delta t \tau} d\tau$$

$$= \frac{1}{2\pi} \int_{-\frac{\pi}{\Delta t}}^{\frac{\pi}{\Delta t}} F(\tau) e^{in\Delta t \tau} d\tau$$

と比べると,$t = n\Delta t$ より $\dfrac{d_n}{\Delta t} = f(n\Delta t)$ となるので,(7.3) 式は,

$$F(\tau) \sim \sum_{n=-\infty}^{\infty} f(n\Delta t) \Delta t\, e^{-in\Delta t \tau}$$

$$= \sum_{n=-\infty}^{\infty} (f_n \Delta t)\, e^{-in\Delta t \tau} \tag{7.5}$$

---

[2] (7.3) 式と (7.4) 式では,(2.42) 式の i を $-i$ と変えていることに注意.

となる．したがって，これは，$F(\tau)$ のフーリエ係数が離散サンプルデータ f_n にサンプリング周期 Δt を乗じたものであることを示している．

次に，離散データの組

$$\{f(0) = f_0, f(\Delta t) = f_1, \cdots, f((N-1)\Delta t) = f_{N-1}\}$$

と離散的に得られたフーリエ変換の組

$$\left\{F(0) = \hat{F}_0, F\left(\frac{2\pi}{N\Delta t}\right) = \hat{F}_1, \cdots, F\left(\frac{2(N-1)\pi}{N\Delta t}\right) = \hat{F}_{N-1}\right\}$$

の対応関係を調べよう．まず，区間 $[0, T]$ で定義された周期 T の関数 $f(t)$ についての複素フーリエ級数の式は，$T = N\Delta t$ として，(7.1)式を考慮すると，

$$f(t) \sim \sum_{k=-\infty}^{\infty} c_k \exp\left(i\frac{k\pi}{N\Delta t/2}t\right) = \sum_{k=-\infty}^{\infty} c_k e^{i\frac{2k\pi}{N\Delta t}t} \tag{7.6}$$

$$c_k = \frac{1}{2(N\Delta t/2)} \int_0^{N\Delta t} f(t) \exp\left(-i\frac{k\pi}{N\Delta t/2}t\right) dt$$

$$= \frac{1}{N\Delta t} \int_0^{N\Delta t} f(t) e^{-i\frac{2k\pi}{N\Delta t}t} dt = \frac{1}{N\Delta t} F\left(\frac{2k\pi}{N\Delta t}\right) \tag{7.7}$$

となる．ここで，(7.7)式の F に対して，(7.5)式で $\tau = \dfrac{2k\pi}{N\Delta t}$ としたものを代入し，これを (7.7) 式の c_k について，とびとびの離散データ f_n で表した近似として $\hat{F}_k$ とあらためて定義すると ((7.1)式と(7.2)式から n と k のとるべき範囲が $n = 0, 1, 2, \cdots, N-1$ と $k = -\dfrac{N}{2}, \cdots, \dfrac{N}{2}-1$ より)，

$$\begin{aligned}\hat{F}_k &= \frac{1}{N\Delta t} \sum_{n=0}^{N-1} (f_n \Delta t) \exp\left\{-in\Delta t\left(\frac{2k\pi}{N\Delta t}\right)\right\} \\ &= \frac{1}{N} \sum_{n=0}^{N-1} f_n e^{-i\frac{2nk\pi}{N}} \quad \left(k = -\frac{N}{2}, \cdots, \frac{N}{2}-1\right)\end{aligned} \tag{7.8}$$

となる．ただし，$\hat{F}_{k+N}$ の周期性から，k の範囲は $k = 0, 1, 2, \cdots, N-1$ としてよい．

● チェック問題 7.1 　$\hat{F}_{k+N}$ の周期性 $\hat{F}_{k+N} = \hat{F}_k$ を確認せよ．　　　□

7.1 離散フーリエ変換

以上のように考えると，$f(n\Delta t) = f_n$ は，(7.6) 式の c_k を $\hat{F}_k$ で近似したものであり，$\hat{F}_{k+N}$ の周期性を考慮すると，

$$f_n = \sum_{k=0}^{N-1} \hat{F}_k e^{i\frac{2nk\pi}{N}} \quad (n = 0, 1, 2, \cdots, N-1) \tag{7.9}$$

となる．このとき，(7.8) 式で表される $\hat{F}_k$ を**離散フーリエ変換**と呼び，(7.9) 式で表される f_n を**離散フーリエ逆変換**と呼ぶ[3]．離散フーリエ変換 $\hat{F}_k$ は，$(n-1/2)\Delta t \le t < (n+1/2)\Delta t$ において，$f(t)e^{-i\frac{2k\pi}{T}t}$ が $f_n e^{-i\frac{2kn\pi}{N}}$ という一定の値をとると仮定して，フーリエ係数を求めたものと同じである．

✓ **チェック問題 7.2** このことを確認せよ． □

さて，サンプルデータとその離散フーリエ変換はともに，N 個のデータ (有限量) であるので，それらを ${}^t\boldsymbol{f} = [f_0, f_1, \cdots, f_{N-1}]$ および，${}^t\hat{\boldsymbol{F}} = [\hat{F}_0, \hat{F}_1, \cdots, \hat{F}_{N-1}]$ のようにベクトルとして定義し，N 次の係数行列である**フーリエ行列** Q_N を $\omega = e^{\frac{2\pi i}{N}}$ として，

$$Q_N = \begin{bmatrix} 1 & 1 & 1 & \cdots & 1 \\ 1 & \omega & \omega^2 & \cdots & \omega^{N-1} \\ 1 & \omega^2 & \omega^4 & \cdots & \omega^{2(N-1)} \\ \vdots & \vdots & \vdots & \ddots & \vdots \\ 1 & \omega^{N-1} & \omega^{2(N-1)} & \cdots & \omega^{(N-1)^2} \end{bmatrix} \tag{7.10}$$

と定義する．このように定義することによって，(7.9) 式はベクトル表示として，

$$\boldsymbol{f} = Q_N \hat{\boldsymbol{F}} \tag{7.11}$$

と表される．すなわち，離散データからその離散フーリエ変換を求める問題は，与えられた係数行列 Q_N と定数ベクトル $\boldsymbol{f}$ に対して，$\hat{\boldsymbol{F}}$ を求める (7.11) 式の連立 1 次方程式を解くことにほかならない．また，(7.8) 式は，

---

[3] 離散フーリエ変換は，英語 (Discrete Fourier Transform) の頭文字をとって，DFT とも呼ばれる．

$$\hat{F} = \frac{\bar{Q}_N}{N} f \tag{7.12}$$

と表される．ここで，$\bar{Q}_N$ は Q_N の複素共役行列を表す．

- **チェック問題 7.3** (7.11) 式と (7.12) 式の関係から，$Q_N^{-1} = \dfrac{\bar{Q}_N}{N}$ であることがわかるが，$Q_N \bar{Q}_N = N E_N$ であることを行列の要素の計算によって示せ．ただし，E_N は N 次単位行列とする． □

ところで，離散データのサンプリングを行うとき，情報が欠落することによってどのような現象が生じるであろうか？ まず考えられることとして，離散データから計算した離散フーリエ変換は，(7.8) 式からわかるように，各波数の最大値が $N-1$ であるので，それ以上の波数 (周波数) の波が，もとの連続データに含まれていたとしても，その成分を得ることができないということがわかる．

さらにこのことから (周期性 $\hat{F}_{k+N} = \hat{F}_k$ の関係から)，より大きな波数 (周波数) の波と離散フーリエ変換で得られた範囲の波数 (周波数) の波とを区別できない．このため，より大きな波数 (周波数) の波の性質をより小さい波数 (周波数) の波のものと読み違えてしまう可能性がある．

このことを概念的に示したものが図 7.1 である．黒丸はサンプリングした点を表しており，実線 (——) が離散フーリエ変換で得られた範囲において最も大きい波数 (周波数) であるものの波形である．また破線 (-------) や一点鎖線 (-·-·-·)

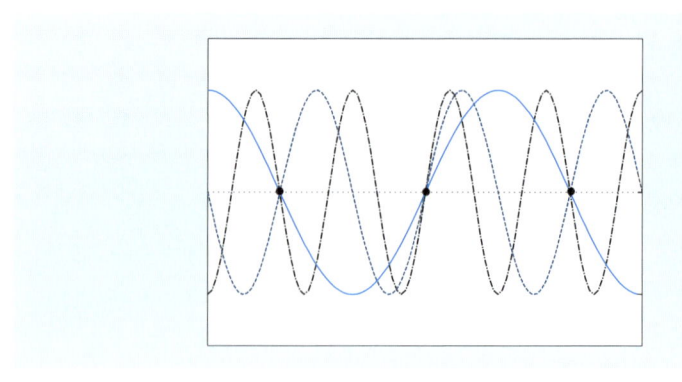

図 7.1 エイリアシングを引き起こす高周波数成分

はそれより大きい波数 (周波数) の波形であり，本来は離散フーリエ変換では得られない範囲の波数をもつ波である．この図からわかるように，サンプリングの点で実線の波形と一致しているために，この点での情報が，どの波数の波から得られたものかの区別はできない．このような現象を**エイリアシング**と呼ぶ[4]．このような現象を起こさないようにするためには，サンプリング周期 (Δt) を小さくとる必要がある．これによって，高波数 (周波数) の波の情報をある程度取り込めるようになる．一方，逆に低波数 (長周期) の波の情報については，サンプリングの時間 (T) をできるだけ大きくとる必要がある．したがって，いずれにしてもサンプリング回数は非常に多くなり，このエイリアシングという現象は，離散化を行って近似する場合には，避けられない現象であることがわかる．

特に近年さかんに行われている，微分方程式を離散化してその数値解を求める場合等においては，離散点以外での情報が欠落する．したがって離散点どうしの間隔より周期が小さいような現象は計算ができないため，もし真の解においてそのような解が含まれている場合には，不安定化が生じたり，またエイリアシングとして違った数値解を与えてしまう可能性があることも認識しておくべきであろう．

---

[4] 高速で回転しているものをよく見ていると，ゆっくりと回転していたり，あるいは逆方向に回転しているような見え方をすることがある．これは真の回転とは違った回転数に読み違えて見ているのであり，これもエイリアシングといえる．

7.2 高速フーリエ変換

離散フーリエ変換では，エイリアシング現象が起こらないようにするためには，大量のサンプリングを行う必要があることは説明した．したがって，離散フーリエ変換を求める場合には，(7.11) 式で表される大行列の連立 1 次方程式を解く必要がある．これを回避する方法として，1965 年にクーリーとテューキーによって**高速フーリエ変換**[5]の手法が考案された．これは，計算機が発達した現在ではフーリエ解析を行う場合の非常に有力な手段の 1 つになっている．

ここでは，この高速フーリエ変換の考え方について説明を行う．離散フーリエ変換において，N は，偶数としていたので，$N = 2M$ として，ベクトル $\hat{\boldsymbol{F}}$ を偶数番目の成分からなるベクトル

$${}^t\boldsymbol{u} = [u_0, u_1, \cdots, u_{M-1}] = [\hat{F}_0, \hat{F}_2, \cdots, \hat{F}_{N-2}]$$

および奇数番目の成分からなるベクトル

$${}^t\boldsymbol{v} = [v_0, v_1, \cdots, v_{M-1}] = [\hat{F}_1, \hat{F}_3, \cdots, \hat{F}_{N-1}]$$

とすると，(7.11) 式は，

$$\begin{aligned}
f_n &= \sum_{k=0}^{N-1} \hat{F}_k \omega^{nk} = \sum_{k=0}^{M-1} \hat{F}_{2k} \omega^{(2k)n} + \sum_{k=0}^{M-1} \hat{F}_{2k+1} \omega^{(2k+1)n} \\
&= \sum_{k=0}^{M-1} u_k \left(\omega^2\right)^{kn} + \omega^n \sum_{k=0}^{M-1} v_k \left(\omega^2\right)^{kn} \quad (n = 0, 1, \cdots, N-1)
\end{aligned} \tag{7.13}$$

となる．$\boldsymbol{f}$ については，順序について半分に分けて，

$${}^t\boldsymbol{a} = [a_0, a_1, \cdots, a_{M-1}] = [f_0, f_1, \cdots, f_{M-1}]$$

および

$${}^t\boldsymbol{b} = [b_0, b_1, \cdots, b_{M-1}] = [f_M, f_{M+1}, \cdots, f_{N-1}]$$

とすると，

$$\omega^{n+M} = \omega^n \omega^M = \omega^n \omega^{\frac{N}{2}} = \omega^n \left(e^{\frac{2\pi i}{N}}\right)^{\frac{N}{2}} = \omega^n e^{\pi i} = -\omega^n$$

から，(7.13) 式を分割して，

---

[5] 英語 (Fast Fourier Transform) の頭文字をとって，FFT とも呼ばれる．

$$a_l = \sum_{k=0}^{M-1} u_k \left(\omega^2\right)^{kl} + \omega^l \sum_{k=0}^{M-1} v_k \left(\omega^2\right)^{kl} \tag{7.14}$$

$$b_l = \sum_{k=0}^{M-1} u_k \left(\omega^2\right)^{kl} - \omega^l \sum_{k=0}^{M-1} v_k \left(\omega^2\right)^{kl} \quad (l = 0, 1, \cdots, M-1) \tag{7.15}$$

となる．これをベクトル表記すると，M 次フーリエ行列 Q_M と M 次対角行列 D_M を導入して，

$$\boldsymbol{a} = Q_M \boldsymbol{u} + D_M Q_M \boldsymbol{v} \tag{7.16}$$

$$\boldsymbol{b} = Q_M \boldsymbol{u} - D_M Q_M \boldsymbol{v} \tag{7.17}$$

と書かれる．ただし，

$$Q_M = \begin{bmatrix} 1 & 1 & 1 & \cdots & 1 \\ 1 & \omega^2 & \omega^4 & \cdots & \omega^{2(M-1)} \\ \vdots & \vdots & \vdots & \ddots & \vdots \\ 1 & \omega^{2(M-1)} & \omega^{4(M-1)} & \cdots & \omega^{\{2(M-1)\}^2} \end{bmatrix}$$

$$D_M = \begin{bmatrix} 1 & 0 & \cdots & 0 \\ 0 & \omega & \ddots & \vdots \\ \vdots & \ddots & \ddots & 0 \\ 0 & \cdots & 0 & \omega^{M-1} \end{bmatrix} \tag{7.18}$$

したがって (7.11) 式の連立 1 次方程式を解く問題が，(7.16) 式，(7.17) 式の半分の次数の 2 つの連立 1 次方程式の問題を解くことになるため，次数 N が大きい場合には，かなり計算量が節約されることになる．(7.16) 式，(7.17) 式をまた，2 つに分けて行うようにしていけば，さらに計算量が節約されることは容易にわかるので，このように分割して離散フーリエ変換の計算を行う方法を**高速フーリエ変換**と呼ぶ．(7.16) 式，(7.17) 式の分割を行う上で，$N = 2^m$ とすると，分割していくそれぞれの段階で M が偶数となるので，このプロセスが最後まで有効となり，本来 $\mathcal{O}(N^2)$ 程度必要な計算量が，$\mathcal{O}(N \log N)$ 程度に軽減される．詳しくは，参考文献にゆだねたい．

7章の問題

☐ **1** 図 7.2 に示されるような,周期 T で大きさ 1 のパルスを与えるような離散データ ($N = 4$) が与えられたときの,離散フーリエ変換を求めよ.また図 7.3 のような離散データ ($N = 8$) の場合はどうか (これは,図 7.2 の半分のサンプリング間隔でデータサンプリングした場合である).

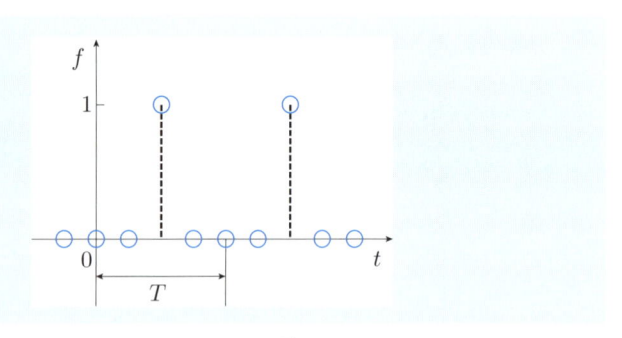

図 7.2 $N = 4$ の場合の離散データ

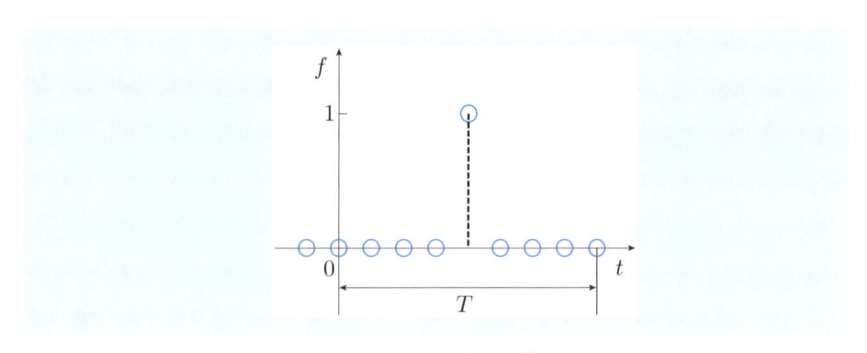

図 7.3 $N = 8$ の場合の離散データ

付　　録

A　フーリエ級数の収束

ここでは，フーリエ級数が不連続点 x_d も含めて (2.19) 式で示される値に収束することについて補足して説明する．まず，その前に以下の補助定理について説明しよう．

定理 A.1

ある開区間 $(p,q) \subset [-\pi, \pi)$ で $\psi(x)$ が区分的に連続であるとする．このとき，

$$\lim_{n\to\infty} \frac{1}{\pi} \int_p^q \psi(x) \cos nx\, dx = 0$$
$$\lim_{n\to\infty} \frac{1}{\pi} \int_p^q \psi(x) \sin nx\, dx = 0 \tag{A.1}$$

が成立する．

また上の定理では，$(p,q) \subset [-\pi, \pi)$ となる部分領域を考えたが，これは以下のようにあらたに

$$\psi_1(x) = \begin{cases} \psi(x) & (p < x < q) \\ 0 & (\text{その他の } x) \end{cases} \tag{A.2}$$

を定義して，区間 (p,q) を $[-\pi, \pi)$ まで拡張すると，

$$\frac{1}{\pi} \int_p^q \psi(x) \cos nx\, dx = \frac{1}{\pi} \int_{-\pi}^{\pi} \psi_1(x) \cos nx\, dx \tag{A.3}$$

$$\frac{1}{\pi} \int_p^q \psi(x) \sin nx\, dx = \frac{1}{\pi} \int_{-\pi}^{\pi} \psi_1(x) \sin nx\, dx \tag{A.4}$$

となるので，$\psi_1(x)$ は区間 $[-\pi, \pi)$ で区分的に連続であることから，第 3 章のベッセルの不等式により (A.1) 式は成立することが示される．

さて，周期 2π の区分的になめらかな関数 $f(x)$ を考え，点 x_d において連続かまたは不連続で，かつ以下の有限な右側および左側極限値

$$\lim_{h \to 0+0} \frac{f(x_d + h) - f(x_d + 0)}{h}$$

および (A.5)

$$\lim_{h \to 0-0} \frac{f(x_d + h) - f(x_d - 0)}{h}$$

をもつとする．ここで，両方の極限値は異なっていてもかまわない．関数 $f(x)$ のフーリエ級数の第 n 項までとった

$$S_n(x) = \frac{a_0}{2} + \sum_{k=1}^{n} (a_k \cos kx + b_k \sin kx) \qquad (A.6)$$

を考えよう．この式の a_k, b_k に

$$a_k = \frac{1}{\pi} \int_{-\pi}^{\pi} f(x) \cos kx \, dx$$
$$\qquad\qquad\qquad (k = 1, 2, \cdots, n) \qquad (A.7)$$
$$b_k = \frac{1}{\pi} \int_{-\pi}^{\pi} f(x) \sin kx \, dx$$

を直接代入すると，

$$\begin{aligned} S_n(x) &= \frac{1}{2\pi} \left\{ \int_{-\pi}^{\pi} f(t) dt \right\} \\ &\quad + \frac{1}{\pi} \sum_{k=1}^{n} \left[\left\{ \int_{-\pi}^{\pi} f(t) \cos kt \, dt \right\} \cos kx \right. \\ &\quad\quad + \left. \left\{ \int_{-\pi}^{\pi} f(t) \sin kt \, dt \right\} \sin kx \right] \\ &= \frac{1}{\pi} \int_{-\pi}^{\pi} f(t) \left\{ \frac{1}{2} + \sum_{k=1}^{n} (\cos kt \cos kx + \sin kt \sin kx) \right\} dt \\ &= \frac{1}{\pi} \int_{-\pi}^{\pi} f(t) \left\{ \frac{1}{2} + \sum_{k=1}^{n} \cos k(t - x) \right\} dt \qquad (A.8) \end{aligned}$$

が得られる．ここで，

$$\frac{1}{2} + \sum_{k=1}^{n} \cos k\theta$$
$$= 1 + \cos \theta + \cos 2\theta + \cdots + \cos n\theta - \frac{1}{2}$$

$$
\begin{aligned}
&= \mathrm{Re}\left(1 + e^{i\theta} + e^{i2\theta} + \cdots + e^{in\theta}\right) - \frac{1}{2} \\
&= \mathrm{Re}\left\{\frac{1 - e^{i(n+1)\theta}}{1 - e^{i\theta}}\right\} - \frac{1}{2} \\
&= \mathrm{Re}\left\{\frac{\left(1 - e^{i(n+1)\theta}\right)\left(1 - e^{-i\theta}\right)}{\left(1 - e^{i\theta}\right)\left(1 - e^{-i\theta}\right)}\right\} - \frac{1}{2} \\
&= \mathrm{Re}\left\{\frac{1 - e^{-i\theta} - e^{i(n+1)\theta} + e^{in\theta}}{2 - 2\cos\theta}\right\} - \frac{1}{2} \\
&= \frac{\{1 - \cos\theta - \cos(n+1)\theta + \cos n\theta\} - (1 - \cos\theta)}{2 - 2\cos\theta} \\
&= \frac{2\sin\dfrac{\theta}{2}\sin\dfrac{2n+1}{2}\theta}{4\sin^2\dfrac{\theta}{2}} \\
&= \frac{\sin\left(n + \dfrac{1}{2}\right)\theta}{2\sin\dfrac{\theta}{2}}
\end{aligned}
$$

から，

$$
\begin{aligned}
S_n(x) &= \frac{1}{\pi}\int_{-\pi}^{\pi} f(t)\frac{\sin\dfrac{\left(n+\dfrac{1}{2}\right)(t-x)}{2}}{2\sin\dfrac{t-x}{2}}dt \\
&= \frac{1}{\pi}\int_{-\pi}^{\pi} f(t)D_n(t-x)dt \quad (A.9)
\end{aligned}
$$

となるが，上式の

$$
D_n(\theta) = \frac{\sin\left(n + \dfrac{1}{2}\right)\theta}{2\sin\dfrac{\theta}{2}}
$$

は**ディリクレ積分核**と呼ばれるものである．図 A.1 に $n=5$ の場合，図 A.2 に $n=10$ の場合のディリクレ積分核の概形を示した．さて，このディリクレ積分核は周期 2π の偶関数である以外に，以下のような性質をもつ．

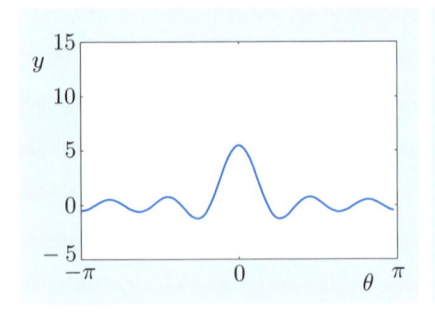

図 A.1　ディリクレ積分核 $D_5(\theta)$

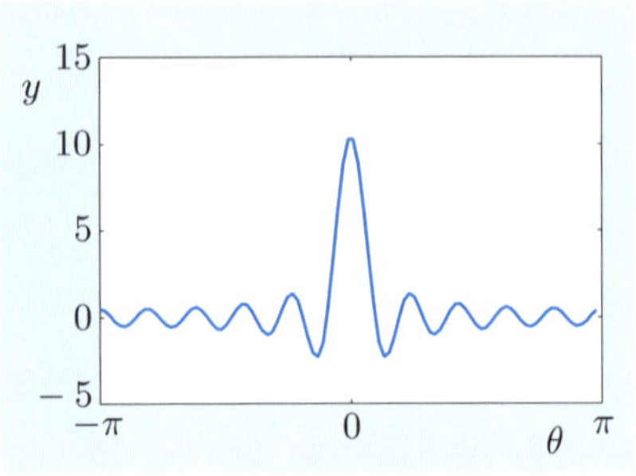

図 A.2　ディリクレ積分核 $D_{10}(\theta)$

(1) 積分に対して，

$$\int_{-\pi}^{\pi} D_n(\theta)d\theta = \int_{-\pi}^{\pi} \left(\frac{1}{2} + \cos\theta + \cos 2\theta + \cdots + \cos n\theta\right)d\theta$$
$$= \pi \tag{A.10}$$

が成立する．

(2) $\theta \to 0$ の極限では，

$$\lim_{\theta \to 0} D_n(\theta) = \lim_{\theta \to 0} \frac{\sin(n+1/2)\theta}{2\sin(\theta/2)} = \lim_{\theta \to 0} \frac{(n+1/2)\dfrac{\sin(n+1/2)\theta}{(n+1/2)\theta}}{\dfrac{\sin(\theta/2)}{\theta/2}}$$
$$= n + \frac{1}{2} \tag{A.11}$$

である[1]．

さて，いよいよ有限和 S_n の $x = x_d$ での収束を考えよう．周期 2π の関数 $f(x)$ に対して，(A.9) 式で $x = x_d$ と固定し，$t - x_d = \theta$ と置換積分を行い，(A.10) 式の条件とディリクレ核が周期 2π の偶関数であることを用いると，

$$S_n(x_d) - \frac{f(x_d+0) + f(x_d-0)}{2}$$
$$= \frac{1}{\pi}\int_{-\pi-x_d}^{\pi-x_d} f(x_d+\theta)D_n(\theta)d\theta - \frac{f(x_d+0)+f(x_d-0)}{2}$$

---

[1] したがって，$n \to \infty$ では $D_n \to \infty$ である．

$$= \frac{1}{\pi} \int_{-\pi}^{\pi} f(x_d + \theta) D_n(\theta) d\theta$$
$$- \frac{1}{\pi} \int_{-\pi}^{\pi} \left[\left\{ \frac{f(x_d + 0) + f(x_d - 0)}{2} \right\} D_n(\theta) \right] d\theta$$
$$= \frac{1}{\pi} \int_0^{\pi} \{f(x_d + \theta) - f(x_d + 0)\} D_n(\theta) d\theta$$
$$+ \frac{1}{\pi} \int_{-\pi}^0 \{f(x_d + \theta) - f(x_d - 0)\} D_n(\theta) d\theta \tag{A.12}$$

したがって，上式の右辺第 1 項の被積分関数について，

$$\frac{f(x_d + \theta) - f(x_d + 0)}{2 \sin \frac{\theta}{2}} \left\{ \sin \left(n + \frac{1}{2}\right) \theta \right\}$$
$$= \psi(\theta) \left\{ \sin \left(n + \frac{1}{2}\right) \theta \right\} \tag{A.13}$$

とすると，

$$\lim_{\theta \to 0+0} \psi(\theta) = \lim_{\theta \to 0+0} \frac{\frac{f(x_d + \theta) - f(x_d + 0)}{\theta}}{\frac{\sin(\theta/2)}{\theta/2}} = f'(x_d + 0) \tag{A.14}$$

であり，$f'(x)$ が $x = x_d$ において右側極限値をもつので，この関数 $\psi(\theta)$ は区間 $0 < \theta < \pi$ で区分的に連続かつ $\theta \to 0$ でも有限な関数である．したがって，この関数 $\psi(\theta)$ は定理 A.1 の条件を満たすので，$[-\pi, \pi)$ まで拡張した

$$\psi_1(\theta) = \begin{cases} \psi(\theta) & (0 < \theta < \pi) \\ 0 & (その他の x) \end{cases} \tag{A.15}$$

は，

$$\lim_{n \to \infty} \frac{1}{\pi} \int_0^{\pi} \psi(\theta) \left\{ \sin \left(n + \frac{1}{2}\right) \theta \right\} d\theta = 0 \tag{A.16}$$

を満たし，(A.12) 式の右辺第 1 項の積分は 0 となる．また同様にして，(A.12) 式の右辺第 2 項も 0 となるので，

$$\lim_{n \to \infty} S_n(x_d) = \frac{f(x_d + 0) + f(x_d - 0)}{2} \tag{A.17}$$

となる．

B スツルム・リュービル型固有値問題と直交多項式

ここでは，第3章で考えた**正規直交関数系**をもとに，**一般化フーリエ級数**のいくつかの具体的な例を考えよう．この**直交関数系**を与えるものとして，**スツルム・リュービル型微分方程式**の境界値問題と呼ばれる固有値問題の解として与えられる**固有関数**が有名である．いま，区間 $[a,b]$ で与えられた連続関数 $p(x) > 0$, $q(x)$ および $w(x) > 0$ に対して，関数 $y(x)$ が微分方程式

$$\frac{d}{dx}\left(p(x)\frac{dy(x)}{dx}\right) - q(x)y(x) + \lambda w(x)y(x) = 0 \tag{B.1}$$

を満たすとき，この微分方程式をスツルム・リュービル型微分方程式という．この方程式に対して，両端 $x = a$ および $x = b$ に具体的に境界条件を与えて，その解を求める問題を，**スツルム・リュービル型固有値問題**という．与える境界条件としては，両端の点 $x = a$ または $x = b$ において，関数 $y(x)$ に 0 を与える場合，もしくは導関数 $y'(x)$ に 0 を与える場合，さらに，$y(x)$ と $y'(x)$ の関係を与える場合等，多くの場合が考えられる．特に，$a = -\pi$, $b = \pi$ として，$p(x) \equiv 1$, $q(x) \equiv 0$, $w(x) \equiv 1$ の場合に，境界条件を周期境界条件

$$y(-\pi) = y(\pi), \quad y'(-\pi) = y'(\pi)$$

とした場合は，最もよく知られた固有値問題である．この問題の解は，フーリエ級数で用いた三角関数系にノルムが 1 になるように係数をかけた，

$$\left\{\frac{1}{\sqrt{2\pi}}, \frac{1}{\sqrt{\pi}}\cos nx, \frac{1}{\sqrt{\pi}}\sin nx\right\} \quad (n = 1, 2, \cdots)$$

である．

💠 **チェック問題 B.1** 区間 $-\pi \leq x \leq \pi$ で与えられたスツルム・リュービル型固有値問題について，周期境界条件

$$y(-\pi) = y(\pi), \quad y'(-\pi) = y'(\pi)$$

を与えた以下の問題

$$\begin{cases} \dfrac{d^2 y}{dx^2} + \lambda y = 0 \\ y(-\pi) = y(\pi),\ y'(-\pi) = y'(\pi) \end{cases}$$

を解け． □

B スツルム・リュービル型固有値問題と直交多項式

その他の場合については，あらためて，2乗可積分な周期 $b-a$ の関数に対して，正値関数 $w(x)$ を考慮に入れた内積を用いて与えられる．すなわち内積を，

$$(f,g) = \int_a^b f(x)w(x)g(x)dx \tag{B.2}$$

で定義すると，これは**内積の公理**を満たす．この場合も，$(f,g) = 0$ であるとき，$f(x)$ と $g(x)$ は**直交する**という．同様に，ノルムを

$$\|f\| = \sqrt{(f,f)} = \sqrt{\int_a^b w(x)\{f(x)\}^2 dx} \tag{B.3}$$

で定義すると，同様に**ノルムの公理**を満足する．一般に，スツルム・リュービル型微分方程式の境界値問題 (スツルム・リュービル型固有値問題) の解は以下の定理を満たす．

定理 B.1

スツルム・リュービル型固有値問題の相異なる固有値に対する固有関数は，**互いに直交する**．

このようにして得られた固有関数系としての直交多項式系のいくつかを表 B.1 にまとめた[2]．この中で，三角関数系ではなく，多項式系で構成されるもののうち，代表的なものの 1 つが**ルジャンドルの多項式**系 $\{P_n(x)\}$ であるが，一般式は**ロドリグの公式**と呼ばれる

$$P_m(x) = \frac{1}{m!\, 2^m} \frac{d^m}{dx^m} (x^2-1)^m \tag{B.4}$$

表 B.1 代表的な直交多項式

多項式の名称	記号	区間	固有値	$p(x)$	$w(x)$
フーリエ級数		$[-\pi, \pi]$	n^2	1	1
ルジャンドルの多項式	$P_n(x)$	$[-1, 1]$	$n(n+1)$	$1-x^2$	1
エルミートの多項式	$H_n(x)$	$(-\infty, \infty)$	$2n$	e^{-x^2}	e^{-x^2}
ラゲールの多項式	$L_n(x)$	$[0, \infty)$	n	$e^{-x}x^{\alpha+1}$	$e^{-x}x^{\alpha}$
チェビシェフの多項式	$T_n(x)$	$[-1, 1]$	n^2	$\sqrt{1-x^2}$	$\dfrac{1}{\sqrt{1-x^2}}$

---
[2] すべての場合について，$q(x) \equiv 0$ である．

で与えられる多項式系である．具体的にいくつかの場合をあげると，

$$P_0(x) = 1, \quad P_1(x) = x, \quad P_2(x) = \frac{3}{2}x^2 - \frac{1}{2}$$

等であり，m が偶数の場合には偶関数，奇数の場合には奇関数となる．0 以上の整数 m, n に対して，区間 $[-1, 1]$ における $P_m(x)$ と $P_n(x)$ の積の積分を考えると

$$\int_{-1}^{1} P_m(x) P_n(x) dx = \frac{2}{2n+1} \delta_{mn} \tag{B.5}$$

を満足するので，ルジャンドル多項式はこの区間で直交関数系をなし，ルジャンドル多項式系と呼ばれる．さらに，ルジャンドル多項式系は，完全であることもわかっているので，区間 $[-1, 1]$ で定義された 2 乗可積分な関数は，すべて

$$f(x) = \sum_{n=0}^{\infty} \lambda_n P_n(x) \tag{B.6}$$

と表される．ルジャンドル多項式系は，フーリエ級数と異なり，多項式で展開しているので，計算機を利用した関数の表現に適しているという長所を持っている．例えば**ガウスの積分公式**と呼ばれる不等間隔分点で与える積分公式において，非常に高い精度で数値積分を行うことができ，応用面での適用範囲も広い．

✅**チェック問題 B.2** $n \neq m$ とするとき，ルジャンドル多項式 $P_n(x)$ と $P_m(x)$ が直交することを示せ． □

✅**チェック問題 B.3** ロドリグの公式 ((B.4) 式) から，

$$\int_{-1}^{1} \{P_n(x)\}^2 dx = \frac{2}{2n+1}$$

を証明せよ． □

C　2次元熱伝導方程式の初期値境界値問題と2重フーリエ級数

　ここでは，第5章で取り上げた1次元熱伝導方程式の初期値境界値問題の解法である変数分離法を用いて解く方法を応用して，空間2次元の長方形領域における熱伝導方程式の初期値境界値問題の解法について説明する．第5章では，初期条件を満たす解を求める上で，フーリエ正弦級数を適用した解の重ね合わせ法を利用したが，2次元問題についても同様の取扱いで解を得ることができる．

　まず，xy 平面上の長方形領域 $D = \{(x,y) \mid 0 \leq x \leq 1, 0 \leq y \leq 1\}$ における以下の **2次元熱伝導方程式** の初期値境界値問題を考える．

$$\begin{cases} u_t = u_{xx} + u_{yy} & (t > 0, 0 < x < 1, 0 < y < 1), \\ u(x,y,0) = x(1-x)y(1-y) & (0 \leq x \leq 1, 0 \leq y \leq 1) \\ u(x,0,t) = u(x,1,t) = 0 & (0 \leq x \leq 1) \\ u(0,y,t) = u(1,y,t) = 0 & (0 \leq y \leq 1). \end{cases}$$

1次元問題の例題 5.1 の解法にならって，$u(x,y,t) = T(t)S(x,y)$ とおいて変数分離法を利用すると，

$$\frac{1}{S}\left(\frac{\partial^2 S}{\partial x^2} + \frac{\partial^2 S}{\partial y^2}\right) = \frac{1}{T}\frac{dT}{dt} = \lambda = 定数$$

から

$$\frac{dT}{dt} = \lambda T \tag{C.1}$$

$$S_{xx} + S_{yy} = \lambda S \tag{C.2}$$

の2つの式に分離される．ここで，(C.1) 式からは，$T(t) = Ae^{\lambda t}$（A は定数）が得られる．一方，(C.2) 式の方は，さらに $S(x,y) = X(x)Y(y)$ とおくと，

$$\frac{1}{X}\frac{d^2 X}{dx^2} + \frac{1}{Y}\frac{d^2 Y}{dy^2} = \lambda$$

となるので，

$$\frac{1}{X}\frac{d^2 X}{dx^2} = -\frac{1}{Y}\frac{d^2 Y}{dy^2} + \lambda = \mu = 定数$$

とおけば，2つの常微分方程式

$$\frac{d^2X}{dx^2} = \mu X \tag{C.3}$$

$$\frac{d^2Y}{dy^2} = \nu Y \tag{C.4}$$

が得られる．ここで，$\lambda = \mu + \nu$ である．1次元問題の場合と同様にして，境界条件 $X(0) = X(1) = 0$ をもつ固有値問題 (C.3) 式の解は，固有値 $\mu_m = -(m\pi)^2$ $(m = 1, 2, \cdots)$ に対して，$X_m(x) = \alpha_m \sin(m\pi x)$ (α_m は定数) となる．同様にして，(C.4) 式の解についても，$\nu_n = -(n\pi)^2$ $(n = 1, 2, \cdots)$ に対して，$Y_n(x) = \beta_n \sin(n\pi y)$ (β_n は定数) が得られ，以上から，x, y 両方向の境界条件を満たす解として，

$$u_{mn}(x, y, t) = e^{-(m^2+n^2)\pi^2 t} \sin(m\pi x) \sin(n\pi y) \tag{C.5}$$

が得られる．

初期条件を満たす解を求める上では，解の重ね合わせ法を用い，

$$u(x, y, t) = \sum_{m=1}^{\infty} \sum_{n=1}^{\infty} b_{mn} e^{-(m^2+n^2)\pi^2 t} \sin(m\pi x) \sin(n\pi y) \tag{C.6}$$

とおいて，

$$\begin{aligned} u(x, y, 0) &= x(1-x)y(1-y) \\ &= \sum_{m=1}^{\infty} \sum_{n=1}^{\infty} b_{mn} \sin(m\pi x) \sin(n\pi y) \end{aligned} \tag{C.7}$$

から係数 b_{mn} を求めればよい．これにはまず，

$$U_m(y) = \sum_{n=1}^{\infty} b_{mn} \sin(n\pi y) \tag{C.8}$$

とおいて (C.7) 式を

$$u(x, y, 0) = \sum_{m=1}^{\infty} U_m(y) \sin(m\pi x) \tag{C.9}$$

とし，y を固定して x についてのフーリエ正弦級数とみて 0 から 1 まで積分すれば，

C 2次元熱伝導方程式の初期値境界値問題と2重フーリエ級数

$$
\begin{aligned}
U_m(y) &= 2y(1-y) \int_0^1 x(1-x) \sin m\pi x \, dx \\
&= 2y(1-y) \left\{ \left[-\frac{x(1-x)}{m\pi} \cos m\pi x \right]_0^1 + \frac{1}{m\pi} \int_0^1 (1-2x) \cos m\pi x \, dx \right\} \\
&= \frac{2y(1-y)}{m\pi} \left\{ \left[\frac{1-2x}{m\pi} \sin m\pi x \right]_0^1 + \frac{2}{m\pi} \int_0^1 \sin m\pi x \, dx \right\} \\
&= \frac{4y(1-y)}{m^2\pi^2} \left\{ \left[-\frac{\cos m\pi x}{m\pi} \right]_0^1 \right\} \\
&= \frac{4y(1-y)\{-(-1)^m + 1\}}{m^3\pi^3} \\
&= \begin{cases} 0 & (m \text{ が偶数}) \\ \dfrac{8y(1-y)}{m^3\pi^3} & (m \text{ が奇数}) \end{cases}
\end{aligned}
$$

が得られる．これを (C.8) 式に代入して y についてのフーリエ正弦級数とみて同様に 0 から 1 まで積分すれば，

$$
b_{mn} = \frac{64}{m^3 n^3 \pi^6} \quad (m, n \text{ は奇数})
$$

が得られる．以上から，初期条件を満たす解として，

$$
\begin{aligned}
&u(x, y, t) \\
&= \frac{64}{\pi^6} \sum_{m(\text{奇数})=1}^{\infty} \sum_{n(\text{奇数})=1}^{\infty} \frac{1}{m^3 n^3} e^{-(m^2+n^2)\pi^2 t} \sin(m\pi x) \sin(n\pi y)
\end{aligned}
\tag{C.10}
$$

が得られる．

このように，2次元問題において適用された (C.7) 式を一般化して，長方形領域 $D = \{(x, y) \mid 0 \leq x \leq a, 0 \leq y \leq b\}$ で与えられた2変数関数 $f(x, y)$ を

$$
f(x, y) \sim \sum_{m=1}^{\infty} \sum_{n=1}^{\infty} b_{mn} \sin \frac{m\pi x}{a} \sin \frac{n\pi y}{b}
\tag{C.11}
$$

と展開するとき，これを **2重フーリエ (正弦) 級数** という．ここで，フーリエ係数 b_{mn} は

$$b_{mn} = \frac{4}{ab} \int_0^a \int_0^b f(x,y) \sin\frac{m\pi x}{a} \sin\frac{n\pi y}{b} dxdy \tag{C.12}$$

で与えられる．この 2 重フーリエ級数を利用することにより，熱伝導方程式だけでなく，2 次元の長方形膜の振動問題等 (波動方程式) でも同様に解くことができる．

さらに，複素形式の **2 重フーリエ級数**へも拡張できる．長方形領域 $D = \{(x,y) \mid -a \leq x < a, -b \leq y < b\}$ で定義された 2 変数関数 $f(x,y)$ が，x 軸方向に周期 $2a$，y 軸方向に周期 $2b$ をもつとする ($f(x+2a,y) = f(x,y+2b) = f(x,y)$)．このとき $f(x,y)$ が

$$f(x,y) \sim \sum_{m=-\infty}^{\infty} \sum_{n=-\infty}^{\infty} c_{mn} e^{i\left(\frac{m\pi x}{a} + \frac{n\pi y}{b}\right)} \tag{C.13}$$

に展開されるとき，これを 2 重フーリエ級数という．ここで，

$$c_{mn} = \frac{1}{4ab} \int_{-a}^{a} \int_{-b}^{b} f(x,y) e^{-i\left(\frac{m\pi x}{a} + \frac{n\pi y}{b}\right)} dxdy \tag{C.14}$$

である．

またさらに，第 4 章と同様にして定義される関数の領域を無限領域まで広げることにより，周期をもたない 2 変数関数に対して 2 重フーリエ変換への拡張ができ，応用範囲が広がる．

D 線形システムと伝達関数

ここでは，ラプラス変換の工学的な応用として，電気回路系，制御系等の系における**線形システム**での入力関数 $x(t)$ と出力関数 $y(t)$ の関係について考察していこう．具体例として，図 D.1 に示されるような ***RLC* 回路**を考える (ただし，印加電圧は $E(t)$ である)．この電気回路についての成立する式は，電流を $i(t)$，電荷を $q(t)$ とすると，キルヒホッフの法則によって，

$$L\frac{di(t)}{dt} + Ri(t) + \frac{q(t)}{C} = E(t) \tag{D.1}$$

という $i(t)$ に関する微分方程式が得られる．ここで，$i(t) = \dfrac{dq(t)}{dt}$ であることから，この式は

$$L\frac{d^2q(t)}{dt^2} + R\frac{dq(t)}{dt} + \frac{q(t)}{C} = E(t) \tag{D.2}$$

という，$q(t)$ に関する 2 階線形非同次微分方程式となる[3]．この $q(t)$ が初期条件 $q(0) = q_0$ および $q'(0) = i(0) = i_0$ のもとでどのような挙動を示すかについて考えよう．$q(t)$ のラプラス変換を $Y(s)$，$E(t)$ のラプラス変換を $X(s)$ とおいて，(D.2) 式の各辺のラプラス変換を計算することによって，

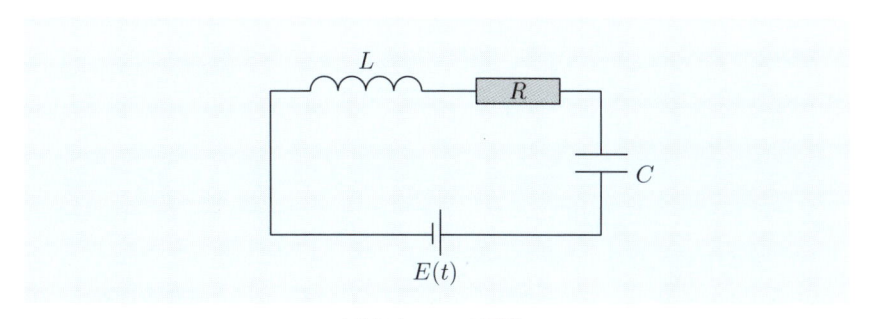

図 D.1　*RLC* 回路

---

[3] これは，両辺を t で微分することによって，$i(t)$ についての 2 階線形非同次微分方程式

$$L\frac{d^2i(t)}{dt^2} + R\frac{di(t)}{dt} + \frac{i(t)}{C} = \frac{dE(t)}{dt}$$

と考えてもよい．

$$\mathcal{L}\left[Lq''(t) + Rq'(t) + \frac{q(t)}{C}\right] = \mathcal{L}\left[E(t)\right]$$

$$L\left\{s^2 Y(s) - sq(+0) - q'(+0)\right\} + R\left\{sY(s) - q(+0)\right\} + \frac{Y(s)}{C} = X(s)$$

$$L\left(s^2 Y(s) - sq_0 - i_0\right) + R\left\{sY(s) - q_0\right\} + \frac{Y(s)}{C} = X(s)$$

$$\left(Ls^2 + Rs + \frac{1}{C}\right)Y(s) - (Lsq_0 + Li_0 + Rq_0) = X(s)$$

となるので,

$$Y(s) = \frac{X(s)}{Ls^2 + Rs + \frac{1}{C}} + \frac{Lsq_0 + Li_0 + Rq_0}{Ls^2 + Rs + \frac{1}{C}} \tag{D.3}$$

となる.ここで,

$$W(s) = \frac{1}{Ls^2 + Rs + \frac{1}{C}}, \quad Q_0(s) = Lsq_0 + Li_0 + Rq_0$$

とおくと,

$$Y(s) = X(s)W(s) + Q_0(s)W(s) \tag{D.4}$$

となる.この式の右辺の第1項は印加電圧 ($E(t)$) がある場合に得られる応答を表し,第2項は初期条件に対する応答を表している.また,W は,印加電圧にも初期条件にも無関係であって,回路に固有のものであることがわかる.また,もし $Q_0 = 0$ (初期条件が全て 0) とするとこのとき,

$$W(s) = \frac{Y(s)}{X(s)}$$

と表されるので,印加電圧 $E(t)$ を入力,電荷 $q(t)$ を出力とすると,$W(s)$ はそれらの像空間での入力と出力の比になっていることがわかる.このように,この回路の特性を表し,入力と出力との関係を示す関数 $W(s)$ を**伝達関数**もしくは**システム関数**と呼ぶ.$Q_0 = 0$ の場合には,(D.4) 式は,$Y(s) = X(s)W(s)$ となるので,両辺をラプラス逆変換すると,

$$q(t) = (E * w)(t) = \int_0^t E(t-\tau)w(\tau)d\tau \tag{D.5}$$

となる.ここで,$w(t) = \mathcal{L}^{-1}[W(s)]$ である.印加電圧が**デルタ関数** $\delta(t)$ のようなものを考えると,チェック問題 6.2 の結果から $W(s)$ は $Y(s)$ そのものに

D　線形システムと伝達関数

なり，
$$q(t) = (\delta * w)(t) = \int_0^t \delta(t-\tau)w(\tau)d\tau = w(t) \tag{D.6}$$

であるから，インパルス $\delta(t)$ の入力の出力という意味で $w(t)$ を**インパルス応答**という．また，$w(t)$ は，印加電圧 $E(t)$ が加わったときには，この入力に重みを与えていることになるので，$w(t)$ を**重み関数**ともいう．

一般に，入力 $x(t)$ と出力 $y(t)$ との間に写像
$$y(t) = \mathcal{T}[x(t)] \tag{D.7}$$
を定義する．このとき，写像 $\mathcal{T}$ が線形であるとは，

(1) 入力が $x_1(t) + x_2(t)$ と 2 つに分けられるとき，出力もそれぞれの出力の和になる．すなわち
$$\mathcal{T}[x_1(t) + x_2(t)] = \mathcal{T}[x_1(t)] + \mathcal{T}[x_2(t)] = y_1(t) + y_2(t) \tag{D.8}$$

(2) 入力を定数 (α) 倍すると，出力も同じだけ定数 (α) 倍される．すなわち
$$\mathcal{T}[\alpha x(t)] = \alpha \mathcal{T}[x(t)] = \alpha y(t) \tag{D.9}$$

の関係が成り立つことをいう．またこの入出力システムを**線形システム**という．

一般に，任意の入力 $x(t)$ に対して出力 $y(t)$ を与えるような定数係数 ($a \neq 0$, b および c) の 2 階線形非同次微分方程式
$$a\frac{d^2y(t)}{dt^2} + b\frac{dy(t)}{dt} + cy(t) = x(t) \tag{D.10}$$
に初期条件 $y(0) = y'(0) = 0$ が課せられた初期値問題は線形システムの典型的な例であり，$x(t)$ のラプラス変換を $X(s)$，$y(t)$ のラプラス変換を $Y(s)$ およびこのシステムの伝達関数を
$$W(s) = \frac{1}{as^2 + bs + c}$$
とすると，
$$Y(s) = X(s)W(s) \tag{D.11}$$

という関係が成り立つ．このような線形システムでは，(D.6) 式のように，$W(s)$ のラプラス逆変換である重み関数 (インパルス応答) $w(t)$ を導入することによって，入力と出力は

$$y(t) = (x * w)(t) = \int_0^t x(t-\tau)w(\tau)d\tau \tag{D.12}$$

のように，たたみ込みを用いて関係づけられる[4]．

- **チェック問題 D.1** 図 6.4 に示される力学系にインパルス $\delta(t)$ が加わる場合について，初期条件 $x(0) = x'(0) = 0$ のもとでの伝達関数，重み関数を求めよ． □

---

[4] これを，**デュアメルの定理**という．

問題解答

1 準　　備

チェック問題 1.1　n を整数とすると，加法定理によって，

$\sin n(a+2\pi) - \sin na$

$= (\sin na \cos 2n\pi + \cos na \sin 2n\pi) - \sin na = 0$

より，

$\displaystyle\int_a^{a+2\pi} \sin mx \sin nx\, dx$

$= \dfrac{1}{2}\displaystyle\int_a^{a+2\pi} \{\cos(m-n)x - \cos(m+n)x\}\, dx$

$= \begin{cases} \dfrac{1}{2(m-n)}\Big[\sin(m-n)x\Big]_a^{a+2\pi} \\ \quad -\dfrac{1}{2(m+n)}\Big[\sin(m+n)x\Big]_a^{a+2\pi} = 0 & (m \neq n) \\ \dfrac{1}{2}\Big[x\Big]_a^{a+2\pi} - \dfrac{1}{2(m+n)}\Big[\sin(m+n)x\Big]_a^{a+2\pi} = \pi & (m=n) \end{cases}$

$= \pi \delta_{mn}$

となる．その他の場合も同様である．

チェック問題 1.2　$f(-x) = f(x),\ g(-x) = -g(x)$ より，

$f(-x)g(-x) = \{f(x)\}\{-g(x)\} = -f(x)g(x)$

であるから，奇関数である．

チェック問題 1.3　$x^2 \sin x$ は奇関数であるから 0 である．確かに，

$\displaystyle\int_{-\pi}^{\pi} x^2 \sin x\, dx = \int_{-\pi}^{0} x^2 \sin x\, dx + \int_{0}^{\pi} x^2 \sin x\, dx$

であり，右辺第 1 項を $t = -x$ として置換積分すると，
$$\int_{-\pi}^{0} x^2 \sin x dx = \int_{\pi}^{0} (-t)^2 \sin(-t)(-dt) = -\int_{0}^{\pi} t^2 \sin t dt$$
となるので，積分値は 0 となる．

チェック問題 1.4

$$\int_{-\pi}^{\pi} e^{inx} \cos \alpha x dx = \int_{-\pi}^{\pi} (\cos nx + i \sin nx) \cos \alpha x dx$$
$$= \frac{1}{2} \int_{-\pi}^{\pi} \{\cos(n-\alpha)x + \cos(n+\alpha)x\} dx$$
$$\quad + \frac{i}{2} \int_{-\pi}^{\pi} \{\sin(n+\alpha)x + \sin(n-\alpha)x\} dx$$
$$= \frac{1}{2} \left[\frac{\sin(n-\alpha)x}{n-\alpha} + \frac{\sin(n+\alpha)x}{n+\alpha} \right]_{-\pi}^{\pi}$$
$$= \frac{\sin(n-\alpha)\pi}{n-\alpha} + \frac{\sin(n+\alpha)\pi}{n+\alpha}$$
$$= \frac{2\alpha (-1)^{n+1} \sin \alpha \pi}{n^2 - \alpha^2}$$

となる．ただし，虚部の積分については，$\sin(n+\alpha)x$ および $\sin(n-\alpha)x$ が奇関数であるので，$-\pi$ から π までの積分は 0 となることを使った．

チェック問題 1.5

$$\int_{-\pi}^{\pi} e^{inx} \sin \alpha x dx = \int_{-\pi}^{\pi} e^{inx} \frac{e^{i\alpha x} - e^{-i\alpha x}}{2i} dx$$
$$= \frac{1}{2i} \int_{-\pi}^{\pi} \{e^{i(n+\alpha)x} - e^{i(n-\alpha)x}\} dx$$
$$= \frac{1}{2i} \left\{ \left[\frac{e^{i(n+\alpha)x}}{i(n+\alpha)} \right]_{-\pi}^{\pi} - \left[\frac{e^{i(n-\alpha)x}}{i(n-\alpha)} \right]_{-\pi}^{\pi} \right\}$$
$$= \frac{1}{2i} \left\{ \frac{e^{\pi i(n+\alpha)} - e^{-\pi i(n+\alpha)}}{i(n+\alpha)} \right\} - \frac{1}{2i} \left\{ \frac{e^{\pi i(n-\alpha)} - e^{-\pi i(n-\alpha)}}{i(n-\alpha)} \right\}$$
$$= -\frac{(n-\alpha)\{e^{\pi i(n+\alpha)} - e^{-\pi i(n+\alpha)}\} - (n+\alpha)\{e^{\pi i(n-\alpha)} - e^{-\pi i(n-\alpha)}\}}{2(n^2 - \alpha^2)}$$
$$= \frac{(-1)^{n+1} n \left(e^{\alpha \pi i} - e^{-\alpha \pi i} \right)}{n^2 - \alpha^2}$$
$$= \frac{2ni (-1)^{n+1} \sin \alpha \pi}{n^2 - \alpha^2}$$

である (チェック問題 1.4 のように計算してもよい)．

チェック問題 1.6

$$\int_0^\infty x^n e^{-sx} dx = \int_0^\infty \left(-\frac{e^{-sx}}{s}\right)' x^n dx$$
$$= \left[-\frac{e^{-sx}}{s} x^n\right]_0^\infty + \frac{1}{s}\int_0^\infty e^{-sx}\left(nx^{n-1}\right) dx$$
$$= \frac{n}{s}\int_0^\infty \left(-\frac{e^{-sx}}{s}\right)' x^{n-1} dx$$
$$= \frac{n}{s}\left\{\left[-\frac{e^{-sx}}{s} x^{n-1}\right]_0^\infty + \frac{1}{s}\int_0^\infty e^{-sx}(n-1)x^{n-2} dx\right\}$$
$$= \cdots = \frac{n!}{s^{n+1}}$$

ただし, $\lim_{x\to\infty} x^n e^{-sx} = 0$ を使った.

チェック問題 1.7

$$\int_{-\infty}^\infty \frac{1}{1+x^2} dx = \lim_{\substack{b\to\infty \\ a\to-\infty}} \int_a^b \frac{1}{1+x^2} dx$$
$$= \lim_{\substack{b\to\infty \\ a\to-\infty}} \left[\tan^{-1} x\right]_a^b = \lim_{\substack{b\to\infty \\ a\to-\infty}} \left(\tan^{-1} b - \tan^{-1} a\right)$$
$$= \frac{\pi}{2} - \left(-\frac{\pi}{2}\right) = \pi$$

章末問題

1 $$\int_0^1 x^2 \sin 2n\pi x dx = \int_0^1 x^2 \left(-\frac{\cos 2n\pi x}{2n\pi}\right)' dx$$
$$= \left[-x^2 \frac{\cos 2n\pi x}{2n\pi}\right]_0^1 + \frac{2}{2n\pi}\int_0^1 x \cos 2n\pi x dx$$
$$= -\frac{1}{2n\pi} + \left[\frac{2x \sin 2n\pi x}{(2n\pi)^2}\right]_0^1 - \frac{2}{(2n\pi)^2}\int_0^1 \sin 2n\pi x dx$$
$$= -\frac{1}{2n\pi} - \frac{2}{(2n\pi)^2}\left[-\frac{\cos 2n\pi x}{2n\pi}\right]_0^1 = -\frac{1}{2n\pi}$$

2 $$I_\varepsilon = \int_0^\varepsilon e^{-ax} \cos bx dx = \int_0^\varepsilon e^{-ax} \left(\frac{\sin bx}{b}\right)' dx$$
$$= \left[e^{-ax} \frac{\sin bx}{b}\right]_0^\varepsilon + \frac{a}{b}\int_0^\varepsilon e^{-ax} \sin bx dx$$

$$= e^{-a\varepsilon}\frac{\sin b\varepsilon}{b} + \frac{a}{b}\int_0^\varepsilon e^{-ax}\left(-\frac{\cos bx}{b}\right)' dx$$

$$= e^{-a\varepsilon}\frac{\sin b\varepsilon}{b} + \frac{a}{b}\left[-e^{-ax}\frac{\cos bx}{b}\right]_0^\varepsilon - \frac{a^2}{b^2}\int_0^\varepsilon e^{-ax}\cos bx dx$$

$$= e^{-a\varepsilon}\frac{b\sin b\varepsilon - a\cos b\varepsilon}{b^2} + \frac{a}{b^2} - \frac{a^2}{b^2}\int_0^\varepsilon e^{-ax}\cos bx dx$$

であるので,

$$I_\varepsilon = e^{-a\varepsilon}\frac{b\sin b\varepsilon - a\cos b\varepsilon}{a^2+b^2} + \frac{a}{a^2+b^2}$$

したがって,

$$\int_0^\infty e^{-ax}\cos bx dx = \lim_{\varepsilon\to\infty} I_\varepsilon = \frac{a}{a^2+b^2}$$

3 (1) $\lim_{t\to\infty} e^{-t}t^{x-1} = 0$ であることを使って,

$$f(x) = \int_0^\infty e^{-t}t^{x-1}dt = \int_0^\infty (-e^{-t})' t^{x-1}dt$$

$$= \left[-e^{-t}t^{x-1}\right]_0^\infty + (x-1)\int_0^\infty e^{-t}t^{x-2}dt = (x-1)f(x-1)$$

(2) $f(1) = \int_0^\infty e^{-t}dt = \left[-e^{-t}\right]_0^\infty = 1$

さらに, $f\left(\frac{1}{2}\right) = \int_0^\infty \frac{e^{-t}}{\sqrt{t}}dt$ については, $t = u^2$ として置換積分すると,

$$\int_0^\infty \frac{e^{-t}}{\sqrt{t}}dt = \int_0^\infty \frac{e^{-u^2}}{u}(2udu) = 2\int_0^\infty e^{-u^2}du = \sqrt{\pi}$$

となる. ただし, 公式 $\int_0^\infty e^{-x^2}dx = \frac{\sqrt{\pi}}{2}$ を使った.

2 フーリエ級数

チェック問題 2.1 (2.5) 式, (2.7) 式より,

$$a_0 = \frac{1}{\pi}\int_{-\pi}^\pi f(x)dx = \frac{1}{\pi}\left(\int_{-\pi}^0 0dx + \int_0^\pi \sin x dx\right)$$

$$= \frac{1}{\pi}\left[-\cos x\right]_0^\pi = \frac{2}{\pi}$$

$$a_n = \frac{1}{\pi}\int_{-\pi}^{\pi} f(x)\cos nx dx = \frac{1}{\pi}\left(\int_{-\pi}^{0} 0\cos nx dx + \int_{0}^{\pi}\sin x\cos nx dx\right)$$
$$= \frac{1}{2\pi}\int_{0}^{\pi}\{\sin(n+1)x - \sin(n-1)x\}dx$$
$$= \begin{cases} \dfrac{1}{2\pi}\left[-\dfrac{\cos(n+1)x}{(n+1)} + \dfrac{\cos(n-1)x}{(n-1)}\right]_0^{\pi} = \dfrac{(-1)^n+1}{\pi(1-n^2)} & (n\neq 1) \\ \dfrac{1}{2\pi}\left[-\dfrac{\cos 2x}{2}\right]_0^{\pi} = 0 & (n=1) \end{cases}$$
$$= \begin{cases} \dfrac{2}{\pi(1-n^2)} & (n\text{ が偶数}) \\ 0 & (n\text{ が奇数}) \end{cases}$$

$$b_n = \frac{1}{\pi}\int_{-\pi}^{\pi} f(x)\sin nx dx = \frac{1}{\pi}\left(\int_{-\pi}^{0} 0\sin nx dx + \int_{0}^{\pi}\sin x\sin nx dx\right)$$
$$= \frac{1}{2\pi}\int_{0}^{\pi}\{\cos(n-1)x - \cos(n+1)x\}dx$$
$$= \begin{cases} \dfrac{1}{2\pi}\left[\dfrac{\sin(n-1)x}{n-1} - \dfrac{\sin(n+1)x}{n+1}\right]_0^{\pi} = 0 & (n\neq 1) \\ \dfrac{1}{2\pi}\left[x - \dfrac{\sin 2x}{2}\right]_0^{\pi} = \dfrac{1}{2} & (n=1) \end{cases}$$

したがって，
$$f(x) = \frac{1}{2}\sin x + \frac{2}{\pi}\left(\frac{1}{2} - \frac{1}{3}\cos 2x - \frac{1}{15}\cos 4x + \cdots\right)$$
$$= \frac{1}{\pi} - \frac{2}{\pi}\sum_{m=1}^{\infty}\left(\frac{1}{4m^2-1}\cos 2mx\right) + \frac{1}{2}\sin x$$

この式で $n=2m$ として得られたフーリエ級数の $n=2$, $n=4$, $n=6$ および $n=8$ の場合の S_n の様子を次ページの図に示す．

チェック問題 2.2 関数 $\sin\lambda x$ は奇関数であるので，$a_n = 0$．一方，
$$b_n = \frac{2}{\pi}\int_0^{\pi}\sin\lambda x\sin nx dx$$
$$= \frac{1}{\pi}\left\{\int_0^{\pi}\cos(n-\lambda)x dx - \int_0^{\pi}\cos(n+\lambda)x dx\right\}$$
$$= \frac{(-1)^n 2n\sin\lambda\pi}{\pi(\lambda^2-n^2)}$$

したがって，

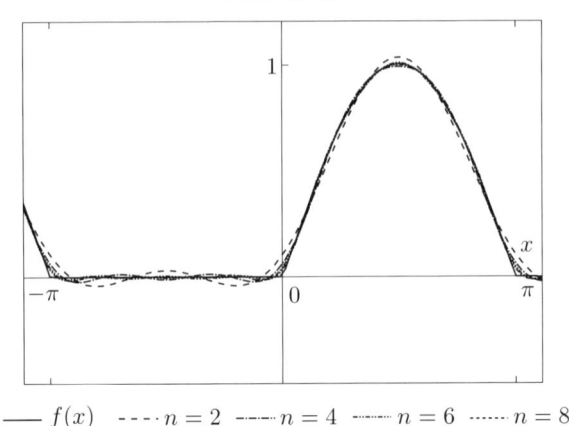

図 有限の項までとったときの級数の収束の様子

$$\sin \lambda x \sim -\frac{2\sin \lambda \pi}{\pi}\left(\frac{\sin x}{\lambda^2-1}-\frac{2\sin 2x}{\lambda^2-2^2}+\frac{3\sin 3x}{\lambda^2-3^2}-\cdots\right)$$
$$\sim \frac{2\sin \lambda \pi}{\pi}\sum_{n=1}^{\infty}\left\{\frac{n(-1)^n}{\lambda^2-n^2}\sin nx\right\}$$

チェック問題2.3 フーリエ正弦級数を求めるのであるから，区間 $[-\pi, 0)$ で $f(x)=-1$ として拡張すると，$a_n=0$ $(n=0,1,2,\cdots)$ であり，

$$b_n = \frac{2}{\pi}\int_0^{\pi} 1\cdot \sin nx\, dx = \frac{2}{\pi}\left[-\frac{\cos nx}{n}\right]_0^{\pi}$$
$$= \frac{2}{n\pi}\left\{(-1)^{n+1}+1\right\} = \begin{cases} \dfrac{4}{n\pi} & (n\,\text{が奇数}) \\ 0 & (n\,\text{が偶数}) \end{cases}$$

となるので，

$$f(x) \sim \frac{4}{\pi}\left(\sin x + \frac{\sin 3x}{3} + \frac{\sin 5x}{5} + \cdots\right)$$
$$\sim \frac{4}{\pi}\sum_{m=1}^{\infty}\left\{\frac{1}{2m-1}\sin(2m-1)x\right\}$$

である．

また，$f\left(\dfrac{\pi}{2}\right)=1$ であるから，$x=\dfrac{\pi}{2}$ を代入すると，

$$\frac{4}{\pi}\left(\sin\frac{\pi}{2}+\frac{\sin\frac{3\pi}{2}}{3}+\frac{\sin\frac{5\pi}{2}}{5}+\cdots\right)=\frac{4}{\pi}\left(1-\frac{1}{3}+\frac{1}{5}-\cdots\right)=1$$

より,
$$1-\frac{1}{3}+\frac{1}{5}-\cdots=\frac{\pi}{4}$$

チェック問題 2.4 公式 (2.26) 式より,

$$a_0=\frac{1}{3}\int_0^3 1\,dx=1$$

$$a_n=\frac{1}{3}\int_0^3\cos\frac{n\pi x}{3}dx=\frac{1}{3}\left[\frac{3}{n\pi}\sin\frac{n\pi x}{3}\right]_0^3=0$$

$$b_n=\frac{1}{3}\int_0^3\sin\frac{n\pi x}{3}dx=\frac{1}{3}\left[-\frac{3}{n\pi}\cos\frac{n\pi x}{3}\right]_0^3$$

$$=\frac{1}{n\pi}\left\{(-1)^{n+1}+1\right\}=\begin{cases}\dfrac{2}{n\pi} & (n\text{ が奇数})\\ 0 & (n\text{ が偶数})\end{cases}$$

より,

$$f(x)\sim\frac{1}{2}+\frac{2}{\pi}\left(\sin\frac{\pi x}{3}+\frac{\sin\frac{3\pi x}{3}}{3}+\frac{\sin\frac{5\pi x}{3}}{5}+\cdots\right)$$

$$\sim\frac{1}{2}+\frac{2}{\pi}\sum_{m=1}^{\infty}\left\{\frac{1}{2m-1}\sin\frac{(2m-1)\pi x}{3}\right\}$$

チェック問題 2.5 第 2 式については,

$$\int_\alpha^\beta\cos\frac{n\pi x}{l}\cos\frac{m\pi x}{l}dx$$

$$=\frac{1}{2}\int_\alpha^\beta\left\{\cos\frac{(n-m)\pi x}{l}+\cos\frac{(n+m)\pi x}{l}\right\}dx$$

$$=\begin{cases}\dfrac{1}{2}\left\{(\beta-\alpha)+\left[\dfrac{l}{2n\pi}\sin\dfrac{2n\pi x}{l}\right]_\alpha^\beta\right\} & (n=m)\\ \dfrac{1}{2}\left\{\left[\dfrac{l}{(n-m)\pi}\sin\dfrac{(n-m)\pi x}{l}\right]_\alpha^\beta\right.\\ \quad\left.+\left[\dfrac{l}{(n+m)\pi}\sin\dfrac{(n+m)\pi x}{l}\right]_\alpha^\beta\right\} & (n\neq m)\end{cases}$$

$$
=\begin{cases} \dfrac{\beta-\alpha}{2}+\dfrac{1}{2}\left\{\dfrac{l}{2n\pi}\left(\sin\dfrac{2n\pi\beta}{l}-\sin\dfrac{2n\pi\alpha}{l}\right)\right\} & (n=m) \\[2mm] \dfrac{1}{2}\left[\dfrac{l}{(n-m)\pi}\left\{\sin\dfrac{(n-m)\pi\beta}{l}-\sin\dfrac{(n-m)\pi\alpha}{l}\right\}\right] \\[2mm] \quad+\dfrac{1}{2}\left[\dfrac{l}{(n+m)\pi}\left\{\sin\dfrac{(n+m)\pi\beta}{l}-\sin\dfrac{(n+m)\pi\alpha}{l}\right\}\right] & (n\neq m) \end{cases}
$$

$$
=\begin{cases} l+\dfrac{l}{2n\pi}\cos\dfrac{2n\pi(\beta+\alpha)}{2l}\sin 2n\pi & (n=m) \\[2mm] \dfrac{l}{(n-m)\pi}\cos\dfrac{(n-m)\pi(\beta+\alpha)}{2l}\sin(n-m)\pi \\[2mm] \quad+\dfrac{l}{(n+m)\pi}\cos\dfrac{(n+m)\pi(\beta+\alpha)}{2l}\sin(n+m)\pi & (n\neq m) \end{cases}
$$

$$=l\delta_{mn}$$

また第 3 式については,

$$\int_\alpha^\beta \sin\dfrac{n\pi x}{l}\cos\dfrac{m\pi y}{l}dx$$

$$=\dfrac{1}{2}\int_\alpha^\beta\left\{\sin\dfrac{(n-m)\pi x}{l}+\sin\dfrac{(n+m)\pi x}{l}\right\}dx$$

$$
=\begin{cases} \dfrac{1}{2}\left(\left[-\dfrac{l}{2n\pi}\cos\dfrac{2n\pi x}{l}\right]_\alpha^\beta\right) & (n=m) \\[2mm] \dfrac{1}{2}\left\{\left[-\dfrac{l}{(n-m)\pi}\cos\dfrac{(n-m)\pi x}{l}\right]_\alpha^\beta\right. \\[2mm] \quad\left.+\left[-\dfrac{l}{(n+m)\pi}\cos\dfrac{(n+m)\pi x}{l}\right]_\alpha^\beta\right\} & (n\neq m) \end{cases}
$$

$$
=\begin{cases} -\dfrac{1}{2}\left\{\dfrac{l}{2n\pi}\left(\cos\dfrac{2n\pi\beta}{l}-\cos\dfrac{2n\pi\alpha}{l}\right)\right\} & (n=m) \\[2mm] -\dfrac{1}{2}\left[\dfrac{l}{(n-m)\pi}\left\{\cos\dfrac{(n-m)\pi\beta}{l}-\cos\dfrac{(n-m)\pi\alpha}{l}\right\}\right] \\[2mm] \quad-\dfrac{1}{2}\left[\dfrac{l}{(n+m)\pi}\left\{\cos\dfrac{(n+m)\pi\beta}{l}-\cos\dfrac{(n+m)\pi\alpha}{l}\right\}\right] & (n\neq m) \end{cases}
$$

$$= \begin{cases} \dfrac{l}{2n\pi} \sin \dfrac{n\pi(\beta+\alpha)}{l} \sin 2n\pi & (n=m) \\ \dfrac{l}{(n-m)\pi} \sin \dfrac{(n-m)\pi(\beta+\alpha)}{2l} \sin(n-m)\pi \\ \quad + \dfrac{l}{(n+m)\pi} \sin \dfrac{(n+m)\pi(\beta+\alpha)}{2l} \sin(n+m)\pi & (n \neq m) \end{cases}$$
$$= 0$$

チェック問題 2.6 (2.37) 式および (2.38) 式から

$$g(y) \sim \sum_{n=-\infty}^{\infty} c_n e^{iny}$$

$$c_n = \frac{1}{2\pi} \int_{-\pi}^{\pi} g(y) e^{-iny} dy$$

とする．ここで，$x = \dfrac{ly}{\pi}$ とおき，$g(y) = g\left(\dfrac{\pi x}{l}\right)$ をあらためて $f(x)$ とすると，置換積分によって，

$$g\left(\frac{\pi x}{l}\right) = f(x) \sim \sum_{n=-\infty}^{\infty} c_n e^{\frac{in\pi x}{l}}$$

であり，

$$c_n = \frac{1}{2\pi} \int_{-l}^{l} g\left(\frac{\pi x}{l}\right) e^{-\frac{in\pi x}{l}} \frac{\pi}{l} dx = \frac{1}{2l} \int_{-l}^{l} f(x) e^{-\frac{in\pi x}{l}} dx$$

と簡単に導かれる．

章末問題

1 図 2.8 からも明らかなように，$f(x)$ が偶関数であるので，$b_n = 0$．よって，

$$a_0 = \frac{2}{\pi} \int_0^{\pi} f(x) dx = \frac{2}{\pi} \int_0^{2} \left(1 - \frac{x}{2}\right) dx = \frac{2}{\pi} \left[x - \frac{x^2}{4}\right]_0^2 = \frac{2}{\pi}$$

$$a_n = \frac{2}{\pi} \int_0^{\pi} f(x) \cos nx \, dx = \frac{2}{\pi} \int_0^{2} \left(1 - \frac{x}{2}\right) \cos nx \, dx$$

$$= \frac{2}{\pi} \left[\frac{\sin nx}{n} - \frac{x \sin nx}{2n}\right]_0^2 + \frac{1}{n\pi} \int_0^{2} \sin nx \, dx$$

$$= \frac{1}{n\pi} \left[-\frac{\cos nx}{n}\right]_0^2 = \frac{1}{n^2 \pi} (1 - \cos 2n)$$

また，加法定理によって $1 - \cos 2n = 2\sin^2 n$ であるので，

$$f(x) \sim \frac{1}{\pi} + \frac{2}{\pi}\left(\sin^2 1 \cos x + \frac{\sin^2 2}{4}\cos 2x + \frac{\sin^2 3}{9}\cos 3x + \cdots\right)$$

$$\sim \frac{1}{\pi} + \frac{2}{\pi}\sum_{n=1}^{\infty}\left(\frac{\sin^2 n}{n^2}\cos nx\right)$$

である．ここで，$f(0) = 1$ であるので，上式に $x = 0$ を代入すると ($x = 0$ では，$f(x)$ は連続だから)，

$$f(0) = 1 = \frac{1}{\pi} + \frac{2}{\pi}\left(\sin^2 1 + \frac{\sin^2 2}{4} + \frac{\sin^2 3}{9} + \cdots\right)$$

より，

$$\sin^2 1 + \frac{\sin^2 2}{4} + \frac{\sin^2 3}{9} + \cdots = \frac{\pi - 1}{2}$$

となる．

2　図 2.9 からも明らかなように，$f(x)$ は奇関数であるので，$a_n = 0$．よって，

$$b_n = \frac{2}{\pi}\int_0^{\pi} f(x)\sin nx\,dx = \frac{2}{\pi}\left\{\int_0^{\frac{\pi}{2}} x\sin nx\,dx + \int_{\frac{\pi}{2}}^{\pi}(-x+\pi)\sin nx\,dx\right\}$$

$$= \frac{2}{\pi}\left\{\left[-\frac{x\cos nx}{n}\right]_0^{\frac{\pi}{2}} + \frac{1}{n}\int_0^{\frac{\pi}{2}}\cos nx\,dx\right.$$

$$\left.+ \left[-\frac{(-x+\pi)\cos nx}{n}\right]_{\frac{\pi}{2}}^{\pi} - \frac{1}{n}\int_{\frac{\pi}{2}}^{\pi}\cos nx\,dx\right\}$$

$$= \frac{2}{\pi}\left(-\frac{\pi}{2n}\cos\frac{n\pi}{2} + \frac{1}{n}\left[\frac{\sin nx}{n}\right]_0^{\frac{\pi}{2}} + \frac{\pi}{2n}\cos\frac{n\pi}{2} - \frac{1}{n}\left[\frac{\sin nx}{n}\right]_{\frac{\pi}{2}}^{\pi}\right)$$

$$= \frac{4}{n^2\pi}\sin\frac{n\pi}{2} = \begin{cases}\dfrac{4(-1)^m}{(2m+1)^2\pi} & (n \text{ が奇数 } (n = 2m+1)) \\ 0 & (n \text{ が偶数})\end{cases}$$

したがって，

$$f(x) \sim \frac{4}{\pi}\left(\sin x - \frac{1}{9}\sin 3x + \frac{1}{25}\sin 5x - \cdots\right)$$

$$\sim \frac{4}{\pi}\sum_{m=0}^{\infty}\left\{\frac{(-1)^m}{(2m+1)^2}\sin(2m+1)x\right\}$$

である．ここで，$f\left(\dfrac{\pi}{2}\right) = \dfrac{\pi}{2}$ であるので，上式に $x = \dfrac{\pi}{2}$ を代入すると ($x = \dfrac{\pi}{2}$ では，$f(x)$ は連続だから)，

であるので，
$$1 + \frac{1}{3^2} + \frac{1}{5^2} + \cdots = \frac{\pi^2}{8}$$
となる．

3 (2.5) 式，(2.7) 式より，
$$a_0 = \frac{1}{\pi}\left(\int_{-\pi}^{0} \cos lx\, dx + \int_{0}^{\pi} \cos mx\, dx\right)$$
$$= \frac{1}{\pi}\left(\left[\frac{\sin lx}{l}\right]_{-\pi}^{0} + \left[\frac{\sin mx}{m}\right]_{0}^{\pi}\right) = 0$$

同様に，a_n についても，
$$a_n = \frac{1}{\pi}\left(\int_{-\pi}^{0} \cos lx \cos nx\, dx + \int_{0}^{\pi} \cos mx \cos nx\, dx\right)$$
$$= \frac{1}{2\pi}\left[\int_{-\pi}^{0}\{\cos(n+l)x + \cos(n-l)x\}dx\right.$$
$$\left. + \int_{0}^{\pi}\{\cos(n+m)x + \cos(n-m)x\}dx\right]$$
$$= \frac{1}{2}(\delta_{nl} + \delta_{nm})$$

b_n については，
$$b_n = \frac{1}{\pi}\left(\int_{-\pi}^{0} \cos lx \sin nx\, dx + \int_{0}^{\pi} \cos mx \sin nx\, dx\right)$$
$$= \frac{1}{2\pi}\left[\int_{-\pi}^{0}\{\sin(n+l)x + \sin(n-l)x\}dx\right.$$
$$\left. + \int_{0}^{\pi}\{\sin(n+m)x + \sin(n-m)x\}dx\right]$$
$$= \begin{cases} \dfrac{1}{2\pi}\left[-\dfrac{\cos 2nx}{2n}\right]_{-\pi}^{0} & (n=l) \\ \dfrac{1}{2\pi}\left[-\dfrac{\cos(n+l)x}{n+l}\right]_{-\pi}^{0} + \dfrac{1}{2\pi}\left[-\dfrac{\cos(n-l)x}{n-l}\right]_{-\pi}^{0} & (n \neq l) \end{cases}$$
$$+ \begin{cases} \dfrac{1}{2\pi}\left[-\dfrac{\cos 2nx}{2n}\right]_{0}^{\pi} & (n=m) \\ \dfrac{1}{2\pi}\left[-\dfrac{\cos(n+m)x}{n+m}\right]_{0}^{\pi} + \dfrac{1}{2\pi}\left[-\dfrac{\cos(n-m)x}{n-m}\right]_{0}^{\pi} & (n \neq m) \end{cases}$$

$$= \begin{cases} 0 & (n = l) \\ \{(-1)^{n+l} - 1\} \dfrac{n}{\pi(n^2 - l^2)} & (n \neq l) \end{cases}$$

$$+ \begin{cases} 0 & (n = m) \\ \{1 - (-1)^{n+m}\} \dfrac{n}{\pi(n^2 - m^2)} & (n \neq m) \end{cases}$$

したがって,

$$f(x) \sim \frac{1}{2}(\cos lx + \cos mx) + \frac{1}{\pi} \sum_{\substack{n=1 \\ n \neq l}}^{\infty} \left[\frac{\{(-1)^{n+l} - 1\} n}{n^2 - l^2} \sin nx \right]$$

$$+ \frac{1}{\pi} \sum_{\substack{n=1 \\ n \neq m}}^{\infty} \left[\frac{\{1 - (-1)^{n+m}\} n}{n^2 - m^2} \sin nx \right]$$

特に,図 2.10 で示されている $l = 3$, $m = 1$ (ともに奇数) の場合は,

$$f(x) \sim \frac{1}{2}(\cos 3x + \cos x)$$

$$+ \frac{1}{\pi}\left\{\left(\frac{32}{15}\right)\sin 2x - \left(\frac{64}{105}\right)\sin 4x - \left(\frac{32}{315}\right)\sin 6x + \cdots\right\}$$

である.この結果をみると,関数 $f(x)$ を構成している $\cos 3x$ と $\cos x$ は平均され,残りを偶数項からなる $\sin nx$ の級数で与えられているところが興味深い.

4 フーリエ余弦級数を求めるのであるから,区間 $[-\pi, 0]$ で $f(x) = \cos x$ として拡張すると,$b_n = 0$ $(n = 1, 2, \cdots)$ であり,

$$a_n = \frac{2}{\pi} \int_0^\pi \cos x \cos nx\, dx = \frac{1}{\pi} \int_0^\pi \{\cos(n+1)x + \cos(n-1)x\}\, dx$$

$$= \begin{cases} \dfrac{1}{\pi}\left[\dfrac{\sin 2x}{2} + x\right]_0^\pi & (n = 1) \\ \dfrac{1}{\pi}\left[\dfrac{\sin(n+1)x}{n+1} + \dfrac{\sin(n-1)x}{n-1}\right]_0^\pi & (n \neq 1) \end{cases}$$

$$= \begin{cases} 1 & (n = 1) \\ 0 & (n \neq 1) \end{cases}$$

となる.よって,

$$f(x) \sim \cos x$$

である.

次にフーリエ正弦級数については，区間 $[-\pi, 0)$ で $f(x) = -\cos x$ として拡張すると，$a_n = 0$ $(n = 0, 1, 2, \cdots)$ であり，

$$b_n = \frac{2}{\pi} \int_0^\pi \cos x \sin nx dx = \frac{1}{\pi} \int_0^\pi \{\sin(n+1)x + \sin(n-1)x\} dx$$

$$= \begin{cases} \dfrac{1}{\pi} \left[-\dfrac{\cos 2x}{2} \right]_0^\pi & (n = 1) \\ \dfrac{1}{\pi} \left[-\dfrac{\cos(n+1)x}{n+1} - \dfrac{\cos(n-1)x}{n-1} \right]_0^\pi & (n \neq 1) \end{cases}$$

$$= \begin{cases} 0 & (n = 1) \\ \dfrac{2n\{(-1)^n + 1\}}{\pi(n^2 - 1)} & (n \neq 1) \end{cases}$$

$$= \begin{cases} 0 & (n \text{ が奇数}) \\ \dfrac{4n}{\pi(n^2-1)} & (n \text{ が偶数}) \end{cases}$$

であるので，

$$f(x) \sim \frac{8}{\pi} \left(\frac{\sin 2x}{3} + \frac{2\sin 4x}{15} + \frac{3\sin 6x}{35} + \cdots \right)$$

$$\sim \frac{8}{\pi} \sum_{m=1}^\infty \left(\frac{m}{4m^2 - 1} \sin 2mx \right)$$

となる．

5 この周期関数は奇関数であるので，$a_n = 0$．よって，

$$b_n = \frac{2}{1} \int_0^1 (1-x) \sin \pi x \sin n\pi x dx$$

$$= \int_0^1 (1-x) \{\cos(n-1)\pi x - \cos(n+1)\pi x\} dx$$

$$= \begin{cases} \left[x - \dfrac{x^2}{2} \right]_0^1 - \left[\dfrac{(1-x)\sin 2\pi x}{2\pi} \right]_0^1 - \int_0^1 \dfrac{\sin 2\pi x}{2\pi} dx & (n = 1) \\ \left[\dfrac{(1-x)\sin(n-1)\pi x}{(n-1)\pi} - \dfrac{(1-x)\sin(n+1)\pi x}{(n+1)\pi} \right]_0^1 \\ \quad + \int_0^1 \left(\dfrac{\sin(n-1)\pi x}{(n-1)\pi} - \dfrac{\sin(n+1)\pi x}{(n+1)\pi} \right) dx & (n \neq 1) \end{cases}$$

$$= \begin{cases} \dfrac{1}{2} + \left[\dfrac{\cos 2\pi x}{4\pi^2}\right]_0^1 & (n=1) \\ \left[-\dfrac{\cos(n-1)\pi x}{(n-1)^2\pi^2} + \dfrac{\cos(n+1)\pi x}{(n+1)^2\pi^2}\right]_0^1 & (n \neq 1) \end{cases}$$

$$= \begin{cases} \dfrac{1}{2} & (n=1) \\ \dfrac{4n\{(-1)^n+1\}}{(n^2-1)^2\pi^2} & (n \neq 1) \end{cases}$$

$$= \begin{cases} \dfrac{1}{2} & (n=1) \\ 0 & (n \text{ が } 1 \text{ 以外の奇数}) \\ \dfrac{8n\{(-1)^n+1\}}{(n^2-1)^2\pi^2} & (n \text{ が偶数}) \end{cases}$$

であるので,

$$f(x) \sim \dfrac{1}{2}\sin \pi x + \dfrac{16}{\pi^2}\sum_{m=1}^{\infty}\dfrac{m}{(4m^2-1)^2}\sin 2m\pi x$$

となる.

6 (1) (2.38) 式より

$$c_n = \dfrac{1}{2\pi}\int_{-\pi}^{\pi}\left(\dfrac{e^x+e^{-x}}{2}e^{-inx}\right)dx$$

$$= \dfrac{1}{4\pi}\left\{\left[\dfrac{e^{(1-in)x}}{1-in}\right]_{-\pi}^{\pi} - \left[\dfrac{e^{-(1+in)x}}{1+in}\right]_{-\pi}^{\pi}\right\}$$

$$= \dfrac{1}{4\pi}\left(\dfrac{e^\pi e^{-in\pi}-e^{-\pi}e^{in\pi}}{1-in} - \dfrac{e^{-\pi}e^{-in\pi}-e^\pi e^{in\pi}}{1+in}\right)$$

$$= \dfrac{(-1)^n(e^\pi-e^{-\pi})}{2\pi(1+n^2)}$$

ただし, $e^{\pm in\pi} = \cos n\pi = (-1)^n$ を使った. したがって, (2.37) 式から

$$f(x) \sim \sum_{n=-\infty}^{\infty}\dfrac{(-1)^n(e^\pi-e^{-\pi})}{2\pi(1+n^2)}e^{inx}$$

となる[1].

(2) (1) の場合と同様にして,

$$c_n = \frac{1}{2\pi}\int_0^{2\pi}\left(\frac{e^x+e^{-x}}{2}e^{-inx}\right)dx$$

$$= \frac{1}{4\pi}\left\{\left[\frac{e^{(1-in)x}}{1-in}\right]_0^{2\pi} + \left[-\frac{e^{-(1+in)x}}{1+in}\right]_0^{2\pi}\right\}$$

$$= \frac{1}{4\pi}\left(\frac{e^{2\pi}e^{-i2n\pi}-e^0}{1-in} - \frac{e^{-2\pi}e^{-i2n\pi}-e^0}{1+in}\right)$$

$$= \frac{(e^\pi-e^{-\pi})\{e^\pi+e^{-\pi}+in(e^\pi-e^{-\pi})\}}{4\pi(1+n^2)}$$

ただし, $e^{\pm i2n\pi}=1$ を使った. したがって,

$$f(x) \sim \sum_{n=-\infty}^{\infty}\left[\frac{(e^\pi-e^{-\pi})\{e^\pi+e^{-\pi}+in(e^\pi-e^{-\pi})\}}{4\pi(1+n^2)}e^{inx}\right]$$

となる.

(3) (1) の場合の $x=\pi$ のときには, $f(\pm\pi)=\dfrac{e^\pi+e^{-\pi}}{2}$ であるので ($x=\pm\pi$ では, $f(x)$ は連続だから),

$$\frac{e^\pi-e^{-\pi}}{2\pi}\left(1+2\sum_{n=1}^{\infty}\frac{1}{1+n^2}\right) = \frac{e^\pi+e^{-\pi}}{2}$$

より,

$$\sum_{n=1}^{\infty}\frac{1}{1+n^2} = \frac{1}{2}\left\{\frac{(e^\pi+e^{-\pi})\pi}{e^\pi-e^{-\pi}}-1\right\}$$

となる.

(4) (1) の場合の $x=0$ のときには, $f(0)=1$ であるので ($x=0$ では, $f(x)$ は連続だから),

---

[1] $f(x)$ は偶関数であるので, 当然, $b_n=0$ であり, $\cos nx$ のみの級数だけだけで表される.

$$\frac{e^\pi - e^{-\pi}}{2\pi}\left\{1 - 2\sum_{n=1}^{\infty}\frac{(-1)^{n+1}}{1+n^2}\right\} = 1$$

より,

$$\sum_{n=1}^{\infty}\frac{(-1)^{n+1}}{1+n^2} = \frac{1}{2}\left(1 - \frac{2\pi}{e^\pi - e^{-\pi}}\right)$$

となる.

3 フーリエ級数の性質

チェック問題 3.1 第 2 章の例題 2.1 の結果より,

$$|x| \sim \frac{\pi}{2} - \frac{4}{\pi}\left(\cos x + \frac{1}{3^2}\cos 3x + \frac{1}{5^2}\cos 5x + \cdots\right)$$
$$\sim \frac{\pi}{2} - \frac{4}{\pi}\sum_{n=1}^{\infty}\left\{\frac{1}{(2n-1)^2}\cos(2n-1)x\right\}$$

であるが, 一方,

$$\frac{1}{\pi}\int_{-\pi}^{\pi}|x|^2 dx = \frac{1}{\pi}\left[\frac{x^3}{3}\right]_{-\pi}^{\pi} = \frac{2\pi^2}{3}$$

より, パーセバルの等式は ($b_n = 0$ で),

$$\frac{2\pi^2}{3} = \frac{a_0{}^2}{2} + \sum_{n=1}^{\infty}a_n^2 = \frac{\pi^2}{2} + \frac{16}{\pi^2}\sum_{n=1}^{\infty}\frac{1}{(2n-1)^4}$$

より,

$$\sum_{n=1}^{\infty}\frac{1}{(2n-1)^4} = \frac{\pi^4}{96}$$

である.

チェック問題 3.2 第 2 章のチェック問題 2.2 の結果より,

$$\sin\lambda x \sim -\frac{2\sin\lambda\pi}{\pi}\left(\frac{\sin x}{\lambda^2-1} - \frac{2\sin 2x}{\lambda^2-2^2} + \frac{3\sin 3x}{\lambda^2-3^2} - \cdots\right)$$
$$\sim \frac{2\sin\lambda\pi}{\pi}\sum_{n=1}^{\infty}\left\{\frac{n(-1)^n}{\lambda^2-n^2}\sin nx\right\}$$

項別積分を利用して,

3章の問題

$$左辺 = F(x) = \int_0^x \sin \lambda t\, dt = \frac{1}{\lambda} - \frac{\cos \lambda x}{\lambda}$$

$$右辺 = \sum_{n=1}^{\infty} \frac{(-1)^n 2 \sin \lambda \pi}{\pi(\lambda^2 - n^2)}(1 - \cos nx)$$

よって,

$$\cos \lambda x = \left\{1 - \sum_{n=1}^{\infty} \frac{(-1)^n 2\lambda \sin \lambda \pi}{\pi(\lambda^2 - n^2)}\right\} + \sum_{n=1}^{\infty} \frac{(-1)^n 2\lambda \sin \lambda \pi}{\pi(\lambda^2 - n^2)} \cos nx$$

となる.

一方, 項別積分を用いないで, $\cos \lambda x$ のフーリエ級数を計算すると,

$$a_n = \frac{2}{\pi} \int_0^{\pi} \cos \lambda x \cos nx\, dx = \frac{(-1)^n 2\lambda \sin \lambda \pi}{\pi(\lambda^2 - n^2)}$$

となるので, したがって,

$$\cos \lambda x \sim \frac{2\lambda}{\pi} \sin \lambda \pi \left(\frac{1}{2\lambda^2} - \frac{\cos x}{\lambda^2 - 1} + \frac{\cos 2x}{\lambda^2 - 2^2} - \frac{\cos 3x}{\lambda^2 - 3^2} + \cdots \right)$$

$$\sim \frac{\sin \lambda \pi}{\pi \lambda} + \frac{2\lambda \sin \lambda \pi}{\pi} \sum_{n=1}^{\infty} \frac{(-1)^n}{\lambda^2 - n^2} \cos nx$$

以上から, 定数項を比較すると,

$$1 - \frac{2\lambda \sin \lambda \pi}{\pi} \sum_{n=1}^{\infty} \frac{(-1)^n}{(\lambda^2 - n^2)} = \frac{\sin \lambda \pi}{\pi \lambda}$$

となるので,

$$\sum_{n=1}^{\infty} \frac{(-1)^n}{(\lambda^2 - n^2)} = \frac{\pi \lambda - \sin \lambda \pi}{2\lambda^2 \sin \lambda \pi}$$

となる.

チェック問題 3.3 $g(x) = \begin{cases} -1 & (-\pi \leq x < 0) \\ 1 & (0 \leq x < \pi) \end{cases}$ をフーリエ級数展開することは,

第2章のチェック問題 2.3 の正弦級数を求める問題と同じであるので,

$$f(x) \sim \frac{4}{\pi}\left(\sin x + \frac{\sin 3x}{3} + \frac{\sin 5x}{5} + \cdots\right)$$

であり, これは, (3.44) 式と同じであることが示された.

チェック問題 3.4 区間 $[0, \pi]$ で定義された $f(x)$ の余弦級数は,

$$f(x) \sim \frac{1}{2}a_0 + \sum_{n=1}^{\infty} a_n \cos nx$$

$$a_0 = \frac{2}{\pi} \int_0^{\pi} f(x)dx, \quad a_n = \frac{2}{\pi} \int_0^{\pi} f(x) \cos nx\, dx$$

で与えられる．これが，項別微分できるとすると，

$$f'(x) = \sum_{n=1}^{\infty} (-a_n n \sin nx)$$

となる．一方，区間 $[0, \pi]$ で定義された $f'(x)$ の正弦級数は，

$$f'(x) \sim \sum_{n=1}^{\infty} B_n \sin nx$$

$$B_n = \frac{2}{\pi} \int_0^{\pi} f'(x) \sin nx \, dx$$

で与えられるが，係数 B_n については，部分積分によって，

$$B_n = \frac{2}{\pi} \left\{ \left[f(x) \sin nx \right]_0^{\pi} - n \int_0^{\pi} f(x) \cos nx \, dx \right\}$$

$$= -n \left\{ \frac{2}{\pi} \int_0^{\pi} f(x) \cos nx \, dx \right\} = -na_n$$

となる．したがって，項別積分した級数と同じになることが示された．

章末問題

1 この周期関数は奇関数であるので，$a_n = 0$．よって，

$$b_n = \frac{2}{\pi} \int_0^{\pi} x \cos x \sin nx \, dx = \frac{1}{\pi} \int_0^{\pi} x \{\sin(n+1)x + \sin(n-1)x\} dx$$

$$= \begin{cases} \dfrac{1}{\pi} \left(\left[-\dfrac{x \cos 2x}{2} \right]_0^{\pi} + \int_0^{\pi} \dfrac{\cos 2x}{2} dx \right) & (n=1) \\ \dfrac{1}{\pi} \left\{ \left[-\dfrac{x \cos(n+1)x}{n+1} - \dfrac{x \cos(n-1)x}{n-1} \right]_0^{\pi} \right. \\ \quad \left. + \int_0^{\pi} \left(\dfrac{\cos(n+1)x}{n+1} + \dfrac{\cos(n-1)x}{n-1} \right) dx \right\} & (n \neq 1) \end{cases}$$

$$= \begin{cases} \dfrac{1}{\pi} \left(-\dfrac{\pi}{2} + \left[\dfrac{\sin 2x}{4} \right]_0^{\pi} \right) & (n=1) \\ \dfrac{1}{\pi} \left\{ \dfrac{2n\pi(-1)^n}{n^2-1} + \left[\dfrac{\sin(n+1)x}{(n+1)^2} + \dfrac{\sin(n-1)x}{(n-1)^2} \right]_0^{\pi} \right\} & (n \neq 1) \end{cases}$$

$$= \begin{cases} -\dfrac{1}{2} & (n=1) \\ \dfrac{2n(-1)^n}{n^2-1} & (n \neq 1) \end{cases}$$

であるので，

$$f(x) \sim -\frac{1}{2}\sin x + \frac{4}{3}\sin 2x - \frac{3}{4}\sin 3x + \cdots$$
$$\sim -\frac{1}{2}\sin x + 2\sum_{n=2}^{\infty}\frac{(-1)^n n}{n^2-1}\sin nx$$

となる．

一方，パーセバルの等式より，左辺は，

$$\frac{1}{\pi}\int_{-\pi}^{\pi} x^2 \cos^2 x \, dx$$
$$= \frac{1}{\pi}\int_{0}^{\pi} x^2(1+\cos 2x)\,dx$$
$$= \frac{1}{\pi}\left(\left[\frac{x^3}{3}+\frac{x^2\sin 2x}{2}\right]_{0}^{\pi} - \int_{0}^{\pi} x\sin 2x\,dx\right)$$
$$= \frac{1}{\pi}\left(\frac{\pi^3}{3} + \left[\frac{x\cos 2x}{2}\right]_{0}^{\pi} - \frac{1}{2}\int_{0}^{\pi}\cos 2x\,dx\right)$$
$$= \frac{1}{\pi}\left(\frac{\pi^3}{3} + \frac{\pi}{2} + \left[-\frac{\sin 2x}{4}\right]_{0}^{\pi}\right)$$
$$= \frac{\pi^2}{3} + \frac{1}{2}$$

であるので，

$$\frac{\pi^2}{3}+\frac{1}{2} = \left(-\frac{1}{2}\right)^2 + 4\sum_{n=2}^{\infty}\frac{n^2}{(n^2-1)^2}$$

より，

$$\sum_{n=2}^{\infty}\frac{n^2}{(n^2-1)^2} = \frac{\pi^2}{12} + \frac{1}{16}$$

である．

2 $\psi_0(x) = 1$ とおくと，(3.25) 式から，

$$\hat{\psi}_0(x) = \psi_0(x) = 1$$
$$\varphi_0(x) = \frac{\hat{\psi}_0(x)}{\|\hat{\psi}_0(x)\|} = \frac{1}{\sqrt{2}}$$

となる．ただし，

$$\|1\| = \sqrt{\int_{-1}^{1} 1\,dx} = \sqrt{2}$$

を使った.さらに, $n=1$ については $\psi_1(x) = x$ として,

$$\hat{\psi}_1(x) = \psi_1(x) - \sum_{i=1}^{1}(\psi_1, \varphi_i)\varphi_i = x - \left(x, \frac{1}{\sqrt{2}}\right)\frac{1}{\sqrt{2}}$$
$$= x - \frac{1}{\sqrt{2}}\int_{-1}^{1}\frac{x}{\sqrt{2}}dx = x$$

であり,

$$\|x\| = \sqrt{\int_{-1}^{1}x^2 dx} = \sqrt{\frac{2}{3}}$$

$$\varphi_1(x) = \frac{\hat{\psi}_1(x)}{\|\hat{\psi}_1(x)\|} = \sqrt{\frac{3}{2}}x$$

となる.

次に, $n=2$ については $\psi_2(x) = x^2$ として,

$$\hat{\psi}_2(x) = \psi_2(x) - \sum_{i=1}^{2}(\psi_2, \varphi_i)\varphi_i$$
$$= x^2 - \left(x^2, \frac{1}{\sqrt{2}}\right)\frac{1}{\sqrt{2}} - \left(x^2, \sqrt{\frac{3}{2}}x\right)\sqrt{\frac{3}{2}}x$$
$$= x^2 - \frac{1}{\sqrt{2}}\int_{-1}^{1}\frac{x^2}{\sqrt{2}}dx - \sqrt{\frac{3}{2}}x\int_{-1}^{1}\sqrt{\frac{3}{2}}x^3 dx$$
$$= x^2 - \frac{1}{3}$$

であり,

$$\left\|x^2 - \frac{1}{3}\right\| = \sqrt{\int_{-1}^{1}\left(x^2 - \frac{1}{3}\right)^2 dx}$$
$$= \sqrt{\int_{-1}^{1}\left(x^4 - \frac{2}{3}x^2 + \frac{1}{9}\right)dx} = \sqrt{\frac{8}{45}}$$

$$\varphi_2(x) = \frac{\hat{\psi}_2(x)}{\|\hat{\psi}_2(x)\|} = \sqrt{\frac{5}{8}}\left(3x^2 - 1\right)$$

となる.

3 $\sinh x$ は奇関数であるので, $a_n = 0$ であり,

$$\begin{aligned}
b_n &= \frac{2}{\pi} \int_0^\pi \sinh x \sin nx dx \\
&= \frac{1}{\pi} \int_0^\pi \left(e^x - e^{-x}\right) \sin nx dx \\
&= \frac{1}{\pi} \left\{ \left[\left(e^x + e^{-x}\right) \sin nx\right]_0^\pi - n \int_0^\pi \left(e^x + e^{-x}\right) \cos nx dx \right\} \\
&= \frac{1}{\pi} \left\{ \left[-n\left(e^x - e^{-x}\right) \cos nx\right]_0^\pi - n^2 \int_0^\pi \left(e^x - e^{-x}\right) \sin nx dx \right\} \\
&= \frac{2n(-1)^{n+1} \sinh \pi}{\pi} - \frac{n^2}{\pi} \int_0^\pi \left(e^x - e^{-x}\right) \sin nx dx
\end{aligned}$$

となるので,

$$b_n = \frac{2n(-1)^{n+1} \sinh \pi}{\pi \left(n^2 + 1\right)}$$

よって,

$$\sinh x = \sum_{n=1}^\infty \frac{2n(-1)^{n+1} \sinh \pi}{\pi \left(n^2 + 1\right)} \sin nx$$

となる. さて, これを項別積分すると,

$$\int_0^x \sinh t dt = \cosh x - 1 = \sum_{n=1}^\infty \frac{2(-1)^{n+1} \sinh \pi}{\pi \left(n^2 + 1\right)} \left(1 - \cos nx\right)$$

となるので,

$$\cosh x = 1 + \sum_{n=1}^\infty \frac{2(-1)^{n+1} \sinh \pi}{\pi \left(n^2 + 1\right)} \left(1 - \cos nx\right)$$

となる.

4 $\cosh x$ は偶関数であるので, $b_n = 0$ であり,

$$\begin{aligned}
a_n &= \frac{2}{\pi} \int_0^\pi \cosh x \cos nx dx \\
&= \frac{1}{\pi} \int_0^\pi \left(e^x + e^{-x}\right) \cos nx dx \\
&= \frac{1}{\pi} \left\{ \left[\left(e^x - e^{-x}\right) \cos nx\right]_0^\pi + n \int_0^\pi \left(e^x - e^{-x}\right) \sin nx dx \right\} \\
&= \frac{1}{\pi} \left\{ 2(-1)^n \sinh \pi + \left[n\left(e^x + e^{-x}\right) \sin nx\right]_0^\pi \right.
\end{aligned}$$

$$-n^2\int_0^\pi \left(e^x+e^{-x}\right)\cos nx dx\Bigr\}$$
$$=\frac{2(-1)^n\sinh\pi}{\pi}-\frac{n^2}{\pi}\int_0^\pi\left(e^x+e^{-x}\right)\cos nx dx$$

となるので,
$$a_n=\frac{2(-1)^n\sinh\pi}{\pi(n^2+1)}$$

また,
$$a_0=\frac{2}{\pi}\int_0^\pi\cosh x dx=\frac{2}{\pi}\Bigl[\sinh x\Bigr]_0^\pi=\frac{2\sinh\pi}{\pi}$$

であるので,
$$\cosh x=\frac{\sinh\pi}{\pi}+\sum_{n=1}^\infty\frac{2(-1)^n\sinh\pi}{\pi(n^2+1)}\cos nx$$

となる. さて, これを項別微分すると,
$$\sinh x=\sum_{n=1}^\infty\frac{2n(-1)^{n+1}\sinh\pi}{\pi(n^2+1)}\sin nx$$

となる.

さらに, 章末問題3の結果より,
$$\frac{a_0}{2}=\frac{\sinh\pi}{\pi}=1+\frac{2\sinh\pi}{\pi}\sum_{n=1}^\infty\frac{(-1)^{n+1}}{n^2+1}$$

から,
$$\sum_{n=1}^\infty\frac{(-1)^n}{n^2+1}=\frac{\pi-\sinh\pi}{2\sinh\pi}$$

となる.

4 フーリエ積分とフーリエ変換

チェック問題 4.1 フーリエ変換の式より
$$F(\tau)=\frac{1}{\sqrt{2\pi}}\int_{-\infty}^\infty e^{-|t|}e^{-i\tau t}dt$$
$$=\frac{1}{\sqrt{2\pi}}\left(\int_{-\infty}^0 e^t e^{-i\tau t}dt+\int_0^\infty e^{-t}e^{-i\tau t}dt\right)$$

$$= \frac{1}{\sqrt{2\pi}}\left\{\int_{-\infty}^{0} e^{(1-i\tau)t}dt + \int_{0}^{\infty} e^{(-1-i\tau)t}dt\right\}$$

$$= \frac{1}{\sqrt{2\pi}}\left\{\left[\frac{e^{(1-i\tau)t}}{1-i\tau}\right]_{-\infty}^{0} + \left[\frac{e^{(-1-i\tau)t}}{-1-i\tau}\right]_{0}^{\infty}\right\}$$

$$= \frac{1}{\sqrt{2\pi}}\left(\frac{1}{1-i\tau} + \frac{1}{1+i\tau}\right) = \sqrt{\frac{2}{\pi}}\frac{1}{1+\tau^2}$$

である．したがって，複素フーリエ積分公式 ((4.10) 式) は，

$$e^{-|x|} = \frac{1}{\sqrt{2\pi}}\int_{-\infty}^{\infty}\left(\sqrt{\frac{2}{\pi}}\frac{1}{1+\tau^2}\right)e^{i\tau x}d\tau = \frac{1}{\pi}\int_{-\infty}^{\infty}\frac{1}{1+\tau^2}e^{i\tau x}d\tau$$

となり，$x = 0$ では，

$$\pi = \int_{-\infty}^{\infty}\frac{1}{1+\tau^2}d\tau$$

となる．

チェック問題 4.2 $f(x)$ は偶関数だから，(4.21) 式から，フーリエ余弦変換は，

$$F_c(\tau) = \sqrt{\frac{2}{\pi}}\int_{0}^{\infty} e^{-t}\cos\tau t\, dt$$

$$= \sqrt{\frac{2}{\pi}}\left(\left[-e^{-t}\cos\tau t\right]_{0}^{\infty} - \tau\int_{0}^{\infty} e^{-t}\sin\tau t\, dt\right)$$

$$= \sqrt{\frac{2}{\pi}}\left(1 + \left[\tau e^{-t}\sin\tau t\right]_{0}^{\infty} - \tau^2\int_{0}^{\infty} e^{-t}\cos\tau t\, dt\right)$$

$$= \sqrt{\frac{2}{\pi}} - \tau^2\sqrt{\frac{2}{\pi}}\int_{0}^{\infty} e^{-t}\cos\tau t\, dt$$

$$= \sqrt{\frac{2}{\pi}} - \tau^2 F_c(\tau)$$

より，

$$F_c(\tau) = \sqrt{\frac{2}{\pi}}\frac{1}{\tau^2+1}$$

となる．フーリエ余弦積分の式 ((4.21) 式) より，

$$e^{-|x|} = \frac{2}{\pi}\int_{0}^{\infty}\left(\frac{1}{\tau^2+1}\right)\cos\tau x\, d\tau$$

となるから，$x=1$ では，
$$\frac{\pi}{2e} = \int_0^\infty \frac{\cos\tau}{1+\tau^2}d\tau$$
となる．

チェック問題 4.3 $\int_{-\infty}^\infty f(x)\delta(ax)dx$ について，$ax=t$ と変数変換すると，置換積分は，
$$\int_{-\infty}^\infty f(x)\delta(ax)dx = \frac{1}{a}\int_{-\infty}^\infty f\left(\frac{t}{a}\right)\delta(t)dt = \frac{1}{a}f(0)$$
となる．一方，(4.39) 式より
$$\frac{1}{a}f(0) = \frac{1}{a}\int_{-\infty}^\infty f(x)\delta(x)dx = \int_{-\infty}^\infty f(x)\left\{\frac{\delta(x)}{a}\right\}dx$$
であるから，$\delta(ax) = \dfrac{\delta(x)}{a}$ である．

章末問題

1 フーリエ変換の式より，
$$F(\tau) = \frac{1}{\sqrt{2\pi}}\int_{-\infty}^\infty f(t)e^{-i\tau t}dt = \frac{1}{\sqrt{2\pi}}\int_{-\infty}^\infty \left(e^{-|t|}\sin t\right)e^{-i\tau t}dt$$
$$= \frac{1}{\sqrt{2\pi}}\left\{\int_{-\infty}^0 \left(e^t \sin t\right)e^{-i\tau t}dt + \int_0^\infty \left(e^{-t}\sin t\right)e^{-i\tau t}dt\right\}$$
$$= \frac{1}{\sqrt{2\pi}}\left\{\int_{-\infty}^0 e^{(1-i\tau)t}\sin t\,dt + \int_0^\infty e^{-(1+i\tau)t}\sin t\,dt\right\}$$

ここで，
$$\int_{-\infty}^0 e^{(1-i\tau)t}\sin t\,dt$$
$$= \left[\frac{e^{(1-i\tau)t}\sin t}{1-i\tau}\right]_{-\infty}^0 - \frac{1}{1-i\tau}\int_{-\infty}^0 e^{(1-i\tau)t}\cos t\,dt$$
$$= \left[-\frac{e^{(1-i\tau)t}\cos t}{(1-i\tau)^2}\right]_{-\infty}^0 - \frac{1}{(1-i\tau)^2}\int_{-\infty}^0 e^{(1-i\tau)t}\sin t\,dt$$
$$= -\frac{1}{(1-i\tau)^2} - \frac{1}{(1-i\tau)^2}\int_{-\infty}^0 e^{(1-i\tau)t}\sin t\,dt$$

より，

$$\int_{-\infty}^{0} e^{(1-i\tau)t} \sin t\, dt = -\frac{1}{1+(1-i\tau)^2}$$

同様にして，
$$\int_{0}^{\infty} e^{-(1+i\tau)t} \sin t\, dt = \frac{1}{1+(1+i\tau)^2}$$

となるので，
$$F(\tau) = \frac{1}{\sqrt{2\pi}} \left\{ \frac{1}{1+(1+i\tau)^2} - \frac{1}{1+(1-i\tau)^2} \right\}$$
$$= -\sqrt{\frac{2}{\pi}} \frac{2\tau i}{4+\tau^4}$$

一方，$e^{-|x|}\sin x$ は奇関数であり，フーリエ正弦変換は，
$$F_s(\tau) = \sqrt{\frac{2}{\pi}} \int_0^\infty f(t)\sin\tau t\, dt = \sqrt{\frac{2}{\pi}} \int_0^\infty e^{-t}\sin t \sin\tau t\, dt$$
$$= \frac{1}{\sqrt{2\pi}} \int_0^\infty e^{-t}\{\cos(1-\tau)t - \cos(1+\tau)t\}dt$$

ここで，
$$\int_0^\infty e^{-t}\cos(1-\tau)t\, dt$$
$$= \left[-e^{-t}\cos(1-\tau)t\right]_0^\infty - (1-\tau)\int_0^\infty e^{-t}\sin(1-\tau)t\, dt$$
$$= 1 + (1-\tau)\left[e^{-t}\sin(1-\tau)t\right]_0^\infty - (1-\tau)^2 \int_0^\infty e^{-t}\cos(1-\tau)t\, dt$$
$$= 1 - (1-\tau)^2 \int_0^\infty e^{-t}\cos(1-\tau)t\, dt$$

より，
$$\int_0^\infty e^{-t}\cos(1-\tau)t\, dt = \frac{1}{1+(1-\tau)^2}$$

となる．同様にして，
$$\int_0^\infty e^{-t}\cos(1+\tau)t\, dt = \frac{1}{1+(1+\tau)^2}$$

であるので，
$$F_s(\tau) = \frac{1}{\sqrt{2\pi}} \left\{ \frac{1}{1+(1-\tau)^2} - \frac{1}{1+(1+\tau)^2} \right\}$$
$$= \frac{1}{\sqrt{2\pi}} \frac{4\tau}{4+\tau^4}$$

となる[2].

一方，フーリエ正弦積分より，

$$f(x) = \sqrt{\frac{2}{\pi}} \int_0^\infty F_s(\tau) \sin \tau x \, d\tau$$
$$= \frac{4}{\pi} \int_0^\infty \frac{\tau \sin \tau x}{4 + \tau^4} d\tau = e^{-x} \sin x$$

であるので，$x = 1$ の場合により，

$$\int_0^\infty \frac{\tau \sin \tau}{4 + \tau^4} d\tau = \frac{\pi \sin 1}{4e}$$

である．

2 フーリエ変換の式より，

$$F(\tau) = \frac{1}{\sqrt{2\pi}} \int_{-\infty}^{\infty} \left(t^2 e^{-|t|}\right) e^{-i\tau t} dt$$
$$= \frac{1}{\sqrt{2\pi}} \left\{ \int_{-\infty}^0 \left(t^2 e^t\right) e^{-i\tau t} dt + \int_0^\infty \left(t^2 e^{-t}\right) e^{-i\tau t} dt \right\}$$
$$= \frac{1}{\sqrt{2\pi}} \left\{ \int_{-\infty}^0 t^2 e^{(1-i\tau)t} dt + \int_0^\infty t^2 e^{-(1+i\tau)t} dt \right\}$$

ここで，

$$\int_{-\infty}^0 t^2 e^{(1-i\tau)t} dt$$
$$= \left\{ \left[\frac{t^2 e^{(1-i\tau)t}}{1-i\tau}\right]_{-\infty}^0 - \frac{1}{1-i\tau} \int_{-\infty}^0 2t e^{(1-i\tau)t} dt \right\}$$
$$= \left\{ \left[-\frac{2t e^{(1-i\tau)t}}{(1-i\tau)^2}\right]_{-\infty}^0 + \frac{2}{(1-i\tau)^2} \int_{-\infty}^0 e^{(1-i\tau)t} dt \right\}$$
$$= \left[\frac{2 e^{(1-i\tau)t}}{(1-i\tau)^3}\right]_{-\infty}^0$$
$$= \frac{2}{(1-i\tau)^3}$$

---

[2] (複素)フーリエ変換 $F(\tau)$ とフーリエ正弦変換 $F_s(\tau)$ の間には，$F(\tau) = -i F_s(\tau)$ の関係がある．

ただし，$\lim_{t \to -\infty} t^2 e^{(1-i\tau)t} = 0$ 等を使った．同様にして，

$$\int_0^\infty t^2 e^{-(1+i\tau)t} dt = \frac{2}{(1+i\tau)^3}$$

となるので，

$$F(\tau) = \frac{2}{\sqrt{2\pi}} \left(\frac{1}{(1+i\tau)^3} + \frac{1}{(1-i\tau)^3} \right) = 2\sqrt{\frac{2}{\pi}} \frac{1-3\tau^2}{(1+\tau^2)^3}$$

3 $f(x)$ のフーリエ変換を $F(\tau)$ とおくと，たたみ込み (合成積) の性質 (4.34) 式から

$$\mathcal{F}[f * f(x)] = \sqrt{2\pi} \{F(\tau)\}^2$$

となる．一方，与式の右辺のたたみ込みで表される関数 $e^{-\frac{x^2}{2}}$ のフーリエ変換は，例題 4.2 の $\alpha = \frac{1}{2}$ の場合であるので，

$$\mathcal{F}\left[e^{-\frac{x^2}{2}}\right] = e^{-\frac{\tau^2}{2}}$$

であるから，これらから，

$$\sqrt{2\pi} \{F(\tau)\}^2 = e^{-\frac{\tau^2}{2}}$$

となる．したがって，

$$F(\tau) = \pm \left(\frac{e^{-\frac{\tau^2}{2}}}{\sqrt{2\pi}} \right)^{\frac{1}{2}} = \pm \left(\frac{1}{2\pi} \right)^{\frac{1}{4}} e^{-\frac{\tau^2}{4}}$$

よって，例題 4.2 の結果を利用すれば，フーリエ逆変換によって，

$$f(x) = \frac{1}{\sqrt{2\pi}} \int_{-\infty}^\infty \left\{ \pm \left(\frac{1}{2\pi} \right)^{\frac{1}{4}} e^{-\frac{\tau^2}{4}} \right\} e^{i\tau x} d\tau = \pm \left(\frac{2}{\pi} \right)^{\frac{1}{4}} e^{-x^2}$$

となる．

4 $f(x)$ のフーリエ変換は，チェック問題 4.1 より

$$F(\tau) = \sqrt{\frac{2}{\pi}} \frac{1}{1+\tau^2}$$

であるので，$\overline{F(\tau)} = \sqrt{\frac{2}{\pi}} \frac{1}{1+\tau^2}$ から，

$$\int_{-\infty}^\infty \{f(x)\}^2 dx = \int_{-\infty}^\infty e^{-2|x|} dx = 1$$

$$\int_{-\infty}^\infty |F(\tau)|^2 d\tau = \int_{-\infty}^\infty \left(\sqrt{\frac{2}{\pi}} \frac{1}{1+\tau^2} \right)^2 d\tau = \frac{2}{\pi} \int_{-\infty}^\infty \frac{1}{(1+\tau^2)^2} d\tau$$

プランシュレルの等式より
$$\int_{-\infty}^{\infty}\frac{1}{(1+\tau^2)^2}d\tau = \frac{\pi}{2}$$
となる．

5 $\displaystyle\int_{-\infty}^{\infty}f(x)\delta(x^2-a^2)dx = \int_{-\infty}^{0}f(x)\delta(x^2-a^2)dx + \int_{0}^{\infty}f(x)\delta(x^2-a^2)dx$

において，$x^2-a^2=t$ と変数変換して置換積分すると，上式は，

$$-\int_{\infty}^{-a^2} f\left(-\sqrt{t+a^2}\right)\delta(t)\frac{1}{2\sqrt{t+a^2}}dt + \int_{-a^2}^{\infty} f\left(\sqrt{t+a^2}\right)\delta(t)\frac{1}{2\sqrt{t+a^2}}dt$$
$$=\int_{-a^2}^{\infty} f\left(-\sqrt{t+a^2}\right)\delta(t)\frac{1}{2\sqrt{t+a^2}}dt + \int_{-a^2}^{\infty} f\left(\sqrt{t+a^2}\right)\delta(t)\frac{1}{2\sqrt{t+a^2}}dt$$
$$=\frac{f(-a)+f(a)}{2a}$$
$$=\frac{1}{2a}\left\{\int_{-\infty}^{\infty}f(x)\delta(x+a)dx + \int_{-\infty}^{\infty}f(x)\delta(x-a)dx\right\}$$
$$=\int_{-\infty}^{\infty}f(x)\left\{\frac{\delta(x-a)+\delta(x+a)}{2a}\right\}dx$$

であるから，$\delta(x^2-a^2) = \dfrac{\delta(x-a)+\delta(x+a)}{2a}$ である．

6 (1) $\displaystyle f(x) = \frac{1}{2\pi}\int_{-\infty}^{\infty}d\tau\int_{-\infty}^{\infty}f(t)e^{-i\tau(t-x)}dt$
$$= \int_{-\infty}^{\infty}f(t)\left\{\frac{1}{2\pi}\int_{-\infty}^{\infty}e^{i\tau(x-t)}d\tau\right\}dt$$

であるから，(4.40) 式と比較すると，$\delta(x-t) = \dfrac{1}{2\pi}\displaystyle\int_{-\infty}^{\infty}e^{i\tau(x-t)}d\tau$ である．

(2) $\displaystyle\int_{-\infty}^{\infty}f(x)g(x)dx = \int_{-\infty}^{\infty}\left\{\int_{-\infty}^{\infty}f(t)\delta(t-x)dt\right\}g(x)dx$
$$=\int_{-\infty}^{\infty}\left[\int_{-\infty}^{\infty}f(t)\left\{\frac{1}{2\pi}\int_{-\infty}^{\infty}e^{i\tau(t-x)}d\tau\right\}dt\right]g(x)dx$$
$$=\int_{-\infty}^{\infty}\left[\left\{\frac{1}{\sqrt{2\pi}}\int_{-\infty}^{\infty}f(t)e^{i\tau t}dt\right\}\left\{\frac{1}{\sqrt{2\pi}}\int_{-\infty}^{\infty}g(x)e^{-i\tau x}dx\right\}\right]d\tau$$
$$=\int_{-\infty}^{\infty}F(-\tau)G(\tau)d\tau$$

(3) 例題 4.1 の結果から, $f(x) = \begin{cases} 1 & (|x| \leq 1) \\ 0 & (その他の\ x) \end{cases}$ のフーリエ変換 $F(\tau)$ は, $\sqrt{\dfrac{2}{\pi}} \dfrac{\sin \tau}{\tau}$ であり, チェック問題 4.1 の結果から, $g(x) = e^{-|x|}$ のフーリエ変換 $G(\tau)$ は, $\sqrt{\dfrac{2}{\pi}} \dfrac{1}{1+\tau^2}$ となるので,

$$\int_{-\infty}^{\infty} \frac{\sin \tau}{\tau(\tau^2+1)} d\tau = \frac{\pi}{2} \int_{-1}^{1} e^{-|x|} dx = \pi\left(1 - e^{-1}\right)$$

5 偏微分方程式への適用

チェック問題 5.1 (5.4) 式の両辺を x で微分し, (5.4) 式の u のかわりに u_ξ と u_η を代入したものを考えると,

$$\begin{aligned} u_{xx} &= (u_x)_x = (Au_\xi + Cu_\eta)_x = A(u_\xi)_x + C(u_\eta)_x \\ &= A\{A(u_\xi)_\xi + C(u_\xi)_\eta\} + C\{A(u_\eta)_\xi + C(u_\eta)_\eta\} \\ &= A^2 u_{\xi\xi} + 2AC u_{\xi\eta} + C^2 u_{\eta\eta} \end{aligned}$$

u_{xy}, u_{yy} についても同様にして,

$$u_{xy} = AB u_{\xi\xi} + (AD + BC) u_{\xi\eta} + CD u_{\eta\eta}$$
$$u_{yy} = B^2 u_{\xi\xi} + 2BD u_{\xi\eta} + D^2 u_{\eta\eta}$$

以上から, (5.2) 式にこれらを代入して出てくる $u_{\xi\eta}$ の係数は,

$$2\{aAC + b(AD + BC) + cBD\}$$

となる.

一方, 行列 $M = \begin{bmatrix} a & b \\ b & c \end{bmatrix}$ の固有値は,

$$\alpha = \frac{(c+a) + \sqrt{(c-a)^2 + 4b^2}}{2}, \quad \beta = \frac{(c+a) - \sqrt{(c-a)^2 + 4b^2}}{2}$$

となるが, それぞれの固有値に対する固有ベクトルを求める. まず, α については, 固有ベクトル $\boldsymbol{k}_1 = \begin{bmatrix} k_{11} \\ k_{21} \end{bmatrix}$ とすると, 連立方程式

$$\begin{cases} ak_{11} + bk_{21} = \dfrac{(c+a) + \sqrt{(c-a)^2 + 4b^2}}{2} k_{11} \\ bk_{11} + ck_{21} = \dfrac{(c+a) + \sqrt{(c-a)^2 + 4b^2}}{2} k_{21} \end{cases}$$

を満たすものとして，例えば $k_{11} = l_1$ とすると

$$k_{21} = \frac{(c-a) + \sqrt{(c-a)^2 + 4b^2}}{2b} l_1$$

である．ただし，l_1 は $k_{11}^2 + k_{21}^2 = 1$ を満たすように決定される．また，同様にして，β については，固有ベクトル $\boldsymbol{k}_2 = \begin{bmatrix} k_{12} \\ k_{22} \end{bmatrix}$ とすると，

$$k_{12} = l_2, \quad k_{22} = \frac{(c-a) - \sqrt{(c-a)^2 + 4b^2}}{2b} l_2$$

が得られる．ただし，l_2 は $k_{12}^2 + k_{22}^2 = 1$ を満たすように決定される．以上から，これらをならべてできた行列

$$S = \begin{bmatrix} \boldsymbol{k}_1 & \boldsymbol{k}_2 \end{bmatrix} = \begin{bmatrix} k_{11} & k_{12} \\ k_{21} & k_{22} \end{bmatrix} = \begin{bmatrix} A & C \\ B & D \end{bmatrix}$$

は直交行列で，これにより，行列 M は対角化され，$MS = S\Lambda$ となる．ここで，行列 Λ は α と β を対角要素とする対角行列である．これによって，

$$A = l_1, \quad C = l_2, \quad B = \frac{(c-a) + \sqrt{(c-a)^2 + 4b^2}}{2b} l_1$$

および

$$D = \frac{(c-a) - \sqrt{(c-a)^2 + 4b^2}}{2b} l_2$$

を $u_{\varepsilon\eta}$ の係数に代入すると，0 となることは容易に確かめられる[3]．

チェック問題 5.2 (1) ラプラスの方程式 (5.7) 式は，$a = 1$, $b = 0$ および $c = 1$ であるので，$ac - b^2 = 1 > 0$ であるから，楕円型である．
(2) 波動方程式 (5.9) 式は，変数 y を t とすれば，$a = -v^2$, $b = 0$ および $c = 1$ であるので，$ac - b^2 = -v^2 < 0$ であるから，双曲型である．
(3) 熱方程式 (5.11) 式は，変数 y を t とすれば，$a = \kappa$, $b = 0$ および $c = 0$ であるので，$ac - b^2 = 0$ であるから，放物型である．

チェック問題 5.3 この初期値境界値問題を解く上で，例題 5.1 を参照に以下のような

---

[3] $\alpha = aA^2 + 2bAB + cB^2$, $\beta = aC^2 + 2bCD + cD^2$ となることも容易に確認できる．

別の関数を考える．すなわち，境界条件 $u(\pi, t) = 1$ を満たすので，
$$v(x,\ t) = u(x,\ t) - \frac{x}{\pi}$$
とすれば，$v(x,\ t)$ に関する初期値境界値問題
$$\begin{cases} v_t = v_{xx} \quad (t > 0,\ 0 < x < \pi) \\ v(x,0) = \sin\dfrac{x}{2} - \dfrac{x}{\pi} \\ v(0,t) = 0,\ v(\pi,t) = 0 \end{cases}$$
となる．例題 5.1 にならって，変数分離と重ね合わせ法を利用すれば，(5.26) 式にならって，
$$v(x,\ t) = \sum_{n=1}^{\infty} c_n e^{-n^2 t} \sin nx$$
が得られる．これが，初期条件を満たすように係数 c_n を計算すると，(5.27) 式，(5.28) 式を参考にして，
$$\begin{aligned}
c_n &= \frac{2}{\pi} \int_0^{\pi} \left(\sin\frac{x}{2} - \frac{x}{\pi} \right) \sin nx\, dx \\
&= \frac{1}{\pi} \int_0^{\pi} \left\{ \cos\left(n - \frac{1}{2}\right)x - \cos\left(n + \frac{1}{2}\right)x \right\} dx \\
&\quad - \frac{2}{\pi^2} \int_0^{\pi} x \left(-\frac{\cos nx}{n} \right)' dx \\
&= \frac{1}{\pi} \left[\frac{2}{2n-1} \sin\left(n - \frac{1}{2}\right)x - \frac{2}{2n+1} \sin\left(n + \frac{1}{2}\right)x \right]_0^{\pi} \\
&\quad + \frac{2}{n\pi^2} \Big[x \cos nx \Big]_0^{\pi} - \frac{2}{n\pi^2} \int_0^{\pi} \cos nx\, dx \\
&= \frac{8n(-1)^{n+1}}{\pi(4n^2-1)} + \frac{2(-1)^n}{n\pi} = \frac{2(-1)^{n+1}}{\pi n(4n^2-1)}
\end{aligned}$$
となる．以上から，
$$v(x,\ t) = \sum_{n=1}^{\infty} \frac{2(-1)^{n+1}}{\pi n(4n^2-1)} e^{-n^2 t} \sin nx$$
となり，$u(x,\ t)$ は，
$$u(x,\ t) = \sum_{n=1}^{\infty} \frac{2(-1)^{n+1}}{\pi n(4n^2-1)} e^{-n^2 t} \sin nx + \frac{x}{\pi}$$
となる．

チェック問題 5.4 進行波解 (5.53) 式より,
$$u(x,\ t) = \varphi(x - vt) = \frac{1}{2}f(x - vt) - \frac{1}{2v}\tilde{g}(x - vt)$$
であるから, $x - vt = y(x,\ t)$ とすると, $\varphi(x - vt) = \varphi(y)$ であるので,
$$\frac{\partial u}{\partial t} = \frac{d\varphi}{dy}\frac{\partial y}{\partial t} = -v\frac{d\varphi}{dy},\quad \frac{\partial u}{\partial x} = \frac{d\varphi}{dy}\frac{\partial y}{\partial x} = \frac{d\varphi}{dy}$$
であるから, 確かに
$$\frac{\partial u}{\partial t} + v\frac{\partial u}{\partial x} = -v\frac{d\varphi}{dy} + v\frac{d\varphi}{dy} = 0$$
を満たすことがわかる.

チェック問題 5.5 例題 5.6 と同様にして, $u(x,\ y) = X(x)Y(y)$ と変数分離して境界条件を適用すれば, 境界条件を満たすのは,
$$\begin{aligned}u(x,y) &= X(x)Y(y) \\ &= \left(Ae^{\omega x} + Be^{-\omega x}\right)(C\sin\omega y + D\cos\omega y)\end{aligned}$$
$$(\text{ただし, }A,\ B,\ C\text{ および }D\text{ は定数})$$
の場合のみである. 境界条件 $Y(0) = Y(1) = 0$ より, $Y(y) = 0$ 以外の解は, $\omega = n\pi$ (ただし, $n = 1,\ 2,\cdots$) として,
$$Y_n(y) = C_n \sin n\pi y$$
となる. もう一方の境界条件 $X(0) = 0$ より, $A + B = 0$ より,
$$X_n(x) = A_n\left(e^{n\pi x} - e^{-n\pi x}\right)$$
となる. 以上から $\alpha_n = A_n C_n$ として,
$$u_n(x,y) = \alpha_n\left(e^{n\pi x} - e^{-n\pi x}\right)\sin n\pi y$$
とおき, 重ね合わせ法により,
$$u(x,y) = \sum_{n=1}^{\infty} \alpha_n u_n(x,y)$$
が境界条件 $u(1,y) = \sin \pi y$ を満たすように係数 α_n を決定する.
$$u(1,y) = \sin \pi y = \sum_{n=1}^{\infty}\left(e^{n\pi} - e^{-n\pi}\right)\alpha_n \sin n\pi y$$
から, 上式の両辺に $\sin n\pi y$ をかけて 0 から 1 まで積分すると, $\alpha_n = 0\ (n \geq 2)$, $\alpha_1 = \dfrac{1}{e^\pi - e^{-\pi}}$ となるので,

$$u(x,y) = \frac{\sinh \pi x \sin \pi y}{\sinh \pi}$$

となる．

章末問題

1 例題 5.1 と同様にして，$u(x, t) = X(x)T(t)$ とおいて与式に代入すると，

$$X(x)\frac{dT}{dt} - X(x)T(t) = T(t)\frac{d^2 X}{dx^2}$$

となる．この式の両辺を $X(x)T(t)$ で割って変形し，変数分離すると，λ を定数として，

$$\frac{dT(t)}{dt} - T(t) = \lambda T(t), \quad \frac{d^2 X(x)}{dx^2} = \lambda X(x)$$

の 2 式が得られるが，$X(x)$ に関する式を解き，境界条件を適用することによって，自明の解以外の解が得られるのは，$\lambda = -n^2 < 0$ (ただし，$n = 1, 2, \cdots$) の場合であり，このとき，

$$T_n(t) = A_n e^{-(n^2-1)t}, \quad X_n(x) = B_n \sin nx$$

であるので，重ね合わせ法によって，

$$u(x, t) = \sum_{n=1}^{\infty} c_n e^{-(n^2-1)t} \sin nx$$

とすると，初期条件について，

$$u(x, 0) = \sum_{n=1}^{\infty} c_n \sin nx = x(\pi - x)$$

から，

$$\begin{aligned} c_n &= \frac{2}{\pi} \int_0^{\pi} x(\pi - x) \sin nx\, dx \\ &= 2 \int_0^{\pi} x \sin nx\, dx - \frac{2}{\pi} \int_0^{\pi} x^2 \sin nx\, dx \\ &= \frac{4\{1 - (-1)^n\}}{\pi n^3} = \frac{8}{\pi(2m+1)^3} \end{aligned}$$

ここで，$m = 0, 1, 2, \cdots$ である．以上から，

$$u(x, t) = \frac{8e^t}{\pi} \sum_{m=0}^{\infty} \frac{e^{-(2m+1)^2 t} \sin(2m+1)x}{(2m+1)^3}$$

となる．

2 有限区間の場合 (例題 5.1) と同様にして，変数分離を行い，$x = 0$ における境界

条件を適用すると，
$$u(x,\ t) = F(\omega)e^{-\omega^2 t}\sin\omega x$$
となる．ここで，$F(\omega)$ は $x,\ t$ には無関係な数である．重ね合わせ法を利用して，連続変数 ω に対して
$$u(x,t) = \int_0^\infty F(\omega)e^{-\omega^2 t}\sin\omega x d\omega$$
において，これが初期条件を満たすように決めると，フーリエ正弦変換
$$f(x) = \int_0^\infty F(\omega)\sin\omega x d\omega,\ \ F(\omega) = \frac{2}{\pi}\int_0^\infty f(x)\sin\omega x dx$$
となる．いま初期条件が $f(x) = xe^{-x}$ であるので，
$$\int_0^\infty xe^{-x}\sin\omega x dx$$
$$= \int_0^\infty x\sin(\omega x)\left(-e^{-x}\right)'dx$$
$$= \left[-x\sin(\omega x)e^{-x}\right]_0^\infty + \int_0^\infty \left\{\sin(\omega x)e^{-x} + \omega x\cos(\omega x)e^{-x}\right\}dx$$
$$= \int_0^\infty \sin(\omega x)e^{-x}dx + \omega\int_0^\infty x\cos\omega x\left(-e^{-x}\right)'dx$$
$$= \int_0^\infty \sin(\omega x)e^{-x}dx + \omega\left[-x\cos(\omega x)e^{-x}\right]_0^\infty$$
$$\quad +\omega\int_0^\infty \left\{\cos(\omega x)e^{-x} - \omega x\sin(\omega x)e^{-x}\right\}dx$$
$$= -\omega^2\int_0^\infty xe^{-x}\sin\omega x dx + \int_0^\infty (\sin\omega x + \omega\cos\omega x)e^{-x}dx$$
したがって，
$$\int_0^\infty xe^{-x}\sin\omega x dx = \frac{1}{1+\omega^2}\int_0^\infty (\sin\omega x + \omega\cos\omega x)e^{-x}dx$$
であるが，$\int_0^\infty e^{-x}\sin\omega x dx = \omega\int_0^\infty e^{-x}\cos\omega x dx = \dfrac{\omega}{1+\omega^2}$ となるので，
$$F(\omega) = \frac{4\omega}{\pi(1+\omega^2)^2}$$
より，
$$u(x,\ t) = \int_0^\infty \frac{4\omega e^{-\omega^2 t}\sin\omega x}{\pi(1+\omega^2)^2}d\omega$$

となる.

3 例題 5.4 と同様にして,変数分離すると,
$$T(t) = A\cos\omega t + B\sin\omega t, \quad X(x) = C\cos\omega x + D\sin\omega x$$
が得られるが,境界条件より,
$$\frac{dX}{dx} = -C\omega\sin\omega x + D\omega\cos\omega x$$
で $x=0$ のとき $D=0$ である.$x=\pi$ のとき $-C\omega\sin\omega\pi = 0$ より $X(x) \equiv 0$ 以外の解をもつ条件は $\omega = n$ (ただし,$n = 0, 1, 2, \cdots$) となる.したがって,重ね合わせ法より,
$$u(x,\ t) = \sum_{n=0}^{\infty}(a_n\cos nt + b_n\sin nt)\cos nx$$
とおくと,初期条件 $\dfrac{\partial u}{\partial t}(x,\ 0) = 0$ から,$b_n = 0$ である.もう一つの条件から,$\sin^2 mx = \displaystyle\sum_{n=0}^{\infty} a_n\cos nx$ より,$n \neq 0$ のとき,
$$a_n = \frac{2}{\pi}\int_0^\pi \sin^2 mx \cos nx\, dx$$
$$= \frac{1}{\pi}\int_0^\pi (1-\cos 2mx)\cos nx\, dx = -\frac{\delta_{2m,n}}{2}$$
である.ここで,$\delta_{2m,n}$ はクロネッカーのデルタである.また,$n=0$ では,
$$a_0 = \frac{1}{\pi}\int_0^\pi \sin^2 mx\, dx = \frac{1}{2\pi}\int_0^\pi (1-\cos 2mx)\, dx = \frac{1}{2}$$
から,
$$u(x,t) = \frac{1}{2} - \frac{\cos 2mt \cos 2mx}{2}$$
である.

4 (1) $f_n = 2\displaystyle\int_0^1 2\sin n\pi x\, dx = \left[-\frac{4\cos n\pi x}{n\pi}\right]_0^1 = \frac{4\left\{1-(-1)^n\right\}}{n\pi}$

となる.

(2) $v(x,\ t) = \displaystyle\sum_{n=1}^{\infty} v_n(t)\sin n\pi x$

と (1) の結果を v についての偏微分方程式に代入すると,

$$\sum_{n=1}^{\infty} \frac{d^2 v_n(t)}{dt^2} \sin n\pi x$$
$$= -\sum_{n=1}^{\infty} (n\pi)^2 v_n(t) \sin n\pi x + \sum_{n=1}^{\infty} \frac{4\{1-(-1)^n\}}{n\pi} \sin n\pi x$$

であり，項別に比較すると

$$\frac{d^2 v_n(t)}{dt^2} + (n\pi)^2 v_n(t) = \frac{4\{1-(-1)^n\}}{n\pi}$$

となるので，

$$v_n(t) = A_n \cos n\pi t + B_n \sin n\pi t + \frac{4\{1-(-1)^n\}}{(n\pi)^3}$$

となる (ただし，A_n および B_n は定数である)．

(3) 初期条件 $\dfrac{\partial v}{\partial t}(x,\,0) = 0$ より，$B_n = 0$，残りの初期条件から，

$$v(x,\,t) = \sum_{m=1}^{\infty} \frac{8\{1-\cos(2m-1)\pi t\}}{(2m-1)^3 \pi^3} \sin(2m-1)\pi x$$

となる．

(4) 同次方程式に関しては，例題 5.4 と同様にして，

$$w(x,\,t) = \sum_{n=1}^{\infty} c_n \cos n\pi t \sin n\pi x$$

において初期条件 $w(x,0) = \sin \pi x$ から

$$c_n = 2\int_0^1 \sin \pi x \sin n\pi x \, dx = \delta_{1\,n}$$

より，

$$w(x,\,t) = \cos \pi t \sin \pi x$$

であるから，

$$u(x,\,t) = \cos \pi t \sin \pi x$$
$$+ \sum_{m=1}^{\infty} \frac{8\{1-\cos(2m-1)\pi t\}}{(2m-1)^3 \pi^3} \sin(2m-1)\pi x$$

となる．

5 変数変換については，チェック問題 5.1 と同様にして，

$$\frac{\partial u}{\partial x} = \frac{\partial u}{\partial r}\frac{\partial r}{\partial x} + \frac{\partial u}{\partial \theta}\frac{\partial \theta}{\partial x}$$
$$\frac{\partial u}{\partial y} = \frac{\partial u}{\partial r}\frac{\partial r}{\partial y} + \frac{\partial u}{\partial \theta}\frac{\partial \theta}{\partial y}$$

等で,
$$\frac{\partial r}{\partial x} = \frac{\partial}{\partial x}\left(\sqrt{x^2+y^2}\right) = \frac{x}{\sqrt{x^2+y^2}} = \frac{r\cos\theta}{r} = \cos\theta$$

$$\frac{\partial \theta}{\partial x} = \frac{\partial}{\partial x}\left(\tan^{-1}\frac{y}{x}\right) = \frac{-\dfrac{y}{x^2}}{1+\left(\dfrac{y}{x}\right)^2} = \frac{-y}{x^2+y^2} = \frac{-r\sin\theta}{r^2} = -\frac{\sin\theta}{r}$$

$$\frac{\partial r}{\partial y} = \frac{\partial}{\partial y}\left(\sqrt{x^2+y^2}\right) = \frac{y}{\sqrt{x^2+y^2}} = \frac{r\sin\theta}{r} = \sin\theta$$

$$\frac{\partial \theta}{\partial y} = \frac{\partial}{\partial y}\left(\tan^{-1}\frac{y}{x}\right) = \frac{\dfrac{1}{x}}{1+\left(\dfrac{y}{x}\right)^2} = \frac{x}{x^2+y^2} = \frac{r\cos\theta}{r^2} = \frac{\cos\theta}{r}$$

を代入すれば,
$$\frac{\partial u}{\partial x} = \frac{\partial u}{\partial r}\cos\theta + \frac{\partial u}{\partial \theta}\left(-\frac{\sin\theta}{r}\right)$$

$$\frac{\partial u}{\partial y} = \frac{\partial u}{\partial r}\sin\theta + \frac{\partial u}{\partial \theta}\left(\frac{\cos\theta}{r}\right)$$

となる. 2階微分については,
$$\frac{\partial^2 u}{\partial x^2} = \frac{\partial\left(\frac{\partial u}{\partial x}\right)}{\partial r}\cos\theta + \frac{\partial\left(\frac{\partial u}{\partial x}\right)}{\partial \theta}\left(-\frac{\sin\theta}{r}\right)$$
$$= \left\{\frac{\partial^2 u}{\partial r^2}\cos\theta + \frac{\partial^2 u}{\partial r\partial\theta}\left(-\frac{\sin\theta}{r}\right) + \frac{\partial u}{\partial\theta}\left(\frac{\sin\theta}{r^2}\right)\right\}\cos\theta$$
$$+ \left\{\frac{\partial^2 u}{\partial r\partial\theta}\cos\theta - \frac{\partial u}{\partial r}\sin\theta + \frac{\partial^2 u}{\partial \theta^2}\left(-\frac{\sin\theta}{r}\right) - \frac{\partial u}{\partial\theta}\left(\frac{\cos\theta}{r}\right)\right\}\left(-\frac{\sin\theta}{r}\right)$$
$$= \frac{\partial^2 u}{\partial r^2}\cos^2\theta + \frac{\partial u}{\partial r}\left(\frac{\sin^2\theta}{r}\right) - 2\frac{\partial^2 u}{\partial r\partial\theta}\left(\frac{\sin\theta\cos\theta}{r}\right)$$
$$+ \frac{\partial^2 u}{\partial \theta^2}\left(\frac{\sin^2\theta}{r^2}\right) + 2\frac{\partial u}{\partial\theta}\left(\frac{\sin\theta\cos\theta}{r^2}\right)$$

および,
$$\frac{\partial^2 u}{\partial y^2} = \frac{\partial^2 u}{\partial r^2}\sin^2\theta + \frac{\partial u}{\partial r}\left(\frac{\cos^2\theta}{r}\right) + 2\frac{\partial^2 u}{\partial r\partial\theta}\left(\frac{\sin\theta\cos\theta}{r}\right)$$
$$+ \frac{\partial^2 u}{\partial \theta^2}\left(\frac{\cos^2\theta}{r^2}\right) - 2\frac{\partial u}{\partial\theta}\left(\frac{\sin\theta\cos\theta}{r^2}\right)$$

から,

$$\frac{\partial^2 u}{\partial x^2} + \frac{\partial^2 u}{\partial y^2} = \frac{\partial^2 u}{\partial r^2} + \frac{1}{r}\frac{\partial u}{\partial r} + \frac{1}{r^2}\frac{\partial^2 u}{\partial \theta^2} = 0$$

となる.

一方, $u(r, \theta)$ が r のみの関数 $u(r)$ である場合には, 上式で, θ に関する微分項が消えるので,

$$\frac{\partial^2 u}{\partial r^2} + \frac{1}{r}\frac{du}{dr} = \frac{1}{r}\left\{r\frac{d}{dr}\left(\frac{du}{dr}\right) + \frac{dr}{dr}\frac{du}{dr}\right\} = \frac{1}{r}\frac{d}{dr}\left(r\frac{du}{dr}\right) = 0$$

であるので, $r\frac{du}{dr} = C_1$ (ただし, C_1 は定数). よって, $\frac{du}{dr} = \frac{C_1}{r}$ をもう一度積分することによって,

$$u(r) = C_1 \log r + C_2 \quad (\text{ただし}, C_1, C_2 \text{は定数})$$

となる.

6 ラプラス変換

チェック問題 6.1 関数 t^{n-1} $(n = 1, 2, \cdots)$ について

$$\begin{aligned}\mathcal{L}[t^{n-1}] &= \int_0^\infty e^{-st} t^{n-1} dt \\ &= \int_0^\infty \left(-\frac{e^{-st}}{s}\right)' t^{n-1} dt \\ &= \left[-\frac{e^{-st} t^{n-1}}{s}\right]_0^\infty + \frac{n-1}{s}\int_0^\infty e^{-st} t^{n-2} dt\end{aligned}$$

であり, $\lim_{t \to \infty} e^{-st} t^{n-1}$ が収束するのは, $\mathrm{Re}(s) > 0$ のときで, この極限値は 0 となるので,

$$\mathcal{L}[t^{n-1}] = \frac{n-1}{s}\mathcal{L}[t^{n-2}]$$

となる. n が正の整数であるとき, これを繰り返すと,

$$\mathcal{L}[t^{n-1}] = \frac{(n-1)!}{s^{n-1}}\mathcal{L}[H(t)]$$

となる. ここで,

$$\mathcal{L}[H(t)] = \int_0^\infty e^{-st} H(t) dt = \int_0^\infty e^{-st} dt = \left[-\frac{e^{-st}}{s}\right]_0^\infty$$

となるが, この場合も, $\mathrm{Re}(s) > 0$ のとき収束して, $\mathcal{L}[H(t)] = \frac{1}{s}$ であるから,

$$\mathcal{L}[t^{n-1}] = \frac{(n-1)!}{s^n}$$

であり，収束座標は 0 である．

関数 $\sin at$ について

$$\mathcal{L}[\sin at] = \int_0^\infty e^{-st} \sin at dt = \int_0^\infty \left(-\frac{e^{-st}}{s}\right)' \sin at dt$$
$$= \left[-\frac{e^{-st}\sin at}{s}\right]_0^\infty + \frac{a}{s}\int_0^\infty e^{-st}\cos at dt$$

であるが，$\lim_{t\to\infty} e^{-st}\sin at$ が収束するのは，$\mathrm{Re}(s) > 0$ のときであり，この極限値は 0 となる．一方，さらにもう一度部分積分を行うことによって，

$$\int_0^\infty e^{-st}\sin at dt = \left[-\frac{a\left(e^{-st}\cos at\right)}{s^2}\right]_0^\infty - \frac{a^2}{s^2}\int_0^\infty e^{-st}\sin at dt$$

となる．右辺第 1 項は $\mathrm{Re}(s) > 0$ で収束し，$\frac{a}{s^2}$ となるので，

$$\mathcal{L}[\sin at] = \frac{a}{s^2 + a^2}$$

となり，収束座標は 0 である．

チェック問題 6.2 第 4 章 (4.39) 式より，

$$\mathcal{L}[\delta(t)] = \int_0^\infty e^{-st}\delta(t)dt = \int_{-\infty}^\infty e^{-st}\delta(t)dt = e^{-s0} = 1$$

また，$\delta(t-\lambda)$ については，

$$\mathcal{L}[\delta(t-\lambda)] = \int_0^\infty e^{-st}\delta(t-\lambda)dt$$

で，$t - \lambda = u$ と変数変換し，第 4 章 (4.40) 式を利用すると，

$$\mathcal{L}[\delta(t-\lambda)] = \int_{-\lambda}^\infty e^{-s(u+\lambda)}\delta(u)dt = \int_{-\infty}^\infty e^{-s(u+\lambda)}\delta(u)dt = e^{-s\lambda}$$

となる．

チェック問題 6.3 関数 $f(t) = t - \lambda$ については，(6.7) 式より，

$$\mathcal{L}[t-\lambda] = e^{-\lambda s}\mathcal{L}[t] = e^{-\lambda s}\frac{1}{s^2} = \frac{e^{-\lambda s}}{s^2}$$

である．また，関数 $f(t) = t + \lambda$ については，(6.8) 式より，

$$\mathcal{L}[t+\lambda] = e^{\lambda s}\left(\mathcal{L}[t] - \int_0^\lambda e^{-st}t\,dt\right)$$
$$= e^{\lambda s}\left(\frac{1}{s^2} + \left[\frac{te^{-st}}{s}\right]_0^\lambda - \frac{1}{s}\int_0^\lambda e^{-st}dt\right)$$
$$= e^{\lambda s}\left(\frac{1}{s^2} + \frac{\lambda e^{-\lambda s}}{s} + \left[\frac{e^{-st}}{s^2}\right]_0^\lambda\right)$$
$$= e^{\lambda s}\left(\frac{1}{s^2} + \frac{\lambda e^{-\lambda s}}{s} + \frac{e^{-\lambda s}}{s^2} - \frac{1}{s^2}\right)$$
$$= \frac{\lambda}{s} + \frac{1}{s^2}$$

である.

チェック問題 6.4 $f(t) = e^{\alpha t}$ と $g(t) = \cos\beta t$ のたたみ込み $(f*g)(t)$ は,

$$(f*g)(t) = \int_0^t e^{\alpha(t-\tau)}\cos\beta\tau\,d\tau = e^{\alpha t}\int_0^t e^{-\alpha\tau}\cos\beta\tau\,d\tau$$
$$= e^{\alpha t}\left(\left[-\frac{e^{-\alpha\tau}\cos\beta\tau}{\alpha}\right]_0^t - \frac{\beta}{\alpha}\int_0^t e^{-\alpha\tau}\sin\beta\tau\,d\tau\right)$$
$$= e^{\alpha t}\left\{-\frac{e^{-\alpha t}\cos\beta t}{\alpha} + \frac{1}{\alpha}\right.$$
$$\left.+ \frac{\beta}{\alpha}\left(\left[\frac{e^{-\alpha\tau}\sin\beta\tau}{\alpha}\right]_0^t - \frac{\beta}{\alpha}\int_0^t e^{-\alpha\tau}\cos\beta\tau\,d\tau\right)\right\}$$
$$= e^{\alpha t}\left(-\frac{e^{-\alpha t}\cos\beta t}{\alpha} + \frac{1}{\alpha} + \frac{\beta e^{-\alpha t}\sin\beta t}{\alpha^2} - \frac{\beta^2}{\alpha^2}\int_0^t e^{-\alpha\tau}\cos\beta\tau\,d\tau\right)$$

より,

$$(f*g)(t) = \frac{1}{\alpha^2+\beta^2}\left(\beta\sin\beta t - \alpha\cos\beta t + \alpha e^{\alpha t}\right)$$

である. 次に, これのラプラス変換は,

$$\mathcal{L}[(f*g)(t)] = \frac{1}{\alpha^2+\beta^2}\left(\beta\mathcal{L}[\sin\beta t] - \alpha\mathcal{L}[\cos\beta t] + \alpha\mathcal{L}[e^{\alpha t}]\right)$$
$$= \frac{1}{\alpha^2+\beta^2}\left(\frac{\beta^2}{s^2+\beta^2} - \frac{\alpha s}{s^2+\beta^2} + \frac{\alpha}{s-\alpha}\right)$$

となる.

一方, $f(t) = e^{\alpha t}$ と $g(t) = \cos\beta t$ のそれぞれのラプラス変換は, $\dfrac{1}{s-\alpha}$ と $\dfrac{s}{s^2+\beta^2}$ であるので, 部分分数分解を行うことによって,

$$\mathcal{L}[f(t)]\mathcal{L}[g(t)] = \frac{s}{(s-\alpha)(s^2+\beta^2)}$$
$$= \frac{1}{\alpha^2+\beta^2}\left(\frac{\beta^2}{s^2+\beta^2} - \frac{\alpha s}{s^2+\beta^2} + \frac{\alpha}{s-\alpha}\right)$$

となるので，(6.14) 式は成立する．

チェック問題 6.5 バネの復元力が $-kx$ であるので，運動方程式は，

$$m\frac{d^2x}{dt^2} = -kx - c\frac{dx}{dt}$$

となる．$\frac{d^2x}{dt^2}$ の係数を 1 として，標準的な 2 階の線形同次微分方程式の形にすると，

$$\frac{d^2x}{dt^2} + \frac{c}{m}\frac{dx}{dt} + \frac{k}{m}x = 0$$

となる．次に，$x(t)$ のラプラス変換 $\mathcal{L}[x(t)]$ を $X(s)$ とすれば，与えられた微分方程式の左辺のラプラス変換を計算することによって，

$$\left\{s^2X(s) - sx(+0) - x'(+0)\right\} + \frac{c}{m}\left\{sX(s) - x(+0)\right\} + \frac{k}{m}X(s)$$
$$= \left\{s^2X(s) - s\right\} + \frac{c}{m}\left\{sX(s) - 1\right\} + \frac{k}{m}X(s)$$
$$= \left(s^2 + \frac{c}{m}s + \frac{k}{m}\right)X(s) - s - \frac{c}{m}$$

右辺のラプラス変換は 0 であるので，

$$X(s) = \frac{s + c/m}{s^2 + (c/m)s + k/m}$$

ここで，部分分数分解を行うが，$s^2 + \frac{c}{m}s + \frac{k}{m} = 0$ の判別式 D によって分類する．

(1) $D = \left(\frac{c}{m}\right)^2 - \frac{4k}{m} > 0$ の場合

この場合分母は，$(s-\alpha)(s-\beta)$ $\left(\text{ただし}, \alpha, \beta = \frac{-c \pm \sqrt{c^2-4mk}}{2m}\right)$ となるので，$\frac{a}{s-\alpha} + \frac{b}{s-\beta}$ とおくと，$a = -\frac{c/m + \alpha}{\beta - \alpha}$, $b = \frac{c/m + \beta}{\beta - \alpha}$ となる．よってラプラス逆変換すると，

$$x(t) = -\frac{c/m + \alpha}{\beta - \alpha}e^{\alpha t} + \frac{c/m + \beta}{\beta - \alpha}e^{\beta t}$$

となる．この場合，明らかに α も β も負であるので，$X(t)$ は振動することなく，減衰する．

(2) $D = \left(\frac{c}{m}\right)^2 - \frac{4k}{m} = 0$ の場合

この場合分母は，$(s-\alpha)^2$ $\left(\text{ただし}, \alpha = -\frac{c}{2m}\right)$ となるので，部分分数分解によ

り, $\dfrac{s+c/m}{(s-\alpha)^2} = \dfrac{c/m+\alpha}{(s-\alpha)^2} + \dfrac{1}{s-\alpha}$ となる. よってラプラス逆変換すると (代表的な関数のラプラス変換表 [2] の (3) を利用して),

$$x(t) = \left(\dfrac{c}{m}+\alpha\right) te^{\alpha t} + e^{\alpha t}$$

となる. この場合も, 明らかに α が負であるので, $X(t)$ は振動することなく, 減衰する.

(3) $D = \left(\dfrac{c}{m}\right)^2 - \dfrac{4k}{m} < 0$ の場合

この場合分母は, $(s-p)^2 + q^2$ $\left(p = -\dfrac{c}{2m},\ q = \dfrac{\sqrt{4mk-c^2}}{2m}\right)$ となる.

$$\dfrac{s+c/m}{(s-p)^2+q^2} = \dfrac{s-p}{(s-p)^2+q^2} + \left(\dfrac{c/m+p}{q}\right)\dfrac{q}{(s-p)^2+q^2}$$

より (代表的な関数のラプラス変換表 [2] の (4) および (5) を利用して),

$$x(t) = e^{pt}\cos qt + \left(\dfrac{c/m+p}{q}\right) e^{pt} \sin qt$$

となる. この場合は, p が負であるので, $X(t)$ は, $\cos qt$ および $\sin qt$ によって振動しながら減衰する.

チェック問題 6.6 $x(t)$ のラプラス変換を $X(s)$, $y(t)$ のラプラス変換を $Y(s)$ とおいて, 与えられた連立微分方程式の各辺のラプラス変換を計算することによって,

$$\begin{cases} sX(s) - x(+0) = X(s) + 3Y(s) \\ sY(s) - y(+0) = X(s) - Y(s) \end{cases}$$

であるので, 初期条件を代入して, $X(s)$ および $Y(s)$ について計算すると,

$$\begin{cases} X(s) = \dfrac{s+1}{s^2-4} \\ Y(s) = \dfrac{1}{s^2-4} \end{cases}$$

であるので, 部分分数分解によって,

$$\begin{cases} X(s) = \dfrac{3}{4}\dfrac{1}{s-2} + \dfrac{1}{4}\dfrac{1}{s+2} \\ Y(s) = \dfrac{1}{4}\dfrac{1}{s-2} - \dfrac{1}{4}\dfrac{1}{s+2} \end{cases}$$

から, ラプラス逆変換して,

$$\begin{cases} x(t) = \dfrac{3}{4}e^{2t} + \dfrac{1}{4}e^{-2t} \\ y(t) = \dfrac{1}{4}e^{2t} - \dfrac{1}{4}e^{-2t} \end{cases}$$

チェック問題 6.7 例題 6.12 の積分方程式の両辺を微分すると，
$$\frac{dx}{dt} = 1 + x(t)$$
一方，積分方程式において，$t = 0$ を代入すると，
$$x(0) = 0 + \int_0^0 x(\tau)d\tau = 0$$
であるので，積分方程式を解くことは，微分方程式の初期値問題
$$\begin{cases} \dfrac{dx}{dt} = 1 + x \\ x(0) = 0 \end{cases}$$
を解くことと同じになる．

次に，この微分方程式をラプラス変換で解く上で，$x(t)$ のラプラス変換を $X(s)$ とおき，与えられた微分方程式の各辺のラプラス変換をそれぞれ計算することによって，
$$sX(s) - x(+0) = \frac{1}{s} + X(s)$$
であるから，
$$X(s) = \frac{1}{s-1} - \frac{1}{s}$$
となる．したがって，ラプラス逆変換によって，
$$x(t) = e^t - 1$$
が得られ，これは例題 6.12 の結果と同じである．

チェック問題 6.8 $x(t)$ のラプラス変換を $X(s)$ とおき，与えられた積分方程式の各辺のラプラス変換をそれぞれ計算すると，
$$X(s) - \frac{1}{s-1}X(s) = \frac{s}{s^2+4}$$
となるので，これを $X(s)$ について整理すれば，
$$X(s) = \frac{s-1}{s-2}\frac{s}{s^2+4} = \frac{s}{s^2+4} + \frac{1}{s-2}\frac{s}{s^2+4}.$$
これのラプラス逆変換によって，
$$x(t) = \cos 2t + \int_0^t e^{2(t-\tau)} \cos 2\tau d\tau = \cos 2t + e^{2t} \int_0^t e^{-2\tau} \cos 2\tau d\tau.$$
ここで，

$$A = \int_0^t e^{-2\tau}\cos 2\tau\,d\tau$$
$$= \left[-\frac{e^{-2\tau}\cos 2\tau}{2}\right]_0^t - \int_0^t e^{-2\tau}\sin 2\tau\,d\tau$$
$$= -\frac{e^{-2t}\cos 2t}{2} + \frac{1}{2} - \left\{\left[-\frac{e^{-2\tau}\sin 2\tau}{2}\right]_0^t + \int_0^t e^{-2\tau}\cos 2\tau\,d\tau\right\}$$
$$= -\frac{e^{-2t}\cos 2t}{2} + \frac{1}{2} + \frac{e^{-2t}\sin 2t}{2} - A$$

であるから，
$$A = \int_0^t e^{-2\tau}\cos 2\tau\,d\tau = -\frac{e^{-2t}\cos 2t}{4} + \frac{1}{4} + \frac{e^{-2t}\sin 2t}{4}$$
となり，
$$x(t) = \frac{e^{2t}}{4} + \frac{3\cos 2t}{4} + \frac{\sin 2t}{4}$$
である．

章末問題

1 ラプラス変換の定義に従って，
$$\mathcal{L}[f(t)] = \int_0^\infty e^{-st}f(t)\,dt$$
$$= \sum_{n=0}^\infty \left\{\int_n^{n+1} e^{-st}(-1)^{n+1}\,dt\right\}$$
$$= \sum_{n=0}^\infty \left\{\left[-\frac{(-1)^{n+1}e^{-st}}{s}\right]_n^{n+1}\right\}$$
$$= \sum_{n=0}^\infty \left\{\frac{(-1)^n\left(e^{-(n+1)s} - e^{-ns}\right)}{s}\right\}$$
$$= \frac{e^{-s}-1}{s}\sum_{n=0}^\infty (-e^{-s})^n$$

となり，公比 $-e^{-s}$ の等比数列の無限和の計算において，収束する条件は，$\left|-e^{-s}\right| < 1$ すなわち $\mathrm{Re}(s) > 0$ であり，このとき，
$$\mathcal{L}[f(t)] = \frac{e^{-s}-1}{s(1+e^{-s})} = \frac{1-e^s}{s(1+e^s)}$$

となる.

2 (6.8) 式で表されるラプラス変換の平行移動に関する性質を利用して,

$$\mathcal{L}[g(t+2)] = e^{2s}\left\{\mathcal{L}[g(t)] - \int_0^2 e^{-st}g(t)dt\right\}$$
$$= e^{2s}\left[G(s) - \left\{\int_0^1 e^{-st}(-1)dt + \int_1^2 e^{-st}dt\right\}\right]$$
$$= e^{2s}G(s) + \frac{(1-e^s)^2}{s}$$
$$= \mathcal{L}[g(t)] = G(s)$$

であるから,

$$G(s) = \frac{(1-e^s)^2}{s(1-e^{2s})} = \frac{1-e^s}{s(1+e^s)}$$

となり, 章末問題 1 の結果と同じになる.

3 $\mathcal{L}^{-1}[F(s)] = \dfrac{1}{2\pi i}\displaystyle\int_{c-i\infty}^{c+i\infty}\dfrac{1}{s-a}e^{st}ds$

に対して, 図 6.6 の虚軸に平行な線分の経路 C_1 にそった積分は, $s = c + i\xi$ ($-\xi_1 \leq \xi \leq \xi_1$) とすると,

$$\frac{1}{2\pi i}\int_{C_1}\frac{1}{s-a}e^{st}ds = \frac{1}{2\pi i}\int_{c-i\xi_1}^{c+i\xi_1}\frac{1}{s-a}e^{st}ds$$

であり, $\xi_1 \to \infty$ の極限で, 求めるラプラス逆変換の積分となる. 一方, 原点を中心とする円の一部 C_2 の式は $Re^{i\theta}$ (R は半径で定数, $\theta_1 \leq \theta \leq \theta_2$) とすると, $R \to \infty$ の極限でジョルダンの補題[4]により, 積分経路 C_2 にそった積分は 0 に収束する. さらに, C にそった周回積分は, 留数定理によって,

$$\frac{1}{2\pi i}\oint_C\frac{1}{s-a}e^{st}ds = 2\pi i\frac{1}{2\pi i}\lim_{s\to a}\left\{(s-a)\frac{1}{s-a}e^{st}\right\} = e^{at}$$

であるから, 結局

$$\mathcal{L}^{-1}\left[\frac{1}{s-a}\right] = \frac{1}{2\pi i}\int_{c-i\xi_1}^{c+i\xi_1}\frac{1}{s-a}e^{st}ds = e^{at}$$

となる.

4 $x(t)$ のラプラス変換を $X(s)$ とおき, 与えられた微分積分方程式の各辺のラプラス変換をそれぞれ計算することによって,

---
[4] 複素関数論の書籍を参照のこと.

となるので，これを $X(s)$ について整理すれば，

$$X(s) = \left(\frac{s}{s^2+1}\right)^2$$

これのラプラス逆変換によって，たたみ込みについての性質を利用すれば，

$$\begin{aligned}
x(t) &= \cos t * \cos t \\
&= \int_0^t \cos(t-\tau)\cos\tau\, d\tau \\
&= \cos t \int_0^t \cos^2\tau\, d\tau + \sin t \int_0^t \sin\tau\cos\tau\, d\tau \\
&= \frac{\cos t \sin 2t + 2t\cos t - \sin t \cos 2t + \sin t}{4} \\
&= \frac{\sin t + t\cos t}{2}
\end{aligned}$$

となる[5]．

7 離散フーリエ変換と高速フーリエ変換

チェック問題 7.1 (7.8) 式より，

$$\begin{aligned}
\hat{F}_{k+N} &= \frac{1}{N}\sum_{n=0}^{N-1} f_n \exp\left\{-i\frac{2n(k+N)\pi}{N}\right\} \\
&= \frac{1}{N}\sum_{n=0}^{N-1} f_n \exp\left(-i\frac{2nk\pi}{N}\right)\exp(-i2n\pi) \\
&= \frac{1}{N}\sum_{n=0}^{N-1} f_n \exp\left(-i\frac{2nk\pi}{N}\right)(\cos 2n\pi - i\sin 2n\pi) \\
&= \frac{1}{N}\sum_{n=0}^{N-1} f_n \exp\left(-i\frac{2nk\pi}{N}\right) = \hat{F}_k
\end{aligned}$$

チェック問題 7.2 $0 \leq t < T$ で定義された関数 $f(t)$ の複素フーリエ係数は

---

[5] もちろん，両辺を微分して，2 階の常微分方程式の初期値問題として解いても同様の結果が得られる．

7 章の問題

$$\frac{1}{T}\int_0^T f(t)e^{-i\frac{2k\pi}{T}t}dt$$

で与えられるが, $\left(n-\frac{1}{2}\right)\Delta t \leq t < \left(n+\frac{1}{2}\right)\Delta t$ において, $f(t)e^{-i\frac{2k\pi}{T}t}$ が $f_n e^{-i\frac{2kn\pi}{N}}$ という一定の値をとるとすると,

$$\frac{1}{T}\int_0^T f(t)e^{-i\frac{2k\pi}{T}t}dt$$
$$=\frac{1}{T}\left\{\int_0^{\frac{1}{2}\Delta t} f_0 e^{-i\frac{2k0\pi}{N}}dt + \int_{\frac{1}{2}\Delta t}^{\frac{3}{2}\Delta t} f_1 e^{-i\frac{2k1\pi}{N}}dt + \cdots \right.$$
$$\left. + \int_{(N-3/2)\Delta t}^{(N-1/2)\Delta t} f_{N-1} e^{-i\frac{2k(N-1)\pi}{N}}dt + \int_{(N-1/2)\Delta t}^{N\Delta t} f_N e^{-i\frac{2kN\pi}{N}}dt\right\}$$
$$=\frac{1}{T}\left\{\frac{1}{2}\Delta t f_0 e^{-i\frac{2k0\pi}{N}} + \Delta t f_1 e^{-i\frac{2k1\pi}{N}} + \cdots \right.$$
$$\left. + \Delta t f_{N-1} e^{-i\frac{2k(N-1)\pi}{N}} + \frac{1}{2}\Delta t f_N e^{-i\frac{2kN\pi}{N}}\right\}$$

となるが, 最後の項は, $f(t)$ が T 周期関数としたことにより, $f_N = f_0$ であり, また, $e^{-i\frac{2k0\pi}{N}} = e^{-i\frac{2kN\pi}{N}} = 1$ であるので, 結局

$$\frac{1}{T}\int_0^T f(t)e^{-i\frac{2k\pi}{T}t}dt = \frac{\Delta t}{T}\sum_{n=0}^{N-1} f_n e^{-i\frac{2kn\pi}{N}} = \frac{1}{N}\sum_{n=0}^{N-1} f_n e^{-i\frac{2kn\pi}{N}} = \hat{F}_k$$

となることがわかる.

チェック問題 7.3 $\omega = e^{\frac{2\pi i}{N}}$ として, 行列の積 $P = Q_N \bar{Q}_N$ の第 (q,r) 成分 $P_{q,r}$ は,

$$P_{q,r} = \sum_{k=1}^N Q_{q,k}\bar{Q}_{k,r}$$
$$= \sum_{k=0}^{N-1} \omega^{(q-1)k}\bar{\omega}^{k(r-1)} = \sum_{k=0}^{N-1} \omega^{(q-1)k}\omega^{-(r-1)k} = \sum_{k=0}^{N-1} \omega^{k(q-r)}$$
$$= \sum_{k=0}^{N-1} e^{\frac{2\pi k(q-r)i}{N}} = \sum_{k=0}^{N-1} \left(e^{\frac{2\pi(q-r)i}{N}}\right)^k$$

となるが, ここで, $z = e^{\frac{2\pi(q-r)i}{N}}$ とおくと,

$$\sum_{k=0}^{N-1} z^k = \begin{cases} \dfrac{1-z^N}{1-z} & (z \neq 1) \\ N & (z = 1) \end{cases}$$

であり, $q \neq r$ では, $z \neq 1$ であるが, $z^N = e^{2\pi(q-r)i} = 1$ である. また, $q = r$ で

は，$z=1$ であるので，

$$P_{q,r} = N\delta_{qr}$$

となる．ただし，δ_{qr} はクロネッカーのデルタである．以上から，

$$Q_N \bar{Q}_N = NE_N$$

であることが示された．

章末問題

1 まず，$N=4$ の場合は，(7.12) 式において，${}^t\boldsymbol{f}=[0,0,1,0]$ であり，行列は

$$\bar{Q}_4 = \begin{bmatrix} 1 & 1 & 1 & 1 \\ 1 & -i & -1 & i \\ 1 & -1 & 1 & -1 \\ 1 & i & -1 & -i \end{bmatrix}$$

であるので，${}^t\hat{\boldsymbol{F}} = \left[\dfrac{1}{4}, -\dfrac{1}{4}, \dfrac{1}{4}, -\dfrac{1}{4}\right]$ である．次に，$N=8$ の場合は，${}^t\boldsymbol{f} = [0,0,0,0,1,0,0,0]$ であり，行列は

$$\bar{Q}_8 = \begin{bmatrix} 1 & 1 & 1 & 1 & 1 & 1 & 1 & 1 \\ 1 & \dfrac{1-i}{\sqrt{2}} & -i & \dfrac{-1-i}{\sqrt{2}} & -1 & \dfrac{-1+i}{\sqrt{2}} & i & \dfrac{1+i}{\sqrt{2}} \\ 1 & -i & -1 & i & 1 & -i & -1 & i \\ 1 & \dfrac{-1-i}{\sqrt{2}} & i & \dfrac{1-i}{\sqrt{2}} & -1 & \dfrac{1+i}{\sqrt{2}} & -i & \dfrac{-1+i}{\sqrt{2}} \\ 1 & -1 & 1 & -1 & 1 & -1 & 1 & -1 \\ 1 & \dfrac{-1+i}{\sqrt{2}} & -i & \dfrac{1+i}{\sqrt{2}} & -1 & \dfrac{1-i}{\sqrt{2}} & i & \dfrac{-1-i}{\sqrt{2}} \\ 1 & i & -1 & -i & 1 & i & -1 & -i \\ 1 & \dfrac{1+i}{\sqrt{2}} & i & \dfrac{-1+i}{\sqrt{2}} & -1 & \dfrac{-1-i}{\sqrt{2}} & -i & \dfrac{1-i}{\sqrt{2}} \end{bmatrix}$$

であるので，${}^t\hat{\boldsymbol{F}} = \left[\dfrac{1}{8}, -\dfrac{1}{8}, \dfrac{1}{8}, -\dfrac{1}{8}, \dfrac{1}{8}, -\dfrac{1}{8}, \dfrac{1}{8}, -\dfrac{1}{8}\right]$ である．

B スツルム・リュービル型固有値問題と直交多項式

チェック問題 B.1 $\dfrac{d^2y}{dx^2} + \lambda y = 0$ について，λ について場合分けして考える．
(i) $\lambda = 0$ の場合

$y(x) = Bx + C$ (ただし, B, C は定数). 境界条件 $y(-\pi) = y(\pi)$ より, $B = 0$, $y'(-\pi) = y'(\pi)$ は自明であるので, $y_0(x) = C$ である.

(ii) $\lambda < 0$ の場合

$\lambda = -\omega^2$ とすると, $y(x) = Be^{\omega x} + Ce^{-\omega x}$ (ただし, B, C は定数) となるが, 境界条件より $B = C = 0$ となるので, この解は自明ではあるが意味をもたない.

(iii) $\lambda > 0$ の場合

(ii) の場合と同様に, $\lambda = \omega^2 \neq 0$ とすると, $y(x) = B\sin\omega x + C\cos\omega x$ (ただし, B, C は定数) となる. $y'(x) = B\omega\cos\omega x - C\omega\sin\omega x$ となるが, 境界条件 $y(-\pi) = y(\pi)$, および $y'(-\pi) = y'(\pi)$ より,

$$\begin{cases} -B\sin\omega\pi + C\cos\omega\pi = B\sin\omega\pi + C\cos\omega\pi \\ B\omega\cos\omega\pi + C\omega\sin\omega\pi = B\omega\cos\omega\pi - C\omega\sin\omega\pi \end{cases}$$

より,

$$\begin{cases} B\sin\omega\pi = 0 \\ C\sin\omega\pi = 0 \end{cases}$$

となる. すなわち, $\omega = n$ の場合に固有値 $\lambda_n = n^2$ ($n = 1, 2, \cdots$) をもち, $y_n(x) = B_n \sin nx + C_n \cos nx$ がその固有値に対する解となる.

以上から, 固有値 $\lambda_n = n^2$ ($n = 0, 1, 2, \cdots$) に対して,

$$y_n(x) = B_n \sin nx + C_n \cos nx$$

が解となる[6].

チェック問題 B.2 表 B.1 より, ルジャンドルの多項式系は, ルジャンドルの微分方程式 (固有値問題)

$$\frac{d}{dx}\left\{(1-x^2)\frac{dP_n(x)}{dx}\right\} + n(n+1)P_n(x) = 0$$

の解であるので, 上式の両辺に $P_m(x)$ をかけて -1 から 1 まで積分すると,

$$\int_{-1}^{1}\left[\frac{d}{dx}\left\{(1-x^2)\frac{dP_n(x)}{dx}\right\} + n(n+1)P_n(x)\right]P_m(x)dx = 0$$

すなわち,

---

[6] 三角関数の直交関係により, この固有値問題の解は正規直交関数系

$$\left\{\frac{1}{\sqrt{2\pi}}, \frac{1}{\sqrt{\pi}}\cos nx, \frac{1}{\sqrt{\pi}}\sin nx\right\} \ (n = 1, 2, \cdots)$$

で与えられる.

$$\int_{-1}^{1} \{P_m(x)P_n(x)\}dx$$
$$= -\frac{1}{n(n+1)} \int_{-1}^{1} \left[\frac{d}{dx}\left\{(1-x^2)\frac{dP_n(x)}{dx}\right\} P_m(x) \right] dx$$
$$= -\frac{1}{n(n+1)} \left\{ \left[(1-x^2)\frac{dP_n(x)}{dx}\right]_{-1}^{1} \right.$$
$$\left. - \int_{-1}^{1} \left[(1-x^2)\frac{dP_n(x)}{dx}\frac{dP_m(x)}{dx}\right] dx \right\}$$
$$= \frac{1}{n(n+1)} \int_{-1}^{1} (1-x^2)\frac{dP_n(x)}{dx}\frac{dP_m(x)}{dx} dx$$

同様にして ($P_m(x)$ についての微分方程式から始めれば),

$$\int_{-1}^{1} P_m(x)P_n(x)dx = \frac{1}{m(m+1)} \int_{-1}^{1} (1-x^2)\frac{dP_n(x)}{dx}\frac{dP_m(x)}{dx} dx$$

より,

$$\{n(n+1) - m(m+1)\} \int_{-1}^{1} P_m(x)P_n(x)dx = 0$$

よって, $n \neq m$ であれば, $n(n+1) - m(m+1) \neq 0$ であるので,

$$\int_{-1}^{1} P_m(x)P_n(x)dx = 0$$

である.

チェック問題 B.3 ロドリグの公式 ((B.4) 式) で, $P_n(x)$ の係数 $2^n(n!)$ をはらって考える.

$$2^{2n}(n!)^2 \int_{-1}^{1} \{P_n(x)\}^2 dx$$
$$= \int_{-1}^{1} \left\{\frac{d^n}{dx^n}(x^2-1)^n\right\} \left\{\frac{d^n}{dx^n}(x^2-1)^n\right\} dx$$
$$= \left[\left\{\frac{d^{n-1}}{dx^{n-1}}(x^2-1)^n\right\} \left\{\frac{d^n}{dx^n}(x^2-1)^n\right\}\right]_{-1}^{1}$$
$$- \int_{-1}^{1} \left\{\frac{d^{n-1}}{dx^{n-1}}(x^2-1)^n\right\} \left\{\frac{d^{n+1}}{dx^{n+1}}(x^2-1)^n\right\} dx$$

であるが, $\frac{d^{n-1}}{dx^{n-1}}(x^2-1)^n$ の中には, 必ず, x^2-1 の項が含まれているので, 上式での右辺第 1 項は 0 となる. したがって, これを繰り返すと結局,

$$2^{2n}(n!)^2 \int_{-1}^{1} \{P_n(x)\}^2 dx = (-1)^n \int_{-1}^{1} (x^2-1)^n \frac{d^{2n}}{dx^{2n}} (x^2-1)^n dx$$

である．ここで，$(x^2-1)^n$ は $2n$ 次多項式であるので，これを $2n$ 回微分した上式の積分のなかの $\frac{d^{2n}}{dx^{2n}} (x^2-1)^n$ は，$(2n)!$ となる．一方，

$$\int_{-1}^{1} (x^2-1)^n dx = \int_{-1}^{1} (x+1)^n (x-1)^n dx$$
$$= \left[\frac{(x+1)^{n+1}(x-1)^n}{n+1} \right]_{-1}^{1} - \frac{n}{n+1} \int_{-1}^{1} \{(x+1)^{n+1}(x-1)^{n-1}\} dx$$
$$= \cdots = (-1)^n \frac{n(n-1)\cdots 1}{(n+1)(n+2)\cdots(2n)} \int_{-1}^{1} (x+1)^{2n} dx$$
$$= (-1)^n \frac{(n!)^2}{(2n)!} \left[\frac{1}{2n+1} (x+1)^{2n+1} \right]_{-1}^{1}$$
$$= (-1)^n \frac{(n!)^2 2^{2n+1}}{(2n)!(2n+1)}$$

となるので，

$$2^{2n}(n!)^2 \int_{-1}^{1} \{P_n(x)\}^2 dx = \frac{(n!)^2 2^{2n+1}}{2n+1}$$

より，

$$\int_{-1}^{1} \{P_n(x)\}^2 dx = \frac{2}{2n+1}$$

である．

D 線形システムと伝達関数

チェック問題 D.1 チェック問題 6.5 で与えられた力学系の 2 階の線形微分方程式は，

$$m\frac{d^2x}{dt^2} + c\frac{dx}{dt} + kx = \delta(t)$$

であるので，$x(t)$ のラプラス変換を $X(s)$ とし，$\delta(t)$ のラプラス変換表 [1] より，与えられた微分方程式の各辺のラプラス変換をそれぞれ計算することによって，伝達関数は

$$W(s) = \frac{1}{ms^2 + cs + k}$$

である．これをラプラス逆変換することによって，重み関数 $w(t)$ と単位応答 $k(t)$ は

チェック問題 6.5 の結果を参照して，
(1) $D = c^2 - 4mk > 0$ の場合

この場合分母は，
$$m(s-\alpha)(s-\beta) \quad \left(\text{ただし，} \alpha, \ \beta = \frac{-c \pm \sqrt{c^2 - 4mk}}{2m}\right)$$

とできるから，部分分数分解により
$$W(s) = -\frac{1}{m(\beta-\alpha)}\frac{1}{s-\alpha} + \frac{1}{m(\beta-\alpha)}\frac{1}{s-\beta}$$

となり，ラプラス逆変換によって，
$$w(t) = -\frac{e^{\alpha t}}{m(\beta-\alpha)} + \frac{e^{\beta t}}{m(\beta-\alpha)}$$

となる．

(2) $D = c^2 - 4mk = 0$ の場合

この場合分母は，
$$m(s-\alpha)^2 \quad \left(\text{ただし，} \alpha = -\frac{c}{2m}\right)$$

となるので，部分分数分解により，
$$W(s) = \frac{1}{m}\frac{1}{(s-\alpha)^2}$$

となり，ラプラス逆変換すると (代表的な関数のラプラス変換表 [2] の (3) を利用して)，
$$w(t) = \frac{te^{\alpha t}}{m}$$

となる．

(3) $D = c^2 - 4mk < 0$ の場合

この場合分母は，
$$m\left\{(s-p)^2 + q^2\right\} \quad \left(p = -\frac{c}{2m}, \ q = \frac{\sqrt{4mk - c^2}}{2m}\right)$$

となるので，
$$W(s) = \frac{1}{mq}\frac{q}{(s-p)^2 + q^2}$$

となり，ラプラス逆変換すると (代表的な関数のラプラス変換表 [2] の (5) を利用して)，
$$w(t) = \frac{e^{pt}\sin qt}{mq}$$

となる．

参考文献

本書を執筆するにあたって参考にさせて頂いた本を以下に列挙する．もちろん，これら以外にもよい本は多数あり，それらをあげていないのは情報として不十分であるが，本書では説明が不十分であった点や発展的な内容などを学習する上で参考にして頂きたい．

[1]〜[14] は，(記述の多少のバランスはあるものの) フーリエ解析だけでなくラプラス変換や偏微分方程式の内容を含んだものであり，特に [1]〜[6] は，比較的易しく書かれており，入門書としてすぐれたものである．また，[7]〜[15] については，フーリエ級数の収束性や直交関数系など，少し高度な内容を含んでいるので初心者向けというよりは，より理解を深めさらに物理や工学の問題を解析する上で発展的に勉強を進めていく上でよい参考書となろう．

[16]〜[18] は主にフーリエ解析を中心に書かれているものであり，[16]〜[17] は直感的な理解を深める上でよいだけでなく，その理論背景や離散フーリエ変換についての記述も詳しい．今後，計算機を利用したフーリエ解析を行うであろう学生が勉強を進める上では，非常によい参考書となろう．[18] は，物理 (現象) に足場をおきながらフーリエ解析の考え方を詳しく記述しており，物理学に興味をもち，その方向へ進もうとする学生にはよい啓蒙書となろう．

[19] はラプラス変換と z 変換についてわかりやすく書かれており，本書の内容で足りないところを十分に補うものである．

最後にコンパクトにまとまっている [20] と [21] を総説的なものとしてあげておこう．

［1］ 石村園子，すぐわかるフーリエ解析，東京図書，1996．
［2］ 田代喜宏，ラプラス変換とフーリエ解析要論，森北出版，1977．
［3］ 寺田文行，フーリエ解析・ラプラス変換，サイエンス社，1998．
［4］ 大石進一，フーリエ解析，岩波書店，1989．
［5］ 楠田信，平居孝之，福田亮治，フーリエ・ラプラス変換，共立出版，1997．
［6］ E. クライツィグ (阿部寛治訳)，フーリエ解析と偏微分方程式 (原書第 8 版)，培風館，2003．
［7］ 樋口禎一・八高隆雄，フーリエ級数とラプラス変換の基礎・基本，牧野書店，

2000.

[8] 松下泰雄, フーリエ解析, 培風館, 2001.
[9] 井町昌弘, 内田伏一, フーリエ解析, 裳華房, 2001.
[10] 近藤次郎, 高橋磐郎, 小林竜一, 小柳芳雄, 渡辺正, 微分方程式 フーリエ解析, 培風館, 1968.
[11] 中村宏樹, 偏微分方程式とフーリエ解析, 東京大学出版会, 1981.
[12] 福田礼次郎, フーリエ解析, 岩波書店, 1997.
[13] 洲之内源一郎, フーリエ解析とその応用, サイエンス社, 1977.
[14] 江沢洋, フーリエ解析, 講談社, 1987.
[15] 船越満明, キーポイント フーリエ解析, 岩波書店, 1997.
[16] K. マイベルク, P. ファウヘンアウア (及川正行訳), 工科系の数学 7 フーリエ解析, サイエンス社, 1998.
[17] 新井仁之, フーリエ解析, 朝倉書店, 2003.
[18] 小出昭一郎, 物理現象のフーリエ解析, 東京大学出版会, 1981.
[19] 原島博, 堀洋一, 工学基礎 ラプラス変換と z 変換, 数理工学社, 2004.
[20] 木村秀典, Fourier-Laplace 解析 (岩波講座 応用数学), 岩波書店, 1993.
[21] 特集 フーリエがもたらしたもの, 数学セミナー 1998 年 12 月号, 日本評論社, 1998.

索　引

英数字

δ 関数　73
1 次結合　16
2 次元熱伝導方程式　157
2 重フーリエ級数　160
2 重フーリエ (正弦) 級数　159
2 乗可積分　41
RLC 回路　161

ア　行

一般化フーリエ級数　46, 154
一般化フーリエ係数　46
一般区間のフーリエ級数展開　33
インパルス応答　163
エイリアシング　145
エルミートの多項式　155
オイラーの公式　7
重み関数　163

カ　行

解の重ね合わせ　91
ガウスの積分公式　156
ガウス分布　94
ガウス平面　117
拡散方程式　89
角振動数　16
重ね合わせ法　91, 93
関数系　44
完全である　46
ガンマ関数　14
奇関数　4
基底ベクトル　42
ギブスの現象　24
基本ベクトル　42
境界条件　83
局所性　140
偶関数　4
区分的になめらか　16
区分的に連続　16
クロネッカーのデルタ　3
原関数　118
原空間　118
広義積分　9
広義積分可能　9
合成積　66, 122
高速フーリエ変換　146, 147
項別積分　48, 50
項別微分　52
コーシーの主値積分　12
固有関数　154
固有値　81

サ 行

最大値・最小値の定理 (最大値原理)
 112
サンプリング 140
サンプリング周期 140
サンプリングデータ 140
システム関数 162
周期関数 16
収束域 116
収束座標 116
シュミット (Schmidt) の直交化法 47
シュワルツ (Schwarz) の不等式 44
初期条件 83
進行波 106
振動現象 97
スツルム・リュービル型固有値問題
 86, 154
スツルム・リュービル (Sturm-Liouville)
 型微分方程式 47, 154
ストークスの公式 105
正規直交関数系 46, 154
正規直交系 44
正規分布 94
積分可能 16
積分方程式 134
絶対可積分 56
線形システム 161, 163
線形則 65, 119
線形方程式 80
像関数 118
双曲型方程式 82
像空間 118
相似則 119

タ 行

第 1 種の不連続点 16
第 1 種のヴォルテラ (Volterra) 型積分方
 程式 134
第 1 種のフレドホルム (Fredholm) 型積
 分方程式 134
第 2 種のヴォルテラ (Volterra) 型積分方
 程式 134
楕円型方程式 82
たたみ込み 66, 122
縦振動 97
ダランベールの解 99
チェビシェフの多項式 155
超関数 73
調和関数 112
直交関数 44
直交関数系 44, 46, 154
直交基底 44
直交する 43, 44, 155
定常過程 83
ディリクレ積分核 151
ディリクレ問題 84
デュアメルの定理 164
デルタ関数 31, 73, 93, 118, 162
デルタ関数の積分表示 74
伝達関数 162
特解 83
特性線 106

ナ 行

内積 43, 44
内積の公理 43, 155
熱伝導方程式 83, 89
熱伝導率 89
ノイマン問題 84

索　引　　　**221**

ノルム　　43, 44
ノルムの公理　　43, 155

ハ 行

パーセバル (Parseval) の等式　　41
波数　　16
波動方程式　　82, 97, 98
非線形方程式　　80
非定常過程　　83
非同次の境界条件　　92
微分積分方程式　　138
微分則　　65
フーリエ逆変換　　58
フーリエ級数　　19
フーリエ級数展開　　19
フーリエ行列　　143
フーリエ係数　　19
フーリエ正弦級数　　26
フーリエ正弦積分　　63
フーリエ正弦変換　　63
フーリエ積分公式　　57
フーリエ展開　　19
フーリエ複素積分　　57
フーリエ変換　　58
フーリエ余弦級数　　26
フーリエ余弦積分　　62
フーリエ余弦変換　　62
付加条件　　83
複素共役　　8
複素フーリエ級数　　34
複素フーリエ係数　　34
プランシュレル (Plancherel) の等式　　70
平均 2 乗誤差　　40

ベクトル空間　　42
ベッセル (Bessel) の不等式　　41
ヘビサイドの階段関数　　118
変数分離法　　86
偏微分方程式　　80
偏微分方程式の境界値問題　　84
偏微分方程式の初期値境界値問題　　84
偏微分方程式の初期値問題　　84
放物型方程式　　83

マ 行

無限積分　　10
無限積分可能　　10

ヤ 行

横振動　　97

ラ 行

ラゲールの多項式　　155
ラプラス逆変換　　117
ラプラスの方程式　　82, 109
ラプラス変換　　116
リーマン積分　　57
リーマン・ルベーグ (Riemann-Lebesgue) の定理　　41
離散データ　　140
離散フーリエ逆変換　　143
離散フーリエ変換　　143
ルジャンドルの多項式　　155
零ベクトル　　43
ロドリグの公式　　155

著者略歴

畑上 到(はたうえ いたる)

1982 年　京都大学工学部卒業
1984 年　京都大学大学院工学研究科修士課程修了
1984 年　旭化成工業株式会社入社
1987 年　計算流体力学研究所入社
1987 年　東京大学工学部助手
1990 年　京都大学大学院工学研究科助手
1992 年　熊本大学工学部講師
1994 年　熊本大学工学部助教授
2003 年　金沢大学工学部教授
現　在　東京都市大学（共通教育部）客員教授　工学博士

主要著書
数値流体力学(分担執筆，東京大学出版会，1991)
応用数学ハンドブック(分担執筆，丸善，2005)

新・工科系の数学＝TKM-7
工学基礎　フーリエ解析とその応用 [新訂版]

2004 年 11 月 10 日 ⓒ	初　版　発　行
2013 年 10 月 10 日	初版第10刷発行
2014 年 9 月 25 日 ⓒ	新訂第1刷発行
2024 年 9 月 25 日	新訂第12刷発行

著　者　畑上　到
発行者　矢沢和俊
印刷者　篠倉奈緒美
製本者　小西惠介

【発行】　株式会社　数理工学社
〒151-0051　東京都渋谷区千駄ヶ谷1丁目3番25号
☎(03)5474-8661(代)　サイエンスビル

【発売】　株式会社　サイエンス社
〒151-0051　東京都渋谷区千駄ヶ谷1丁目3番25号
☎(03)5474-8500(代)　振替 00170-7-2387

組版　ゼロメガ
印刷　ディグ　　　製本　ブックアート

《検印省略》

本書の内容を無断で複写複製することは，著作者および出版者の権利を侵害することがありますので，その場合にはあらかじめ小社あて許諾をお求め下さい．

ISBN978-4-86481-016-6

PRINTED IN JAPAN

サイエンス社・数理工学社のホームページのご案内
http://www.saiensu.co.jp
ご意見・ご要望は
suuri@saiensu.co.jp　まで．